城市记忆

——北京四合院普查成果与保护

第3卷

City Memories——The General Survey Achievement and Protection of Courtyard in Beijing

《城市记忆——北京四合院普查成果与保护》编委会
北京市古代建筑研究所
编

北京出版集团公司
北京美术摄影出版社

图书在版编目(CIP)数据

城市记忆 ：北京四合院普查成果与保护. 第3卷 / 《城市记忆 ：北京四合院普查成果与保护》编委会，北京市古代建筑研究所编. — 北京 ：北京美术摄影出版社，2015.10
ISBN 978-7-80501-878-2

I. ①城… II. ①城… ②北… III. ①北京四合院—调查②北京四合院—保护 IV. ①TU241.5

中国版本图书馆CIP数据核字(2015)第253013号

城市记忆

——北京四合院普查成果与保护　第3卷

CHENGSHI JIYI

《城市记忆——北京四合院普查成果与保护》编委会
北京市古代建筑研究所　编

出　版　北京出版集团公司
　　　　北京美术摄影出版社
地　址　北京北三环中路6号
邮　编　100120
网　址　www.bph.com.cn
总发行　北京出版集团公司
发　行　京版北美（北京）文化艺术传媒有限公司
经　销　全国新华书店
印　刷　北京雅昌艺术印刷有限公司
版　次　2015年10月第1版第1次印刷
开　本　787毫米×1092毫米　1/12
印　张　33
字　数　396千字
书　号　ISBN 978-7-80501-878-2
定　价　600.00元
质量监督电话　010-58572393
责任编辑电话　010-58572703

《城市记忆——北京四合院普查成果与保护》
第3卷编写人员名单

主　　编：韩　扬

副 主 编：侯兆年　梁玉贵

执行主编：高　梅

编　　委（以姓氏笔画为序）：

王　夏　王丽霞　王佳音　刘文丰　李卫伟
沈雨辰　张　隽　庞　湧　姜　玲　高　梅
徐子枫　梁玉贵　董　良

摄　　影（以姓氏笔画为序）：

王　夏　王丽霞　王佳音　李卫伟　沈雨辰
高　梅　徐子枫　梁玉贵　董　良

制　　图（以姓氏笔画为序）：

马羽杨　王丽霞　沈雨辰　庞　湧　赵　星
姜　玲　高　梅　董　良

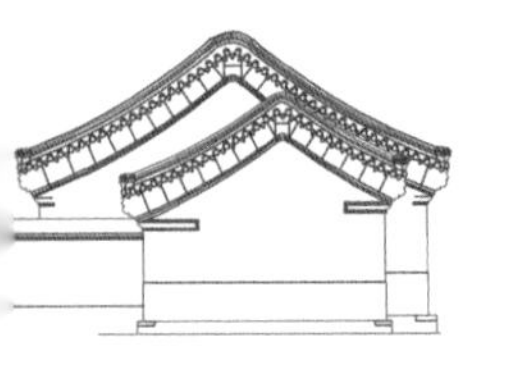

凡例

一、　本书以文字、照片、图纸的形式，留下北京四合院的基础资料。

二、　本书以北京旧城内的四合院建筑为研究对象，主要收录建筑时代较早、具有重要价值或有重要意义的纪念地，如名人故居或重大事件发生地；各区域内建筑质量较好的院落，如格局完整或较完整、单体建筑保存质量较好，能代表本区域四合院建筑特色的院落。部分保存较好的四合院，因种种原因，调查人员未能进入，故本书未能收录。

三、　本书沿用2010年北京市行政区划调整前的区域名称，即西城区、东城区、宣武区、崇文区。

四、　街道排序采用方位顺序，先北后南，先西后东；胡同排序采用拼音字母顺序；门牌号采用先单数后双数顺序。

五、　本书词条采用一名一条，记述直陈事实，述而不论。

六、　本书中所附行政区划图，不作为划界依据。

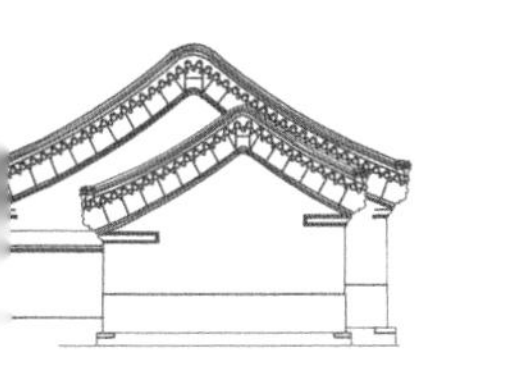

序

北京是一个拥有众多四合院的城市，也是出版四合院文化历史书籍最多的地方。在已出版的几十部研究四合院文化历史的书籍中，仅这部著作让我感触最深，因为它出自具有30多年调查、保护和修缮实践经验的文物保护建筑师之手。每一张照片，每一幅图纸，都饱含科学和探求的精神。他们不是用盲目夸张的词语去赞美四合院，不是为了保护四合院而排斥一切现代生活需求，而是用饱含情感的线图、照片和文字真实地记录北京现存的四合院，让人们去研究、怀旧和评判，给发掘四合院价值的人们提供充分的素材。

首先，让我向编写这部书的作者表达深深的敬意，因为这部书的投入和付出同出版后的报酬无法成正比，同用文字畅想文化的畅销书无法竞争，因为它的受众范围小，但作者依然怀着崇高的事业心，小事情大制作来完成每个人的追求。

我年轻时，在从事文物建筑保护工作的过程中，不止一次听到过人们对文物建筑保护提出的疑问："留那破玩意儿干什么，拆了盖大楼多好。"但我清楚他们也不希望我这样回答："从现在开始，把老旧四合院全拆了建成现代化住宅，直到没有人住在危房里。"实际上在此之前，文物保护工作者对四合院的危房早有了解，而且同许多住宅工程师一样，认为在研究四合院的基础之上才能制订一套保护和改造的计划。相对于那些年复一年"是拆还是保护"的辩论和争议，以及之后迟迟无法落实的各种改造计划来说，我甚至觉得保护四合院有助于解决目前文物保护与合理改造所面临的危机，这部书就是一个良好的开端。

这部著作所呈现的每座四合院都由文物工作者进行了详细的调查和测绘，无论今后这些四合院是否存在，人们都还能在书中寻到它们的印迹。

我相信，保护四合院所投入的资金，今后定会有丰厚的回报。保护四合院给人们带来的许多精神文化和物质文化的财富，远远超过拆掉几栋历史的院子而建几栋住宅楼的价值。

向淡泊名利的文物保护工作者致敬。

是为序。

侯兆年

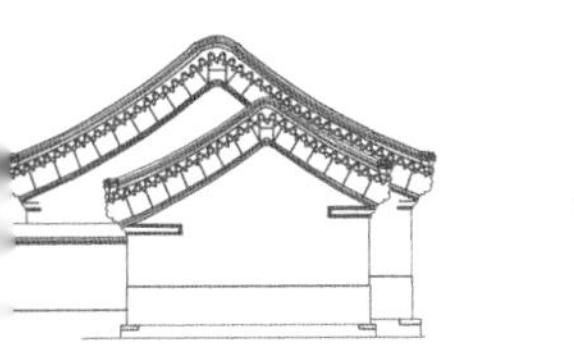

前言

四合、宅院与其他

面对这部凝聚着同人心血的书稿，我为北京的历史文化名城档案中能再添加这样一份翔实的资料而高兴，也与同人一样感受到收获的愉快。高兴之余，想起还有一些话是应该说的。

提起“四合院”，或许大多数国人即时反应在脑海中的是“那是北京的传统住宅”。多年来，四合院一直受到建筑史学界、文物博物馆界的关注，近年来更广为人知，甚至受到房地产商的追捧，并由此而做起一些专营四合院的生意。因受到关注乃至追捧，对四合院的议论渐多。很多人以为“四合院”自然是个颇有历史渊源的老名称，也有的文章归纳出“标准四合院”“多进四合院”等多种类型，还有一个或是为抬高四合院身价的说法，说它是北京各类传统建筑群落的细胞，府第、宫殿、庙宇等等都是由“四合院”构成，或由“院”放大而成……凡此种种，既反映了人们对这种北方民居的关爱，也反映了一些因为人云亦云而产生的认识上的偏误。

若非于若干年前拜读过文物大家朱家溍先生一篇关于宅第的文章，我也许会认同上述的这些认识。经认真研究，觉得上述说法尚存商榷余地。

第一说，北京的旧式住宅历史上是否称为“四合院”。为此特将朱家溍先生在《旧京第宅》一文中所言转述于此:“北京的住宅近年常使用‘四合院’一词，在口语或文章中都常常见到。《中国古代建筑史》的明清住宅章节，对四合院有过这样的解释:‘北方住宅以北京四合院为代表……住宅的大门多位于东南角上，门内建影壁……自此转西至前院。南侧的倒座……自前院经纵轴线上的二门(有时为装饰华丽的垂花门)进入面积较大的后院。院北的正房……东西厢房……周围用走廊联系……另在正房的左右，附以厨房和小跨院……或在正房的后面，再建后罩房一排。住宅与四周由各座房的后墙及围墙所封闭，一般对外不开窗……大型住宅则在二门内，以两个或两个以上的四合院向纵深方向排列，有的还在左右建别院。更大的住宅在左右或后部营建花园。这个四合院的叙述是代表近年来的概念。’”

在引述近年来的“四合院概念”以后，朱先生接着讲了这样一番话:“上述的建筑格局，如果按照北京建筑行业传统术语，是不称为‘四合’的。传统的‘四合’解释，是专指东西南北房的一个简单的建筑组，全称为‘四合房’，简称‘四合’。尽管房间数量不尽相同，院落有大有小，有‘大四合’‘小四合’之称，但大小都是专指东西南北房，不分内外院，没有二门或垂花门，没有后罩房和游廊等等。如果是大门内有二门，分内外院、正房、耳房、东西厢房，周围有游廊连接，有后罩房，这就是起码的‘宅’了。它和两个以上的院向纵深方向排列，以及建有别院，都同属于‘宅’的类型，与‘四合’不属于同一类型。”

至此，朱先生的文章清楚地说明了“四合”是指什么，以及“四合”与“宅”的区别。朱先生生前任故宫博物院研究员，是公认的文物博物馆界专家。朱先生祖籍浙江，高祖朱凤标是清代道光年间的进士，曾任户部尚书，至先生讫，已居京五代。由其家世、经历，想必对北京传统文化民俗知之甚深，所言自然不虚。

那么，我们至少可以明确这样几个问题：其一，旧时只有“四合房”的称谓，并无“四合院”一词，“四合院”的叫法只是近几十年约定俗成的叫法；其二，今所指为“四合院”者，旧时只叫作“宅”；其三，“四合”非“宅”，“宅”非“四合”。由此看来，所谓“四合院”一称就是一个综合了“四合房”和“宅”的新创名称了。换言之，宅院确是老物件，而“四合院”则是数十年来约定俗成的新称谓。

第二说，探讨一下宫殿、王府、寺庙等是否真由“四合”构成或放大而成。分析一下前三者与后者的异同，答案就清楚了。

首先，比较一下二者规模，不用说“四合房”，就算是“宅”(就算是叫四合院也罢)的规模也无法和宫殿、王府相比，房屋的规格形制就更不用说了。

其次，对比一下二者平面布局。“四合房”或“宅”的院落都是四面建屋，以屋围合成庭院空间。换言之，是以庭院为中心的一种建筑群组平面布置。宫殿、王府、寺庙则不同，虽然它们的有些生活空间是以院落为中心的平面布置，如故宫的西六宫少量院落，又如一些王府的礼仪性建筑以外的生活院落，再如一些寺庙的僧房、方丈院类，但其最核心的部分，都是以建筑物为中心做建筑平面布置的。如故宫三大殿、后三宫以及若干称殿、称宫的区域，又如王府中轴线的银安殿一区，又如寺庙的神佛殿堂所占区域。凡此，是“四合房”或“宅”与宫殿、王府、寺庙建筑组合上的根本不同。

最后，探究一下功能。在这方面无须多述，二者功能上的区别尽人皆知。

从以上三方面的讨论，可知宫殿、王府、寺庙也由“四合院细胞”构成的说法不尽可信。这也是本书不将王府归入住宅类的重要原因。

第三说，要捎带看看旧时北京的传统住宅到底有哪些类型。

翻开老一些的北京地形图，或向上翻到《乾隆京城全图》，那些历史资料上除了大宅院以外，还有“三合”“两合”“排房”等多种住宅组合形式，这些都加起来，才是旧京传统住宅的全貌。因此又可以说“四合院”不是旧京住宅的全部。但众多其他平面组合的老住宅大约是因嫌其简陋寒酸，大多在大建设中被消灭了，也被人淡忘了。而它们或许今后就无缘被人们知晓了。但随之，因住宅组合形式和区片所在的不同，造就的街区形态变化，丰富的街巷景观的历史已经过去了，名城已被规划成横平竖直的理想状态。这又是另一个话题了，这里不便展开。

追溯了“四合院”称谓的来历，分析了传统住宅在规模、平面组织、功能等方面与宫殿、王府、寺庙的不同，又捎带看看不该被淡忘的其他旧京住宅类型，并非要为传统宅院“正名”，如同一些人愿意将港币叫作“港纸”，将“四合房”和“宅”合起来叫作大家喜欢的“四合院”也无可厚非。但称谓的由来和演变也是历史，混淆视听的认识当有必要澄清。本文只言片语仅是从一个非正面的角度出发，提出一个增强、丰富、完善“北京记忆”的愿望。这是做文物保护、名城保护、建筑史研究工作的人们不应忘记的。

还有一件与传统宅院、名城保护有关的事，要在这里说一说。十几年前，大约是2002年前后，我的同事们抢在“危改”之前对北京2000余处传统宅院进行了调查、测绘，当调查成果中的600余处宅院行将被整理成稿出版时，其中的大量院落已在大地上消失了，那些院落就成了留在纸上的建筑了。

希望本书稿所记录的400余处院落不要成为留在纸上的建筑，要永远留在京城大地上，作为构成历史文化名城北京的重要实体，承载着其固有的文化信息传之久远。

韩　扬

东华门街道

朝阳门街道

建国门街道

宣武区 | Xuanwu District

广安门内街道

椿树街道

大栅栏街道

崇文区 | Chongwen District

前门街道

北京旧城旧宅院保护历程与功能再利用

梁玉贵

北京城什么建筑最著名？除紫禁城、王爷府，就要数遍布京城的四合院了。那些或方形、或长方形，规模大小不等的四合院落，整齐排列于胡同两侧。这些四合院以其质朴的建筑风格、有序的院落布局、规范的建筑形式和精美的装饰，缔造了古老北京城的主体形象，形成了具有浓郁民族风格和地方特色的传统历史文化建筑体系。四合院不仅具有极高的应用价值、艺术价值和观赏价值，而且还具有十分丰富的历史和文化内涵，是人类居住建筑体系中最规范化的代表形式。这些古老的四合院对保持北京旧城古朴、端庄、气势宏大的城市风貌起到了很大的作用。如今，北京四合院已成为探索、研究北京城市发展的重要实物资料，成为当今北京城历史最具说服力的名片。

说到旧城改造，不可避免地要提到分布于北京旧城区皇城、内城、外城的数量最大的四合院建筑群落，特别是内城和皇城区域内的大中型院落，这些多建于清末或民国时期（也有少量建筑年代能达到清代中期）的宅邸或民居，建造年限都不短了，由于年久失修、结构老化、市政设施严重滞后等多方面的原因，衰败严重，以现代居住角度来看这些院落，可以认为超过半数的院落已经不具备现代居住条件。同时，这些破旧的院落也给当代北京城的城市景观、都市形象带来了极大的负面影响。多年以来，国务院和北京市政府十分重视北京四合院的修缮和市政改造，为此投入了大量的人力、物力和财力。在保护好北京城的历史风貌，保护好老北京的历史建筑，以便达到国际大都市的保护标准，进而发展京城京味旅游，增加北京城的知名度等方面做了大量的基础性工作。经过数年的整治和修缮，北京旧城区现存的四合院有6000个左右，其中达到较高水准的保护院落约800个。这些数据为北京城市建设、城市改造提供了重要的依据，也为北京城四合院建筑的保护和北京古城发展与延续的研究，提供了翔实的基础资料。

一、北京旧城街巷格局的形成与四合院改造进程

1. 北京旧城街巷的确立与分布

提起北京城的四合院就要先从元朝大都城谈起。著名的元大都城的建立是北京正式成为国家权力中心的象征，而北京城的大规模规划建设也是从这个时候开始的，确切地讲是元大都城的建设奠定了当今北京城的基本格局。

元大都城曾经是世界上规划最整齐、最完美的城市之一。但凡是老北京人都会对老北京城东西南北笔直的大街、方块形的坊巷、排列整齐的胡同记忆犹新，这些都是元大都城的杰作。元大都城平面略呈方形，内城占地面积38平方千米，城市建筑布局具有以中轴为核心、整齐对称、主辅分明等严格有序的布局特点。元大都城的建筑布局总体是皇城位于内城的中心，内城围绕皇城而建。居民区以坊为单位，按街道进行

划分，各坊之间以街道为界，街道以棋盘式布局建置。全市各坊都规划有规则的方格道路相连，建筑格局严谨整齐。《周礼·考工记》有关元大都城的记载："匠人营国，方九里，旁三门，国中九经九纬，经涂九轨，左祖右社，前朝后市。"元大都城的棋盘式街道，整齐划一，城内的主要大街以南北方向为主，东西方向为辅，泾渭分明。据元末熊梦祥所著《析津志》记载：元朝"大都街制，自南以至于北，谓之经，自东向西，谓之纬"。城中大街的两侧整齐地划分出小街和胡同建筑格局，胡同分列大街左右。北京的胡同多为东西走向，而且每条胡同都与大街相通。"大街二十四步阔，三百八十四火巷，二十九街通。"这里所谓街通即现代所称的胡同，说白话就是413条胡同。四合院就建在胡同的两侧，路南、路北都有院落。元朝的四合院在空间上以纵向为主，由于受到胡同宽度的限制，院落以三进院和四进院为主要建筑模式。

元朝大都城的整体规划建设理念，确立了我国自元朝以来国家都城的规划建设基础，对以后明清两朝都城的管理确立，创造了条件并提供了发展空间。

明朝北京城在总体上基本沿袭了元

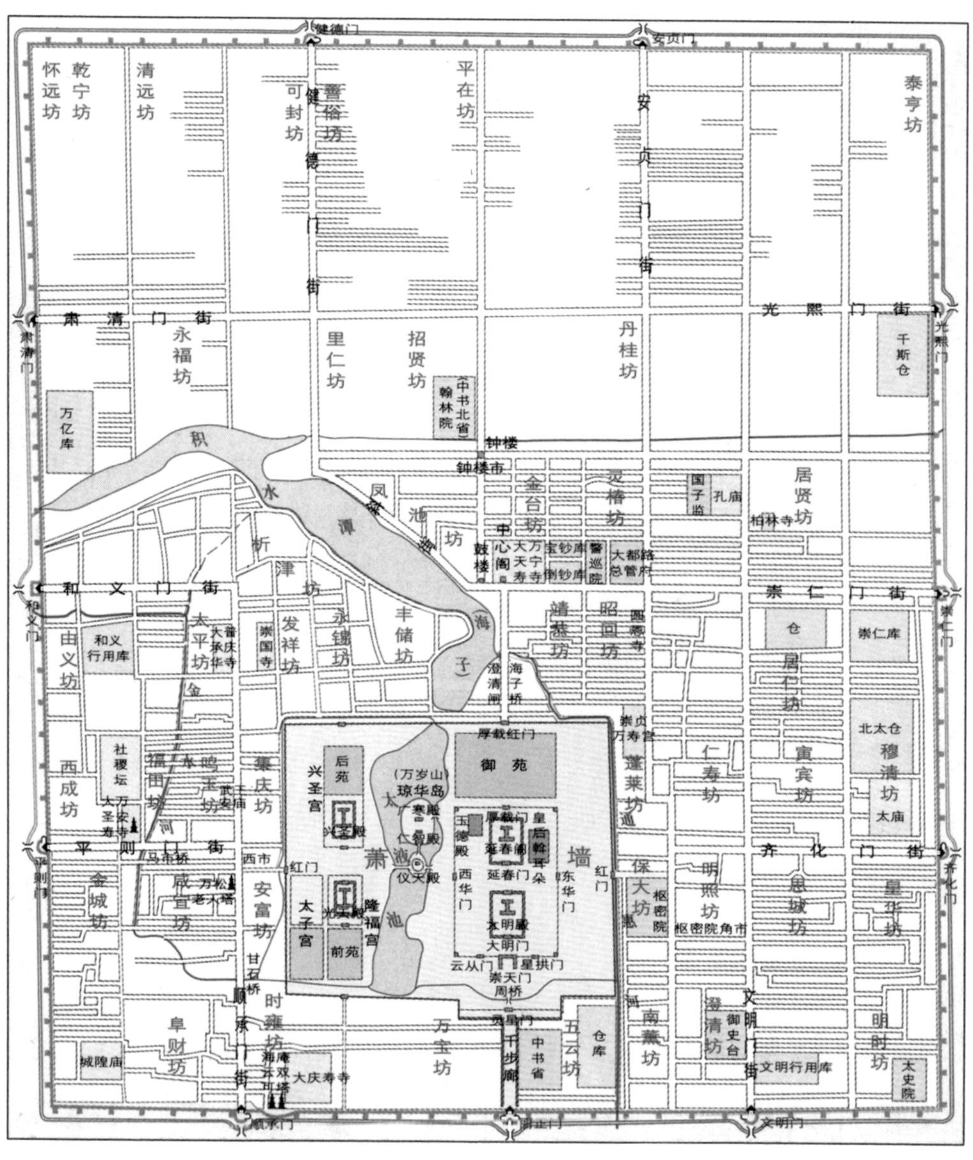

元大都城平面图

大都城当初的营建理念和建筑格局，只是进行了局部改建和变动。明朝北京城面积为62平方千米，计有36坊，其中，内城有28坊，外城8坊，坊内外棋盘式的道路网络仍是北京城交通体系的整体格局。明朝北京城对于元大都城的继承与改建历经几十年，终于将北京城建设成为中国古代历史上最突出、最成功的都城典范，这在世界建城史上都是佼佼者。清朝北京城基本又沿袭了明朝北京城的格局。民国时期的北京城格局相较于清朝北京城格局变化不大，而今天的北京城的建筑格局亦是如此。

2. 新中国成立后北京四合院保护与改造的进程

北京城作为国都从元朝开始，直至新中国成立，历经数百年。新中国成立后，确定了北京的城市建设是以利用和改造旧城为主的发展思路，并按照这个思路对城市建设和发展做出新的规划，在其宗旨的指导下，北京城旧城风貌、建设布局、建筑形式完全按照城市原来的风貌进行建设和改造。近几十年来，随着城市建设的飞速发展，特别是改革开放和人文奥运方针政策实施以来，北京旧城的改造发生了翻天覆地的变化。

新中国成立后，古老的北京作为新中国的首都，开始焕发了青春，古城春色，万象更新。新中国成立初期，百废待兴，北京城作为历史文化名城，如何使用、保护和管理，在当时不是特别明朗，但基本确定了北京的城市建设以利用和改造旧城为主的发展思路，并按照这个原则对城市建设和发展做出新的实施规划。总体上看，几十年的建设周期大体经历了20世纪50年代、60年代、70年代和改革开放几个历史阶段。而在这几十年间，北京城市建设发生了很大的变化，特别是胡同和四合院的变化可谓是巨大。

第一个时期，大体上是20世纪50年代到60年代。这个时期是北京城市建设较为稳定的时期。50年代是新中国的创建初期，刚刚和平解放的北京城基本上保持了民国时期老北京城的模样，城市建设保持着低端水平。由于财力有限，当时的北京旧城的城市建设没有多

明北京城

万历至崇祯年间

（1573年—1644年）

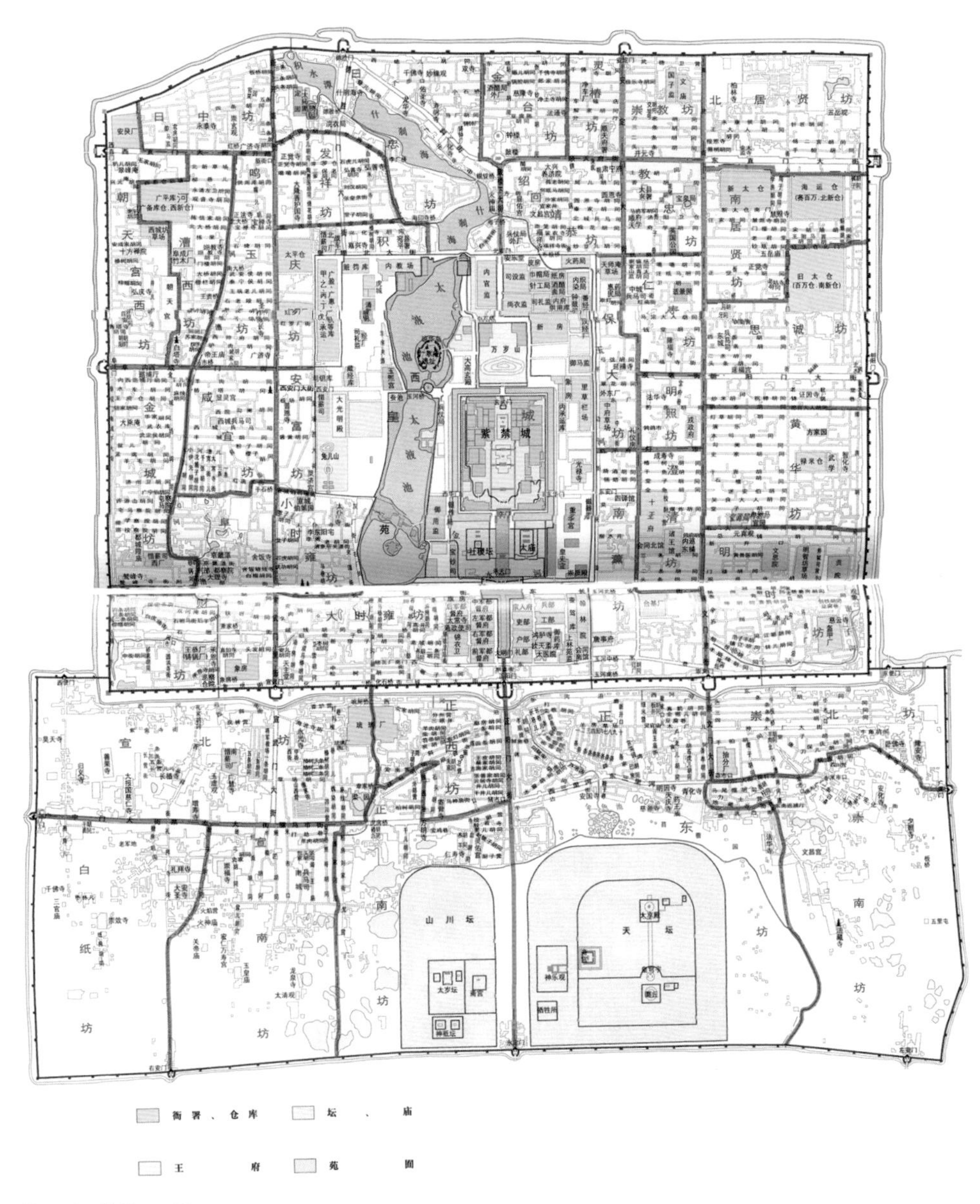

明北京城平面图

大变化和发展。但是，这个时期由于城市人口的快速增长，原有的城市住房已经不够使用，新增住房的数量，远远赶不上人口增长的速度。由于住房建造数量少，无法满足人们生活的需求，各级政府将原来独门独院、一个家庭或者一个家族的居住格局打破，使四合院一户变多户、一院变多院，这种现象成了50年代的普遍现象。这种解决住房紧缺问题的做法，在一定程度上解决了不少人的住房困难，但是也为日后四合院格局的破坏和乱改建埋下了隐患。经此方法整合，原有的四合院的使用发生了很大的变化。人口的激增，致使昔日深邃、安谧、幽雅和温馨的四合院被分割、改造，居住环境不容乐观。当然，北京城还有一部分四合院建筑群被完整地保存了下来，虽然社会变迁，但是这些颇具规模的四合院建筑基本上保持了原有的建筑形制，而且至今仍在使用，成为当今北京城保存为数不多的北京四合院中的标志性建筑。就总体而言，这个时期的城市建筑基本上保持了中国传统建筑的风格，四合院建筑古朴完整，做到了与古城风貌的和谐统一。

第二个时期，大体上是20世纪60年代到70年代末。这个时期是北京城变化较大的阶段，也是北京四合院厄运开始的时期。这个时期，新中国经历了三年困难时期和史无前例的“文化大革命”运动，这个阶段的北京，城市发展极为缓慢，人民生活水平下降，特别是在民用住宅方面尤为突出。存在的最大问题是房屋修缮和管理上的不到位，致使一些四合院变成了名副其实的大杂院。昔日整洁的四合院不仅建筑布局发生了很大的变化，而且在使用上也问题百出。首先是四合院拆改严重，由于原有建筑多年失修，相当数量的院落面目全非，有些房屋建筑时刻面临着房顶塌陷、墙体走闪塌坏的危险。而政府资金有限，拿不出大笔的修缮费用，无法顾及每家每户。居民为了安全起见，纷纷开始自己动手解决住房及修缮困难，但因缺少有效的管理，居民想怎么改造就怎么改造，致使这些四合院原有的建筑布局和建筑形制改动极大。其次是北京20世纪六七十年代人口急剧增加，使得原本已经十分紧张的住房更加不够用，居民只好自己搭建住房以满足生活需要，庭院中的违章建筑见缝插针，比比皆是，这种现象在当时北京大杂院中十分普遍。尤其在1976年唐山大地震后，城内原来建造的抗震棚都转化为固定式的建筑，更有甚者是在原有基础上加盖二层甚至三层建筑。四合院内违章建筑鳞次栉比，置身于此，犹如坐井观天。这个时期的四合院建筑布局已面目全非，过去“天棚鱼缸石榴树，先生肥狗胖丫头”的景象不复存在，已成往日的美好回忆。

第三个时期，大体上是20世纪70年代末到90年代中期。这个阶段是北京城历史发展的一个重要阶段，也是北京城市建设变化最大的时期。刚刚结束的“文化大革命”给北京城各方面造成了相当大的影响，反映在城区建筑方面尤其突出。北京城区的许多文物建筑都或多或少地遭到了破坏，而作为典型民居的四合院更是混乱一片，可以说北京城又一次处于百废待兴的时期。为改变这种乱象，打造宜居和谐的北京城，从80年代中期开始，北京旧城区和四合院的保护工作开始启动，有相当数量的院落得到修缮和保护，其中有些保存完好的院落经专家认证后被列入北京市级文物保护单位加以重点保护。但是，由于房屋修缮基数过大，欠账太多，尽管状况有所改善，却并没有得到根本性的解决。改革开放后，北京城特别是皇城和内城的城市建设和城市改造也进入了一个新的阶段，随着北京现代化大都市建设进程的加快，改善旧城内居民的住房条件和居住环境以及旧城改造工作也全面展开，这期间用日新月异形容北京的变化一点不为过。

几十年来，北京城经过了这三个时期的发展和磨难，代表北京特色的胡同四合院，虽然受到了极大的冲击，但多数院落还是较为完整地保存了下来。然而，从90年代后期开始，北京旧城的大规模改造和开发，又一次给北京旧城风貌带来了较大的冲击。据不完全统计，从2000年到2002年的这段不算长的时间里，北京城区的胡同就以每年数百条的速度消失。新中国成立初期全市共有3600余条胡同，而现在保留下来的总数不超过1500条，几十年时间数量减少了一半还多。再者，支撑北京旧城风貌的四合院建筑群，几年间就相继拆除危旧房屋共443万平方米，而保留下来的四合院只占旧城总面积的14.14%，其中还有一部分已列入四合院危改项目中。这是一个相当惊人的数字，说明北京城四合院的命运很不乐观。从表面上看，大规模城市改造，拆除了大量的胡同和四合院，给北京旧城风貌带来了较大的改变，实质上是对北京这座历史文化名城的内涵造成了极大的打击。如果不及时调整规划和设计思路，照此情况发展，除了被确定为文物保护单位和历史文化保护街区的文物建筑和四合院建筑能够保留下来外，没有用行政手段列入保护名单的其他地区传统风貌建筑将会逐年减少直至消失殆尽。如果真是这样，北京这座历史文化名城最终将名存实亡。可以设想，北京城如果没有了胡同，没有了四合院，那也就失去了北京城的传统特色和历史赋予北京城的光环。

为保护北京这座千年古城，从2000年开始，政府加大对北京旧城的保护，采用行政手段着手北京四合院的保护工作，先后颁布了一系列针对旧城区胡同和四合院的保护法令和条例。例如，2002年制定旧城25片保护区的规划，对成片的四合院进行整体保护。而后，更加强调了旧宅院的保护力度，不再允许大规模地拆除四合院，对于有些列为危旧房的四合院，如果进行修缮和改建，必须经过文物和规划等相关部门审核批准，用行政手段杜绝了私搭乱建的行为。从调查情况看，这种行政措施，对保护胡同和四合院，起到了十分重要的作用。尤其是在2007年的全国第三次文物普查中，北京市政府将旧城区的四合院列为重点普查内容，首次将北京四合院作为城市重点建筑，甚至提高到文物保护工作的高度去对待胡同和四合院，这是北京城市建筑保护的首例，在全国都是起到示范作用的典型。可以说这个时期是胡同和四合院保护、历史文化传承的一个重大的转折期。北京四合院的集中保护，展示了人们对古代传统建筑理念的重要认知，是从帝王文化向平民文化保护的转变，是以人为本观念在传统建筑保护工作中的体现，也是向国际文物保护标准的迈进。

二、四合院建筑保护和利用

北京城作为古都的建设发展历史，既是一部宫殿、坛庙、寺观、府邸等建筑的发展史，也是一部民居四合院发展的历史。每一个四合院都是一部民间的杂记和野史，它们记录详尽、具体生动，在这些四合院建筑中能够读出当时市民的生活和理想、生产和劳动、喜怒哀乐，包括家居礼俗、文化娱乐、精神崇拜和生老病死，这些生动场景，都在建筑上留下了深刻的记忆和深深的烙印。因此，北京四合院是中国传统建筑文化、建筑艺术的重要组成部分。那么在现代化都市飞速发展和变化的今天，如何处理好保护和延续北京城的古老风格与城市现代化发展的关系是当前城市变革的重要课题。

1. 提升旧城保护的理念

北京旧城区的胡同和四合院是构成北京城的基本元素，历史悠久、风格独特，是中国传统文化建筑的集中体现。保护四合院、保护胡同，就是保护北京城、保护人类的建筑文明。而随着时代的进步、人类生活水平的提高，四合院这种古老的传统建筑组合，在一些实用功能上已无法达到人类生活最基本的要求，因此，北京旧城区房屋改造也成为城市发展的必然。既要加强旧城历史文化街区及其胡同和四合院的保护，也要加快北京现代化城市建设的步伐，两者的矛盾便逐渐显现出来。而如何正确解决两者的矛盾，以及调整北京城市改造的部署已成为下一步工作的重点。

为制定正确的城市发展规划，早在20世纪70年代末，北京就开展过传统四合院的调查工作，并在80年代初提出了相应的保护规划设想。特别是1993年国务院批复的《北京城市总体规划》明确提出："北京是著名的古都，是国家历史文化名城，城市的规划、建设和发展，必须保护古都的历史文化传统和整体格局。"按照批复的精神，市委、市政府对如何处理好北京历史文化名城保护与发展的问题不断进行探索和实践，对保护北京历史文化名城的认识也逐步深化。1999年3月首都规划委员会划定了北京的旧城历史文化保护和控制范围，明确提出了"25片历史文化保护区"名单，重点保护位于北京明、清古城内的地安门内大街、南北长街、什刹海地区、国子监地区等北京城著名的历史文化保护区，被列入名单的保护街区几乎囊括了北京旧城区的全部建筑精华。北京历史文化保护区名单的提出，体现了政府对保护古都风貌和历史文物的重视，同时使得北京城格局的经典模式得以留存。这项宏观性的保护规划和相应的保护措施以及实施办法，得到了全国各界专家学者和有识之士的广泛赞同。

2002年至2005年的几年间，北京市古代建筑研究所针对北京旧城区900余座被划定为文物普查登记项目的旧宅院和已经挂牌的四合院，进行了系统、细致、规范化的重点调查。这是一项十分重要的基础性工作，通过调查梳理，确认北京旧城中符合四合院保护、保留标准和基本符合标准的四合院所在区域，在这些保留的项目中，绝大多数是一进或者两到三进院落的中小规模旧宅院，而符合真正意义上的三进院和三进院以上的大、中型四合院数量相对较少。在这些保留的项目中，地域特征明显。东城区、西城区所留存的保护院落建筑格局比较规范完整，建筑规模较大，符合北京旧城"东富西贵"的文化特点。原来北京外城的宣武区和崇文区保留院落规模较小，建筑等级也不如内城的建筑。在这些院落中有相当数量的建筑群原为会馆、旅店、商店等，具有社会性和商业性的建筑性质。因此，建筑格局和建筑形式与标准的四合式建筑形式有所区别，应该说这些四合院具有典型的南城地域特色。这种地域上的差别，是古代北京特有的政治、经济、文化的集中反映，是老北京内城和外城市井生活的真实写照。

通过调查发现，在这些登记在册的四合院中有相当数量的院落存在着拆改和违建问题，人们对四合院的保护意识淡薄，甚至存在改变已经列为文物保护单位的四合院原有建筑格局的现象。因此，在提升人们对旧城的保护理念、保护旧城街区的历史真实性、保存旧城历史遗存和原貌、改善基础设施条件的同时提高居民生活质量，这些工作任重道远，非一朝一夕能够解决。近几年来，市政府及相关部门提出了一系列保护旧城区建筑的思路，做了大量的基础工作。例如将各级保护院落全部记录在案，制定对应的保护措施并注重解决居民生活的困难。为改造北京旧城、美化生活环境、提高人们居住水平投入了很大的精力和物力，做出了巨大的贡献。

2. 合理实施旧城的整改措施

北京的胡同、四合院，承载了北京人对家的浓浓眷恋，也是古老的北京永恒魅力的标志。保护好现有的传统四合院，对于整体保护北京历史文化名城具有不可估量的作用和意义。要合理制定、实施一套科学和切实可行的措施，以科学发展观的角度来考量现行的四合院保护工作思路，使之为北京城市发展服务，同时为中华民族留下这份凝结着数百年文化、代表着浓厚北京地方特色的珍贵的遗产。

（1）疏解旧城人口，逐步恢复古城历史风貌

旧城保护区需要采取微循环改造的方式，疏散人口、降低人口密度，是原地保护条件较好的四合院以及较完整的文化街区最好的措施。

现在的北京四合院，与原来的四合院在功能和使用上都有很大的差距。北京旧城所留存的四合院原本是按照一家一户居住，或者是一个家族成员共同居住的建筑布局建造的，带有浓厚的家族和礼制的色彩，庭院布局主次分明，整齐有序，是中国传统建筑的精髓。近几十年来，由于城市的扩大，人口急剧膨胀等多方面原因，原本独门独院的四合院，现在一个院子住上数户或数十户无亲缘关系的家庭。同时，因为住房紧张，所以每家争相搭建小房子，千方百计争夺空间，院内私搭乱建现象普遍，原建筑拆改严重，极大地破坏了院落原有的建筑格局和建筑形式。有很多原来体量较大、保存较好的四合院已经被市民“改造”，有相当数量的四合院建筑已经看不出原有的模样，大多数已成为混杂居住的大杂院，这种居住方式不仅加剧了居住环境的恶化，也完全丧失了传统四合院那种舒适、安闲、闹中取静的情趣。

为了保护好北京这座世界著名的历史文化名城、改善广大居民的居住条件，把相当一部分居民疏散和迁出旧城、降低市中心地区的人口密度及建筑密度，成为京城四合院保护的经验之一。多年以来，政府的财政预算都会设立历史文化名城保护专项资金，对列入保护的街区按照北京历史上的城市肌理，进行微循环改造，对非国有房屋所有人按照传统建筑形式修缮适当给予资助。在北京旧城划定的25片保护街区

新修四合院

新修四合院

新修四合院

内，有相当数量的大中型四合院属于大杂院的范畴，有计划、有目的地搬迁和腾空皇城、内城区域内四合院建筑群中的单位和居民，进行人口疏解，降低人口密度。对于有些院落中未迁出的居民，集中于附近一处或数处保留较好的四合院中统筹安置。通过这种运作模式，逐步恢复皇城和内城原有的历史风貌。而后，将这些腾空的四合院进行集中整治，修缮和重建原来的建筑，拆除违章建筑，恢复原有的建筑格局和历史风貌，也可以按照规划要求打通一些院落，重新进行功能定位、布局，建造成高质量、高品位，且符合周围环境和风貌的新型四合院建筑。随着社会的发展，近些年来，北京的经济实力和城市建设融资水平已经有了很大提高。这种改造方式不仅是必需的也是完全可能的。更重要的是，这种改造方式，对于北京古城旧宅院的保护和传承起到了十分重要的作用。

（2）开拓新思路，满足各方需求

近年来，随着北京城市建设的发展，各级政府与开发企业，开拓新思路，打破传统四合院主要作为普通居民住宅的旧观点、老思路，探索出一条更加完善、更加成熟、更加富有地方特色的保护和利用四合院建筑的道路。在旧城改造中，由政府或房地产开发商出资，将传统四合院修缮或原貌重建后作为中高档住宅予以出售或出租。然后，再用回收的资金去修复更多旧城内的四合院建筑，形成住宅建筑的良性循环。这种有条件的、有目的的逐渐推进宅院私有化的措施，既保护了传统建筑，保存了古都北京的历史风貌，又将这些四合院有偿地利用起来，有力地促进了京城房地产业向广度和深度的发展。据有关资料统计，近几年四合院的地位越来越高，特别是地段好的高品质四合院日益受到国内外人士的追捧。能在昔日天子脚下、首善之区的皇城，当今的首都购买一座这样的高档次、高品位的宅院，成为不少文化名人、海外华人或外国友人的首选，更有国内的一些知名企业家准备投资北京四合院。形成今天这样的局面，得益于现在的北京城社会生活多样化和人们居住要求的不断提高。随着人们对四合院的认知水平越来越高，今后人们对四合院的需求一定会越来越大，对四合院的类型、规格的要求也会更加多样化。从目前房地产市场调查数据可看出，北京四合院的市场需求旺盛，四合院产业欣欣向荣。

（3）加大资金投入，保护与经营合理利用

保护北京这座历史文化名城是一项长期而且耗资巨大的工程，需要持续的资金投入。在国际上凡是涉及重大文物保护的项目，都是由国家和政府提供主要的资金。例如英国、日本以及美国等发达国家文物保护资金主要来源于中央政府和地方政府的专项拨款和贷款。北京的四合院保护工作就是这样一项重大文物保护项目。在文物保护备受重视的大环境下，我们要把四合院作为资源和财富来看待，而不是包袱和累赘。利用各方面的新闻媒体加大和加强保护北京古城、保护胡同、保护四合院的宣传，同时利用它潜在的、巨大的商业价值创造更多的社会、经济效益，造福于国家，造福于人民。

北京旧城区内的四合院建筑修缮、改造、更新工作，是一项产出比相当大的工程，尤其是要疏散众多的人口，因为地价、搬迁费等前期投入较大，因此政府的资金主要用于文物建筑修缮，而对北京整体环境风貌的整治，则主要靠承办企业以房地产开发带动危旧房改造的模式来进行。这项宏伟工程需要政府和承办企业共同实施，也就是说除政府对其进行的支持，承办企业需要投入更多的资金进行规划、开发，加大四合院基础设施建设投入。这些经过整治、修缮、重建的四合院，最后经承办企业统一定价后出售。

近些年来，各级政府和社会各方，开始把四合院作为一种富有活力的朝阳产业来经营，将传统四合院通过改变其功能而使其获得新生。在规划设计上保留其原有的街巷格局与建筑特色，在功能上由单一的居住功能扩展了休闲、购物、娱乐场所等功能。把握机遇，优化资源，加大投入，建立多渠道的筹资机制。经过重新规划和整治后的历史文化街区和四合院，不仅为政府疏解人口解决了困难，而且改变了城市中心区的环境风貌，也为辖区政府和开发单位带来了丰厚的经济效益，同时，这种做法也得到广大市民和房地产开发企业的理解和支持。

新修历史文化街区

新修历史文化街区

（4）逐渐推进宅院私有化，促进旧宅院良性发展

积极推进旧城区内四合院建筑群的平房房改，尽快制定相关政策，鼓励私人购买和投资，逐渐推进宅院私有化，促进旧宅院良性发展，是北京城旧城保护的重要措施之一。

首先，从近年调研工作中发现，北京内城中有相当数量保存较好的私人四合院，这其中有规模较大和中小型的四合院。这些私人住宅，不论建筑的规模大小，还是建筑的格局形式，都保存得比较完好，这些四合院原汁原味，古香古色，具有十分重要的保护价值。虽然没有进入文物保护院落的范畴，但是鲜明地体现了北京古城老四合院建筑的本色，是现在京城中大杂院所无法比拟的。值得提出的是，这些私人宅院的主人，都对祖产有着很深的情感，他们之中的绝大多数都不愿意离开属于自己的固定资产，更不愿意祖产毁灭，都提出愿意自己出资维修祖上留下的宅院。例如西城区的什刹海地区，许多沿湖的私房主将房屋重新修缮，并将其改造利用，辟为具有中国风情的茶室、咖啡屋、老北京风味餐馆和不同规模的手工艺作坊，有些还开办了家庭式旅馆。这些维系情感的建筑群体，不论规模大小，在北京的保护院落中占有举足轻重的地位，特别是在内城的范围内，其地位和作用更为重要。

其次，北京地区相当一部分经过改造、重新规划的四合院建筑群，成为人们购买的焦点，形成了投资建设的良好局面。据相关研究机构调查，凡是改造规划明确的地区，房主和投资商，以及有意购买四合院的人们，参与四合院修缮和改造的热情非常高。例如东城区的南锣鼓巷，崇文区的草厂，宣武区的大栅栏，西城区的什刹海历史文化保护街区，在保护原有历史文化街区、胡同的同时，建造了不少与所在地区风貌相协调的具有北京特色的高档四合院建筑群。这些符合旧城保护原则的政策和措施，对提高地区经济效益、改善环境有一定积极意义，而且影响也越来越大。

结束语

北京四合院有着十分丰富的历史和文化内涵，是中国传统建筑艺术的精华，是中华文化的立体结晶，是中国传统建筑最突出、最具根本性特点的重要象征之一。

修缮后的宅院

修缮后的宅院

北京四合院是我国唯一幸存的帝王时代的官式和民间建筑，是古代劳动人民精心创造出来的建筑形式。北京四合院是古都北京市井文化的载体，给人们留下了极其深刻的印象和丰厚的文化遗产。四合院作为北京的符号因苍老而沧桑而显得更有意义。

我们在追求城市现代化发展的同时，正确处理历史文化名城保护与现代化建设的相互关系，尤其是如何保护、利用以及传承这些祖先遗留下来的特有建筑，继承和发扬北京城优秀的历史文化传统，都是当今乃至未来的重要课题。

北京旧城保护从来就是一个颇具争议的命题。因为社会各界所处的位置不同，所以人们表达的观点、认知也就不同。对于如何保护北京旧城区的街巷、胡同和四合院，有人从文化的角度去谈，有人从历史的角度去谈，有人从现代的角度去谈，有人从纯理论的角度谈，也有人从实践的角度来谈，可谓是各念各的经，各说各的理。但是经过了多年的调研经验证明，保护好这些历史建筑遗产，要有高瞻远瞩的理念和气魄，高标准规范和严格管理，从点到片，从零散保护到集中管理。要有牢固确立北京旧城整体保护的思路，要持续对旧城历史建筑实施保护与整治，要加大保护工作的宣传力度，要努力恢复北京历史文化特色，进而切实保护北京历史文化名城整体风貌，挖掘北京历史文化名城的巨大潜在价值，重现北京旧城的环境特色。新时代的北京四合院不仅要成为北京城市建筑的精华，而且要成为当代北京现代化国际大都市的辉煌印记。

北京旧城历史文化保护区分布图(第一批、第二批)
The Distribution of the Conservation Districts in the Old City of Beijing (the First Group and the Second Group)

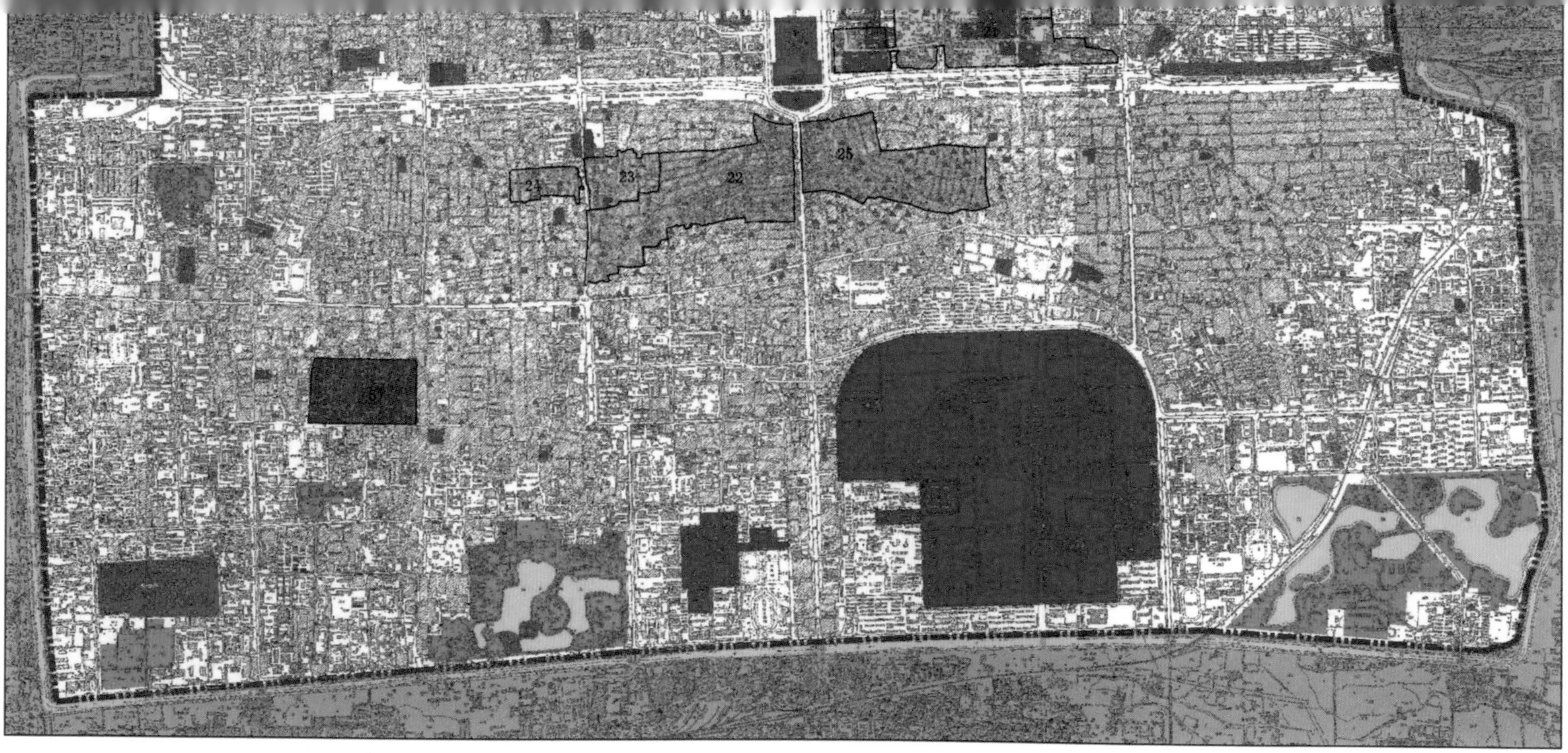

图例 国家级文物保护单位　市级文物保护单位　区级文物保护单位　区级暂定文物保护单位
第一批历史文化保护区保护范围　第二批历史文化保护区保护范围　绿地　水域

第一批历史文化保护区：1.南长街 2.北长街 3.西华门大街 4.南池子 5.北池子 6.东华门大街 7.文津街 8.景山前街 9.景山东街 10.景山西街 11.陟山门街 12.景山后街 13.地安门内大街 14.五四大街 15.什刹海地区 16.南锣鼓巷 17.国子监地区 18.阜成门内大街 19.西四北一条至八条 20.东四北三条至八条 21.东交民巷 22.大栅栏 23.东琉璃厂 24.西琉璃厂 25.鲜鱼口

第二批历史文化保护区：① 皇城 ② 北锣鼓巷 ③ 张自忠路北 ④ 张自忠路南 ⑤ 法源寺

东城区历史悠久。元明清三朝的核心建筑——皇宫，即著名的紫禁城，就位于东城区内。因此，东城区是京城最重要的组成部分。

东城区的历史街区格局形成于元代。元大都的街区划分是在中国古代城市“九经九纬”的规划原则基础上确定的，街道规划整齐，经纬分明，是体现《周礼·考工记》中规划思想最为彻底的一座都城。元大都城市布局共设置50坊，东城占有15坊，虽经历明清两朝的经营，但街巷格局改动不大，至今仍保留元大都时期的基本城市格局。

东城区是北京城中心区之一，有着700多年的历史文化积淀，也是当今北京城保留历史文化街区最多的中心城区。纵横交错的胡同和排列在胡同两侧一眼望不到头的四合院成为东城区最为醒目的建筑群，形成了东城区极其鲜明的地域文化特征。丹麦人罗斯穆森在《城市与建设》一书中盛赞北京城：“整个北京城乃是世界的奇观之一，它的平面布局匀称而明朗，是一个卓越的纪念物，象征着一个伟大文明的顶峰。”如今北京东城区所辖的内城东部城区，正是这“卓越的纪念物”最为耀眼的部分之一。

旧时北京有“东富西贵”的说法，反映的是历史上北京城的一种特殊的区域文化现象，以及商业经济、政治文化分布的基本态势。京杭大运河对北京城的贡献古有定论，商业区的形成和发展对东城地区的经济发展起到了至关重要的作用。因此，东城也便成为商贾巨富们经营和居住的首选之地，豪宅集聚东城。历史证明，东城的富有是时代赋予东城的最佳馈赠。

“东富”的历史划分，使得东城注定成为京城大中型四合院建筑群的集中地。规

东城区（下）

Dongcheng District

模宏大、建造考究的院落鳞次栉比，而数量更堪称京城之最。例如贯通北京东部著名的东单、东四、北新桥南北大街，西部的王府井、宽街、交道口南大街，即现在东城著名的金街和银街两条南北大道，其两侧对应分布排列整齐且等距离的胡同和街巷，以及紧密相连格局完整的四合院落。其中东四三条至八条四合院平房保护区、东四南四合院平房保护区、南锣鼓巷四合院平房保护区、交道口四合院平房保护区、皇城根四合院平房保护区等都是北京内城中具有代表性的典型的四合院街区。这些街区不仅胡同沿袭了元大都时的布局，规整有序，而且院落格局也遵循了古代北京的建筑形式，建筑规整，庭院宽敞，阳光充足，视野开阔。现在，这些元代城市建筑规划格局的建筑遗存，已经被列为北京城著名的历史文化街区，延续了京城的历史文脉。

东城的四合院建筑群格局完整、建筑考究，无论是皇家宫苑、王府官邸，还是商贾宅院、名人故居或是百姓民宅，形成了多层次、多规模、多水准、多形式的规范性院落。其中的建筑格局、建筑形式、建筑雕饰、建筑装修等，涵盖了浓厚的封建等级、传统礼制、官位色彩、传统民俗和地域文化各个方面的内容。这些历经数百年的历史文化积淀和丰富的文化底蕴，是中国传统建筑代表性文化的载体，展现出朴素浓郁的老北京风情，也折射出绚丽光彩的传统文化精华。

北京四合院是北京城的符号，是北京古老历史和文化的一种象征，构成了北京城的主体形象，这个特别的建筑符号因历经沧桑而显得更有意义，这种精心创造出来并伴随人类休养生息上千年的建筑形式，即使是在城市高度现代化发展和建筑多样化的今天，也没有任何形式的其他建筑能够替代。

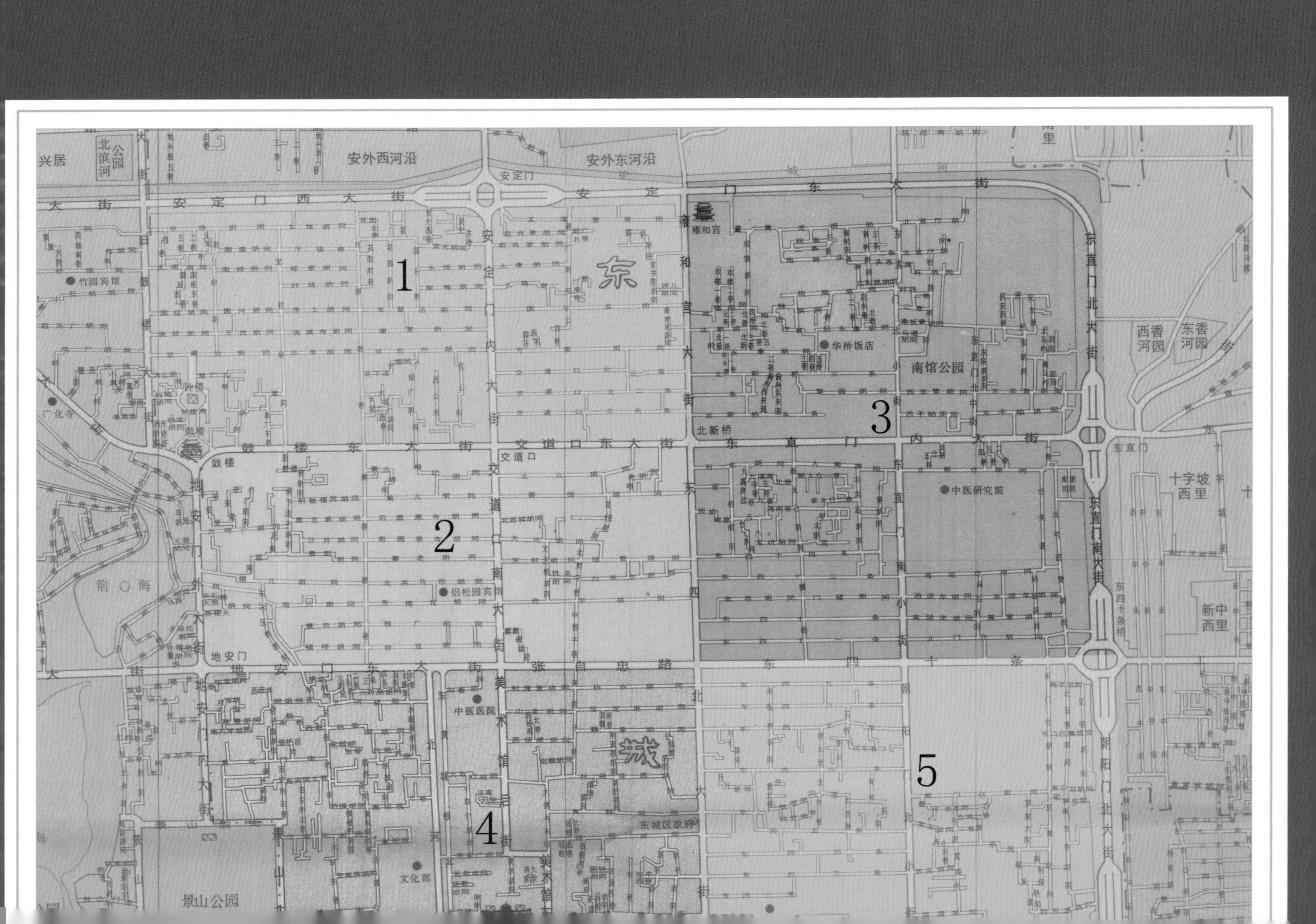
安外西河沿
安外东河沿
安定门
北滨河公园
兴居
安定门西大街
安定门东大街
东直门北大街
东直门南大街
朝阳门北大街
东直门
西香河园
东香河园
十字坡西里
新中西里
东四十条桥
雍和宫
雍和宫大街
安定门内大街
交道口南大街
交道口
交道口东大街
鼓楼东大街
东直门内大街
北新桥
东四北大街
张自忠路
东四十条
地安门东大街
地安门
鼓楼
地安门外大街
地安门内大街
美术馆后街
竹园宾馆
广化寺
华侨饭店
南馆公园
中医研究院
侣松园宾馆
中医医院
东城区政府
文化部
景山公园
前海
东
城
1
2
3
4
5

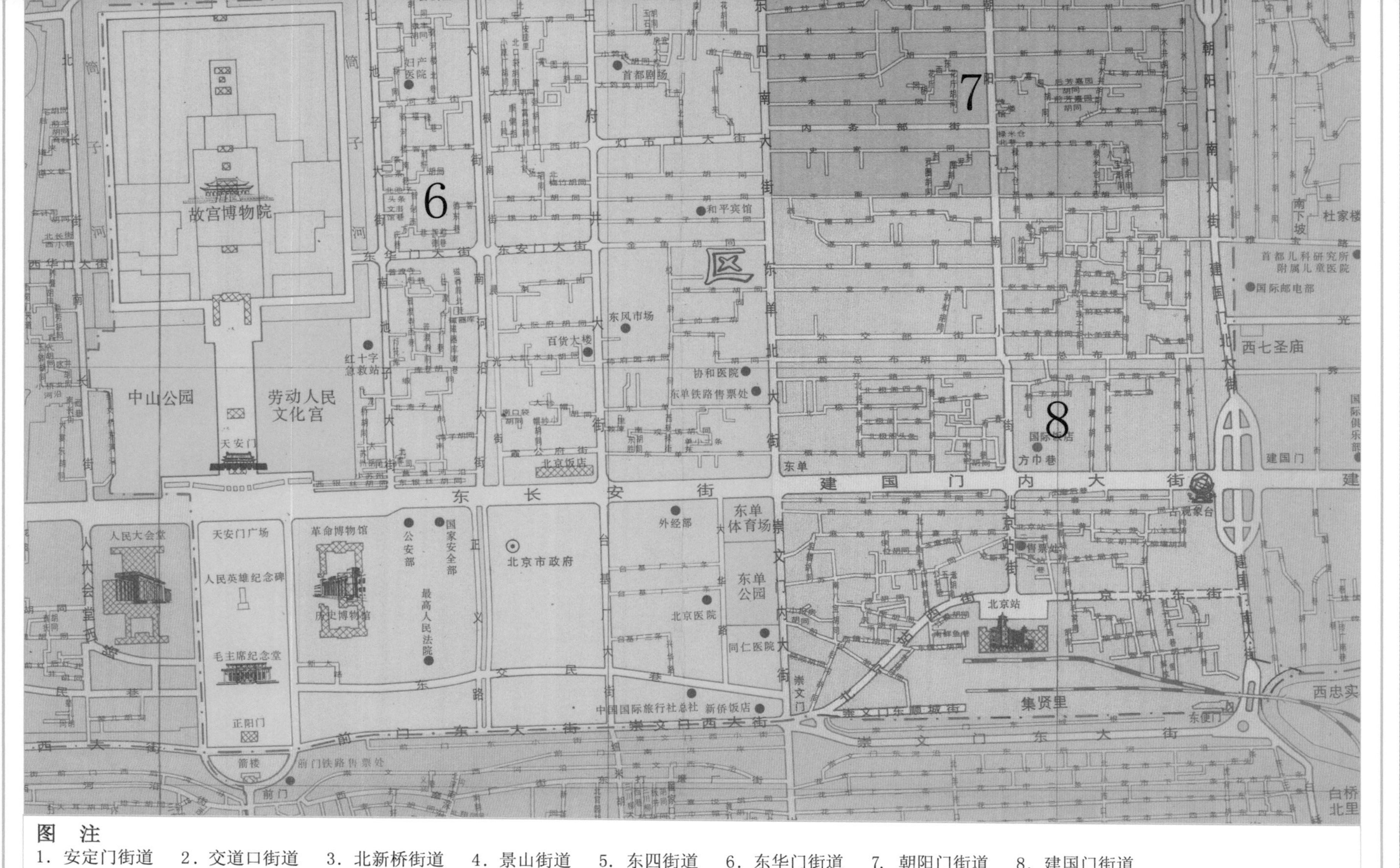

图　注

1．安定门街道　2．交道口街道　3．北新桥街道　4．景山街道　5．东四街道　6．东华门街道　7．朝阳门街道　8．建国门街道

景山街道

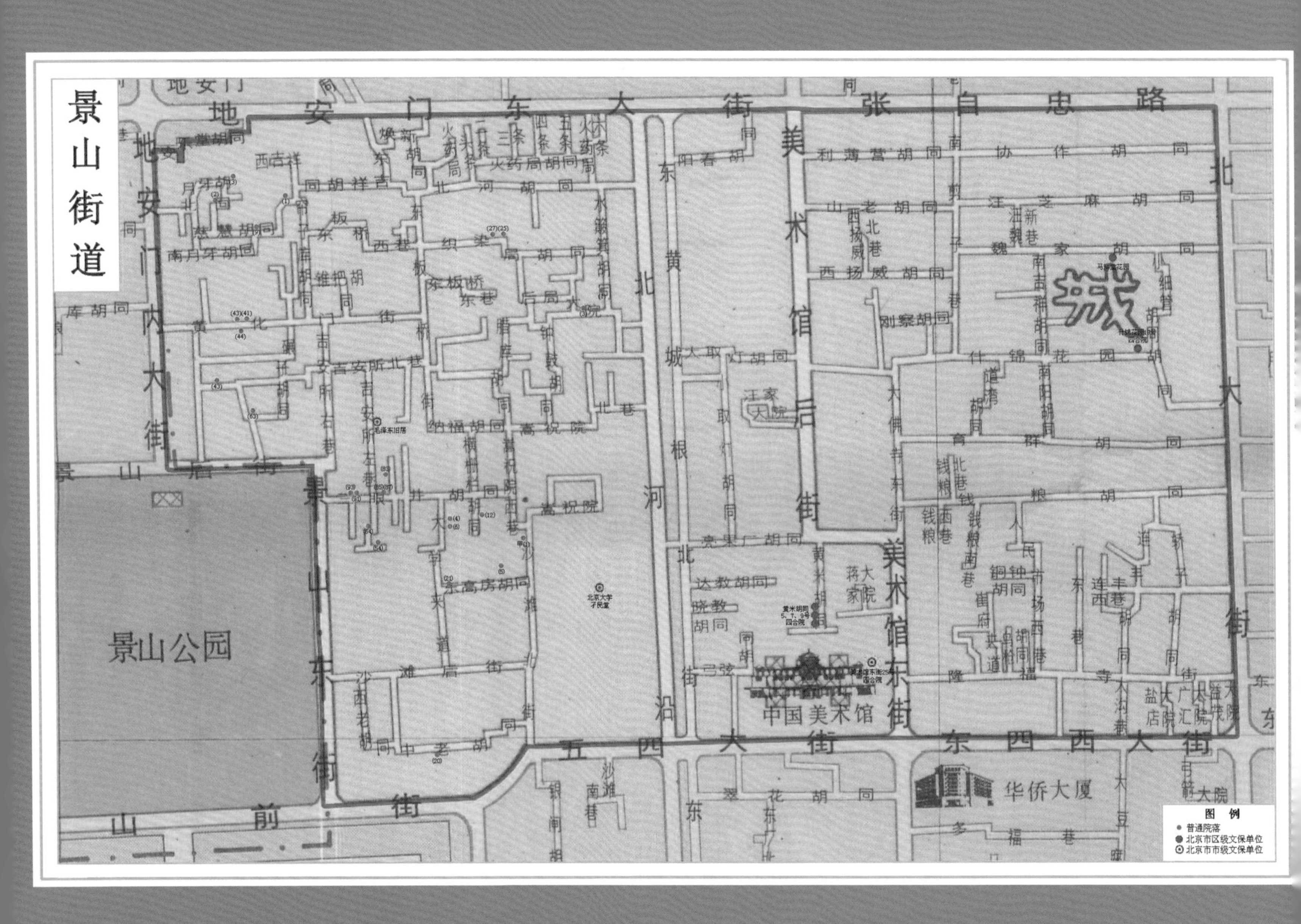
景山街道
地安门东大街
张自忠路
五四大街
东四西大街
景山公园
中国美术馆
华侨大厦
北京大学子民堂
利薄营胡同
协作胡同
山老胡同
汪芝麻胡同
魏家胡同
西扬威胡同
刚察胡同
什锦花园胡同
育群胡同
钱粮胡同
大取灯胡同
王家大院
亮果厂胡同
达教胡同
嵩祝院
纳福胡同
火药局胡同
北河胡同
织染局胡同
东板桥
黄化门街
吉祥胡同
月牙胡同
南月牙胡同
慈慧胡同
锥把胡同
大高房胡同
沙滩后街
中老胡同
蒋大家院
翠花胡同
多福巷
图例
普通院落
北京市区级文保单位
北京市市级文保单位

北京大学孑民堂（北河沿大街甲83号）

位于东城区景山街道，清代晚期建筑。此院在清朝乾隆时期为大学士傅恒宅邸的一部分。清末，裔孙松椿承袭公爵，时称“松公府”。民国初，此宅归北京大学所有。1947年，北京大学为纪念蔡元培，将宅院西部中间的一院改成“孑民纪念堂”（“孑民”为蔡元培的号），又称“孑民堂”，现为单位用房。1995 年，由北京市人民政府公布为北京市文物保护单位。

该院坐北朝南，现存两进院落。一进院南侧有一殿一卷式垂花门一座，悬山顶筒瓦屋面，脊饰正吻，垂兽及小兽三只，铃铛排山。垂花门装饰云头锦图案花板、雕花雀替和垂莲柱头，梅花形门簪四枚，红漆板

垂花门正立面

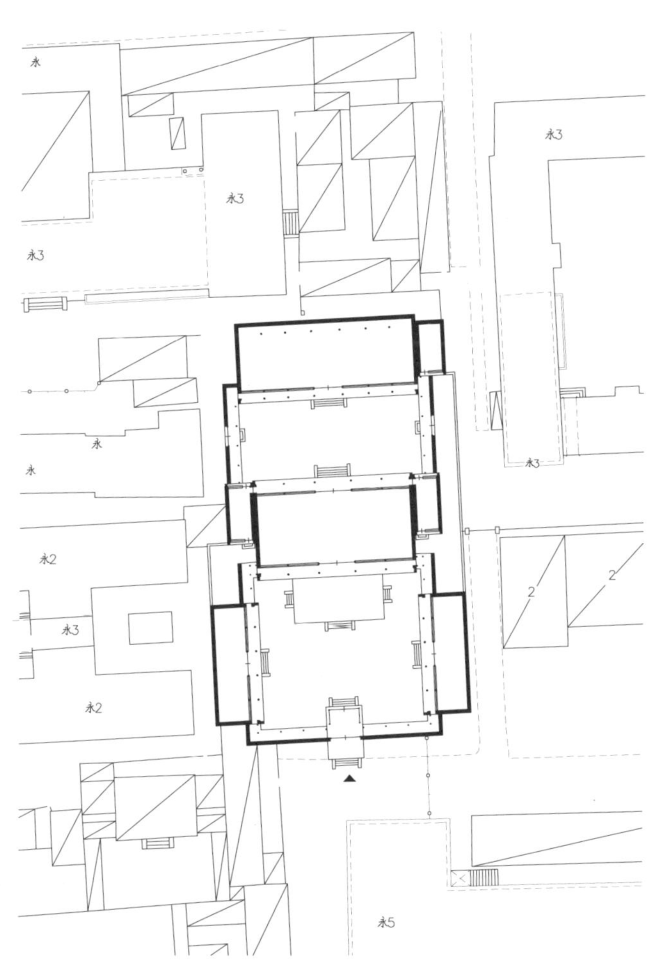

北京大学孑民堂（北河沿大街甲83号）

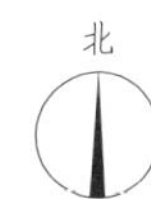

门两扇，两侧带余塞板，前后各出垂带踏跺四级，前有石狮一对。一进院正房五间，前后出廊，硬山顶，过垄脊筒瓦屋面，铃铛排山，前檐戗檐砖雕麒麟图案，后檐戗檐砖雕狮子图案。前檐柱间饰凤鸟纹雀替，装修明间为隔扇门，次间为支摘窗，上饰十字方格棂心横披窗；后檐装修明间为灯笼锦棂心隔扇门，次间为灯笼锦棂心支摘窗，明间后出垂带踏跺五级。过厅内吊装井口天花，图案为中心莲花，四岔角绘蝠，架构绘墨线大点金旋子彩画，龙锦枋心，民国花砖墁地。正房前有月台一座，方砖铺墁，正面及两侧均出垂带踏跺四级。正房两侧耳房各一间，硬山顶，过垄脊筒瓦屋面，披水排山，后檐戗檐砖雕花鸟纹图案，内侧半间开门，前檐已改为现代装修，后檐装修为灯笼锦棂心支摘窗。东西厢房各五间，前出廊，硬山顶，过垄脊筒瓦屋面，铃铛排山，戗檐砖雕花鸟纹图案，廊柱间饰凤鸟纹雀替，前檐装修明间为隔扇门，次间为支摘窗，上饰十字方格棂心横披窗，明间前出垂带踏跺四级。院内各房与垂花门之间有游廊相连，四檩卷棚顶，柱间饰灯笼锦棂心倒挂楣子、花牙子与坐凳楣子。

二进院北房七间，前后廊，硬山顶，过垄脊筒瓦屋面，铃铛排山，戗檐砖雕狮子图案，前檐装修明间为隔扇门，次间为夹杆条玻璃屉棂心支摘窗，明间出垂带踏跺四级。北房东侧耳房一间，硬山顶，过垄脊筒瓦屋面，铃铛排山，内侧半间开门。院内北房与一进院过厅之间有游廊相连，四檩卷棚顶，柱间饰灯笼锦棂心倒挂楣子、花牙子与坐凳楣子，各出如意踏跺三级。

垂花门西侧看面墙

二进院正房

过厅

二进院东侧游廊

一进院东厢房

北月牙胡同3号、地安门东大街84号

位于东城区景山街道，清代晚期建筑，现为居民院。

该院坐北朝南，现存三进院落，带东跨院。原大门位于北月牙胡同3号，大门及倒座房、一进院已全部翻建为住房，原形制不详。二进院、三进院需从地安门东大街84号进入。

一进院北侧有五檩单卷棚垂花门一座，已改为机瓦屋面，垂花门已封堵为住房，前檐被遮挡，形制不详，后出垂带踏跺三级。

二进院正房三间，前后廊，硬山顶，过垄脊合瓦屋面，披水排山，前檐已改为现代装修，明间前出垂带踏跺四级，后檐为老檐出形式。正房两侧东西耳房各两间，东耳房为硬山顶，过垄脊合瓦屋面，披水排

垂花门背立面

二进院东厢房

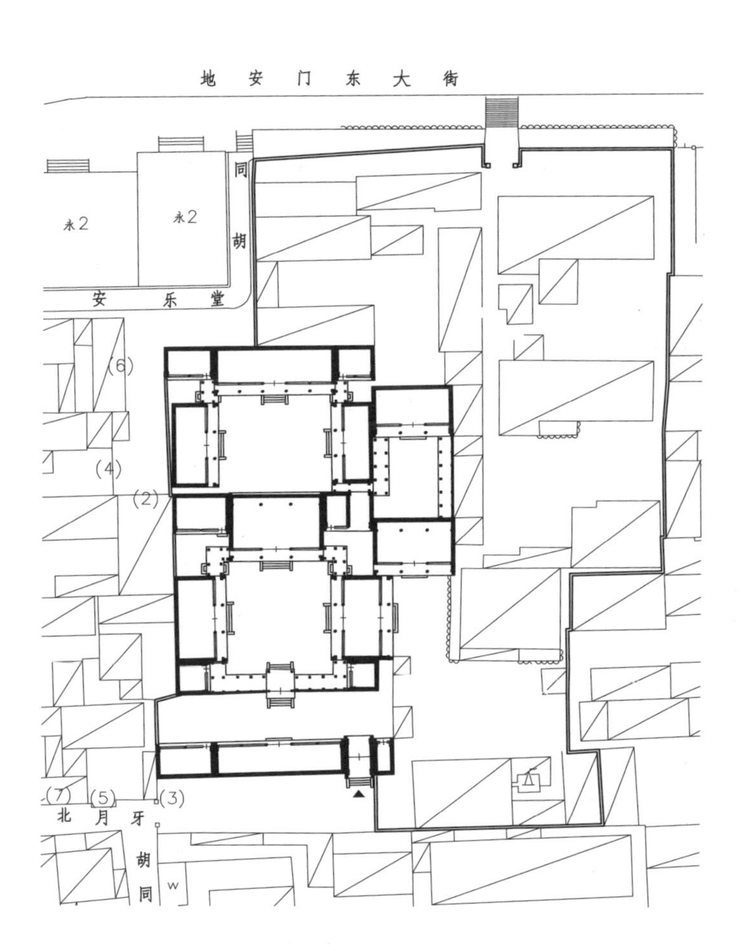

北月牙胡同3号、地安门东大街84号

山，东侧半间辟为过道，通往三进院；西耳房已翻建。东厢房三间，前后出廊，硬山顶，过垄脊合瓦屋面，披水排山，前檐已改为现代装修，明间前出垂带踏跺三级，后檐已改为现代装修，明间后出如意踏跺三级。西厢房三间，前出廊，硬山顶，过垄脊合瓦屋面，前檐已改为现代装修，明间前出垂带踏跺三级。东西厢房南侧厢耳房各一间，硬山顶，过垄脊合瓦屋面，前檐均已改为现代装修。院内各房原有游廊相连，四檩卷棚顶，筒瓦屋面，柱间饰步步锦棂心倒挂楣子、花牙子及步步锦棂心坐凳楣子。现垂花门两侧游廊已改为机瓦屋面，东侧游廊已改为住房，正房与西厢房间游廊无存。正房与东厢房间游廊可通往东跨院。

三进院正房五间，前出廊，硬山顶，清水脊合瓦屋面，脊已残，前檐已改为现代装修，明间前出垂带踏跺四级。东西厢房各三间，前出廊，硬山顶，清水脊合瓦屋面，脊饰花盘子，前檐已改为现代装修。

东跨院共两进院落，一进院北房三间，前后廊，硬山顶，过垄脊合瓦屋面，前檐已改为现代装修。二进院北房三间，前出廊，硬山顶，过垄脊合瓦屋面，前檐已改为现代装修。二进院东西两侧有平顶廊。

东跨院一进院北房

二进院西厢房

二进院正房

三进院正房

三进院西厢房

北月牙胡同2号

位于东城区景山街道，清代晚期建筑，现为居民院。

该院坐北朝南，两进院落，带西跨院。院落东南隅开广亮大门一间，进深五檩，硬山顶，过垄脊合瓦屋面，前檐柱间饰雀替，象眼砖雕几何纹图案。现大门东侧半间封堵，仅可见梅花形门簪两枚，自东向西依次雕刻“家”“庆”纹样，红漆板门仅见西侧一扇，圆形门墩仅见西侧一座，前出垂带踏跺四级。大门东侧门房一间，硬山顶，鞍子脊合瓦屋面，前檐装修不详，后檐为老檐出形式，部分墙体已翻建为红机砖。大门西侧倒座房五间，硬山顶，鞍子脊合瓦屋面，前檐装修不详，后檐为老檐出形式。

大门及倒座房

二进院东厢房

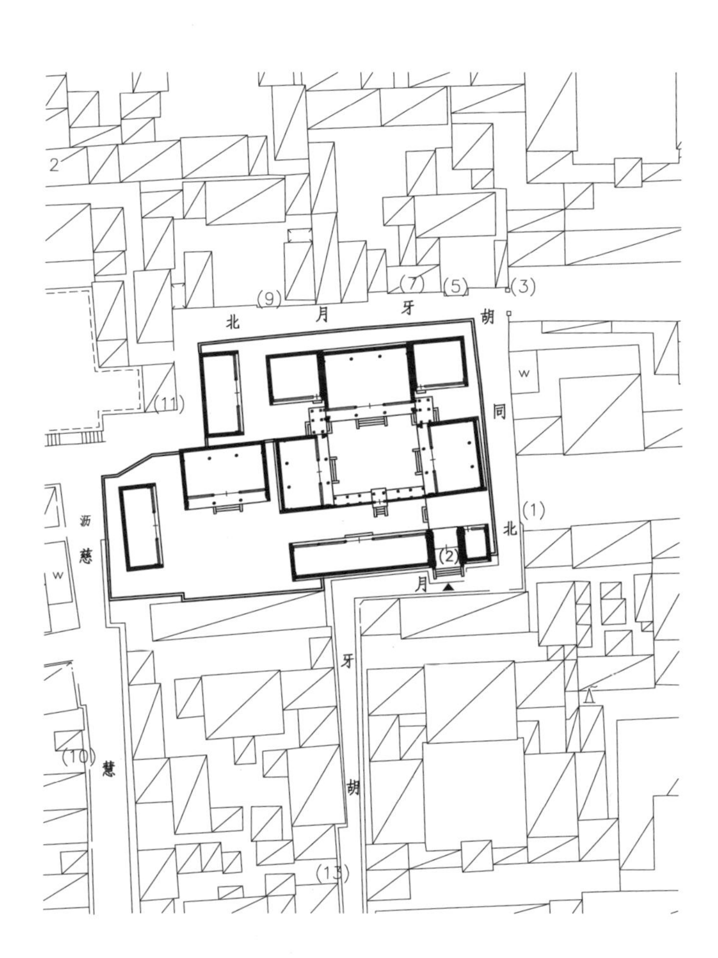

北月牙胡同2号

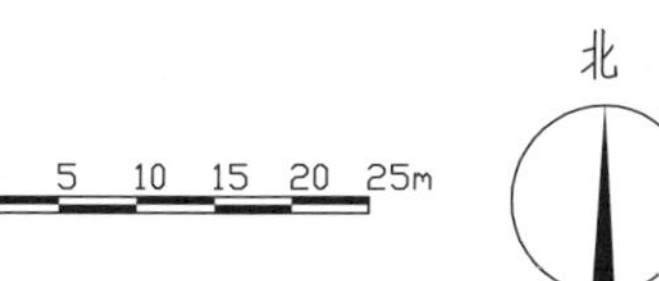

一进院北侧原有垂花门一座，现已拆除，仅余基础，前出垂带踏跺四级。垂花门两侧原带游廊，现已无存。二进院正房三间，前后廊，硬山顶，鞍子脊合瓦屋面，前檐已改为现代装修，明间前出垂带踏跺四级，后檐为老檐出形式。屋内保留部分碧纱橱，位置已改动。正房东西两侧耳房各两间，硬山顶，鞍子脊合瓦屋面，前檐已改为现代装修。东西厢房各三间，前后廊，硬山顶，鞍子脊合瓦屋面，前檐已改为现代装修，明间前出垂带踏跺三级，后檐为老檐出形式。厢房与正房间有游廊相连，四檩卷棚顶，柱间饰冰裂纹棂心倒挂楣子、透雕花牙子。西耳房西侧另有西房三间，已翻建。

西跨院内北房三间，前后廊，硬山顶，屋面已翻建，前檐装修明间为隔扇门，次间上为支摘窗、下为槛墙，棂心无存，仅存槛框。现在廊柱位置已改现代装修，明间前出垂带踏跺三级。西跨院内另有西房三间，硬山顶，鞍子脊合瓦屋面，前檐已改为现代装修。

二进院正房

慈慧胡同1号

位于东城区景山街道，清代晚期建筑，现为居民院。

该院坐北朝南，三进院落。院落东南隅开如意大门一间，硬山顶，清水脊合瓦屋面，脊已残，门头原有精美砖雕，现已遗失。门簪两枚已缺失，红漆板门两扇，方形门墩一对，方砖地面部分缺失。门内迎门一字影壁一座，顶已残，抹灰软影壁心。大门内西侧原有月亮门一座通一进院，现已改为屏门，前出踏跺三级。大门西侧倒座房三间，硬山顶，清水脊合瓦屋面，脊已残，后檐为老檐出形式，前檐已改为现代装修。大门东侧倒座房三间，硬山顶，清水脊合瓦屋面，脊已残，前檐已改为现代装修，后檐已改动。一进院正房五间，前后出廊，硬山顶，清水脊

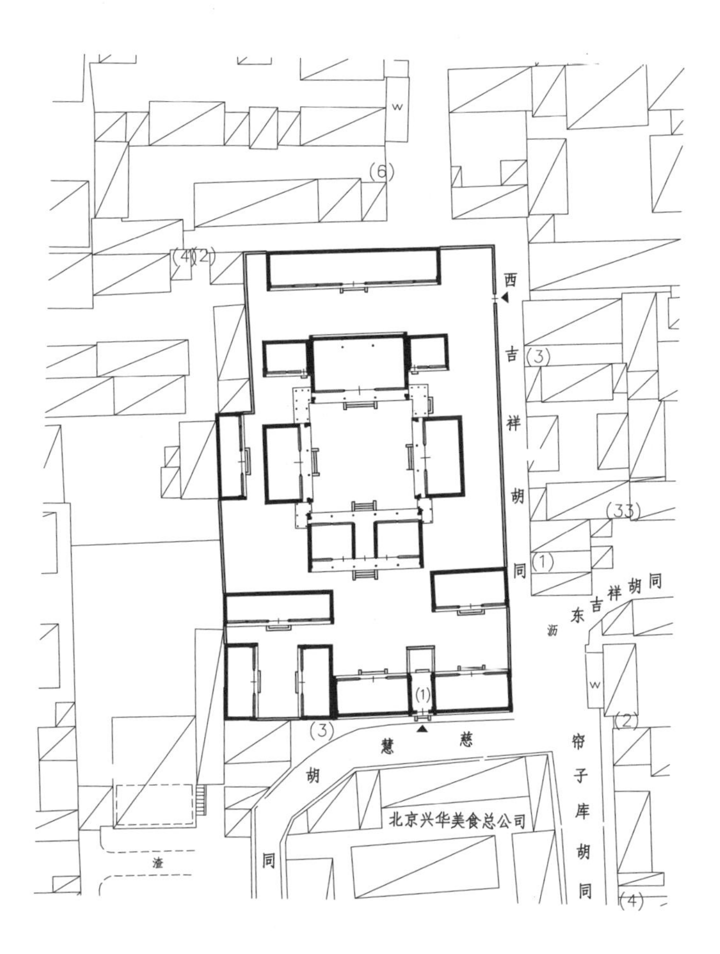

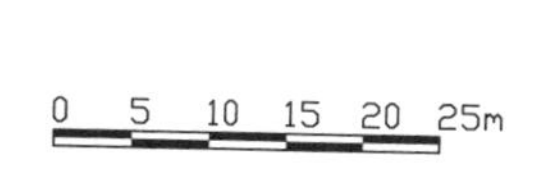

慈慧胡同1号

如意大门

合瓦屋面，脊已残，前檐已改为现代装修。明间辟为门道，金柱大门形式，板门两扇，圆形门墩一对，前出垂带踏跺四级，方砖地面缺失。一进院东侧北房三间，已改建。一进院西侧有跨院一座，北房五间，东西厢房各三间，均已改建。

二进院正房三间，前后廊，硬山顶，清水脊合瓦屋面，前檐已改为现代装修，明间前出垂带踏跺三级，后檐为老檐出形式。正房东西耳房各两间，硬山顶，清水脊合瓦屋面，脊已残，前檐已改为现代装修。东西厢房各三间，前出廊，硬山顶，清水脊合瓦屋面，脊已残，前檐已改为现代装修。二进院内各房间有游廊相连。西厢房后有东房五间，已改建。西厢房后有西房三间半，已改为机瓦屋面，前檐已改为现代装修。

三进院后罩房七间，硬山顶，清水脊合瓦屋面，脊已残，前檐已改为现代装修。院内东侧新开旁门一座。

二进院正房

一进院西侧北房

后罩房

东侧旁门

二进院西厢房

二进院正房西耳房

慈慧胡同9号

位于东城区景山街道，清代晚期建筑，现为居民院。

该院坐北朝南，五进院落。院落东南隅开广亮大门一间，硬山顶，过垄脊合瓦屋面，板门两扇，圆形门墩一对，方砖地面部分残破。大门两侧带撇山影壁，过垄脊筒瓦屋面。门内迎门一字影壁一座，过垄脊筒瓦屋面。大门东侧倒座房三间，硬山顶，过垄脊合瓦屋面，前檐已改为现代装修。大门西侧倒座房四间，硬山顶，过垄脊合瓦屋面，前檐已改为现代装修。

一进院北侧二门一座，三间一启门形式，硬山顶，过垄脊筒瓦屋面，明间为金柱大门，前出垂带踏跺三级，次间前后檐均被临建遮挡，

广亮大门

大门后檐及倒座房

一进院过厅

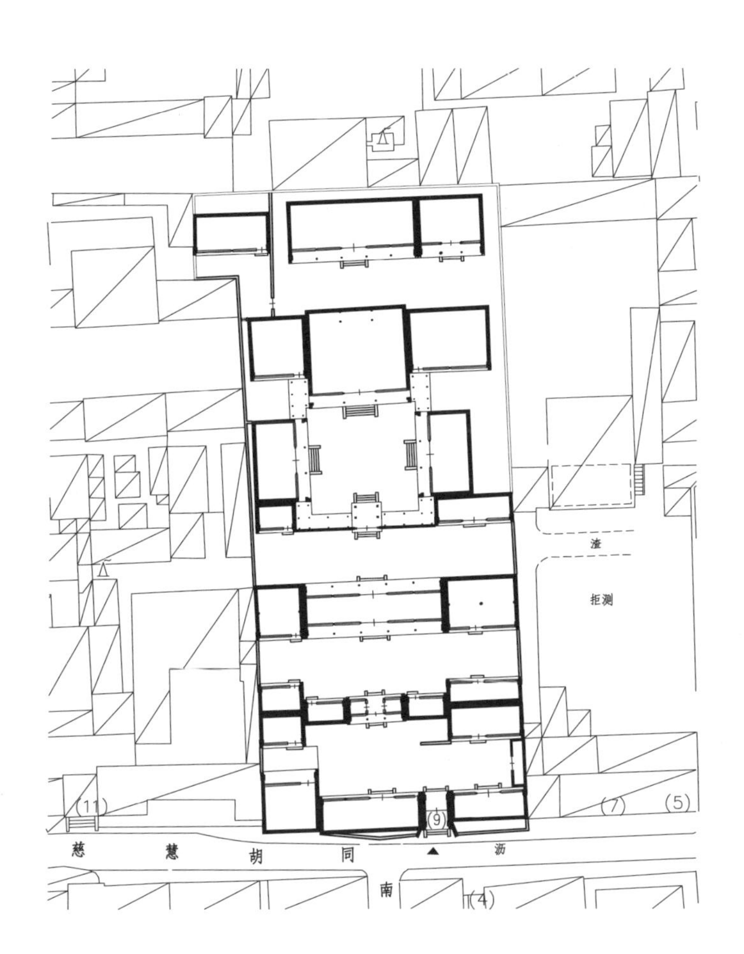

慈慧胡同9号

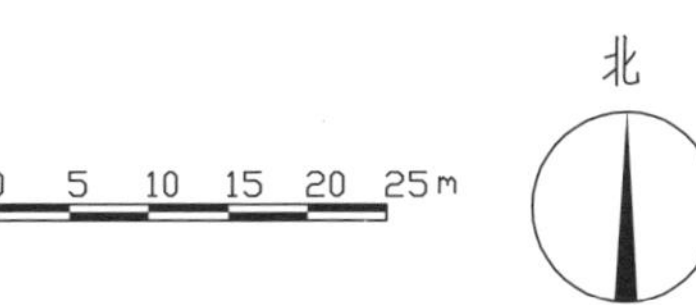

装修形式不详。二门东西两侧各有耳房两间，硬山顶，过垄脊筒瓦屋面，前檐已改为现代装修。

二进院过厅五间，前后出廊，硬山顶，清水脊合瓦屋面，脊已残，前檐已改为现代装修。过厅东侧耳房三间，西侧两间，被自建房遮挡，装修不详。

三进院北侧有一殿一卷式垂花门一座，卷棚顶筒瓦屋面，前出垂带踏跺三级，后出垂带踏跺四级。垂花门两侧南面为看面墙，北面为抄手游廊与四进院东西厢房相连。

四进院正房三间，前后廊，硬山顶，过垄脊合瓦屋面，前出垂带踏跺五级，前檐已改为现代装修。正房东耳房三间，硬山顶，过垄脊合瓦屋面，前檐已改为现代装修。正房西耳房两间，硬山顶，已改为机瓦屋面，前檐已改为现代装修。东西厢房各三间，东厢房为硬山顶，清水脊合瓦屋面，脊已残破，前檐已改为现代装修。西厢房为硬山顶，已改为机瓦屋面，前出垂带踏跺四级，前檐已改为现代装修。院内有抄手游廊连接各房。

五进院正房五间，硬山顶，清水脊合瓦屋面，前檐已改为现代装修。正房东侧有耳房三间，已改为机瓦屋面，前檐已改为现代装修。五进院内西侧月亮门一座，月亮门内北房三间，已改为机瓦屋面，前檐已改为现代装修。

二进院正房

四进院东厢房

五进院正房及东耳房

三进院垂花门

四进院正房

大学夹道4号

位于东城区景山街道，民国时期建筑，现为居民院。

该院坐北朝南，两进院落。院落西南隅开便门一间，西向，红漆板门两扇。一进院东西厢房各两间，均为硬山顶，其中东厢房为过垄脊合瓦屋面，西厢房已改为机瓦屋面，前檐均已改为现代装修。一进院北侧原有二门，现已拆除。二进院正房三间，硬山顶，扁担脊合瓦屋面，前出平顶抱厦，饰素面挂檐板。东西耳房各一间，硬山顶，扁担脊合瓦屋面，前檐已改为现代装修。东西厢房各三间，硬山顶，过垄脊合瓦屋面，前檐已改为现代装修。

一进院东厢房

二进院正房

二进院西厢房

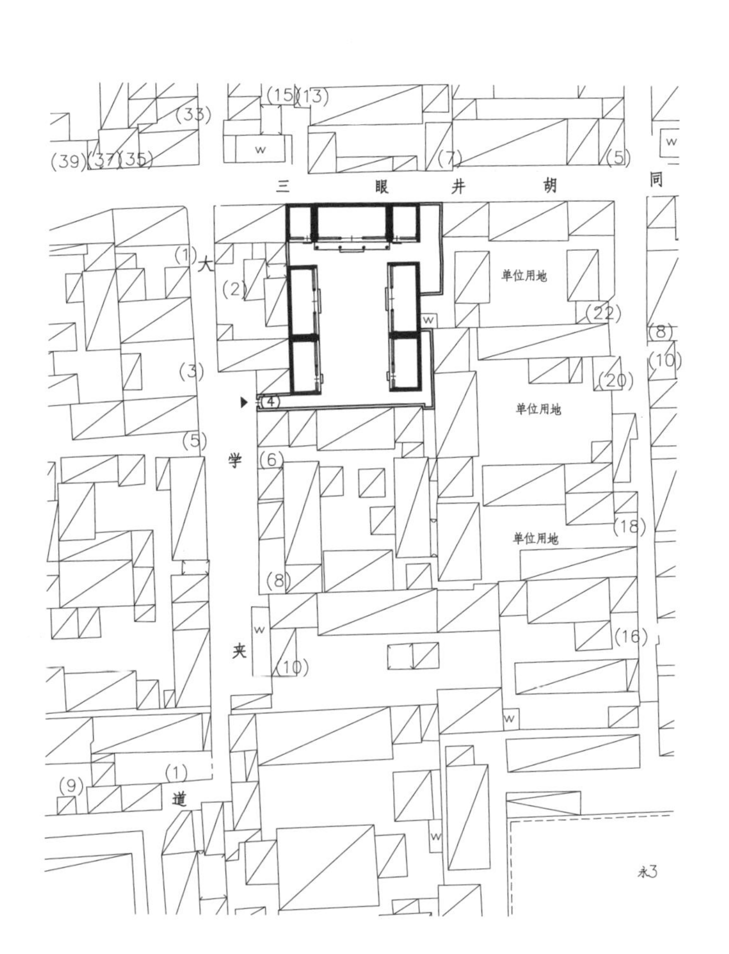

大学夹道 4号

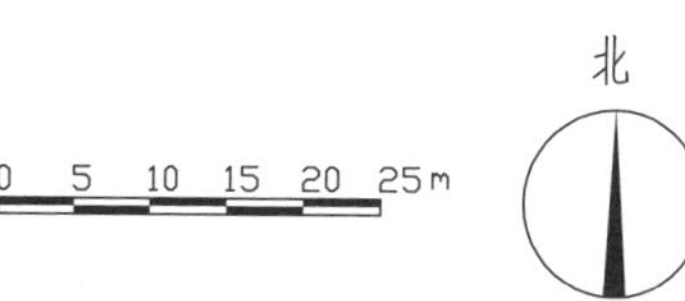

大学夹道6号

位于东城区景山街道，民国时期建筑，现为居民院。

该院坐北朝南，一进院落。院落正房西耳房与西厢房北山墙之间开便门一间，西向，红漆板门两扇。院内正房三间，硬山顶，扁担脊合瓦屋面，前檐已改为现代装修，后檐为老檐出形式。东西耳房各一间，硬山顶，鞍子脊合瓦屋面，前檐已改为现代装修。南房三间，硬山顶，鞍子脊合瓦屋面，前檐已改为现代装修。东西厢房各三间，硬山顶，鞍子脊合瓦屋面，前檐已改为现代装修。

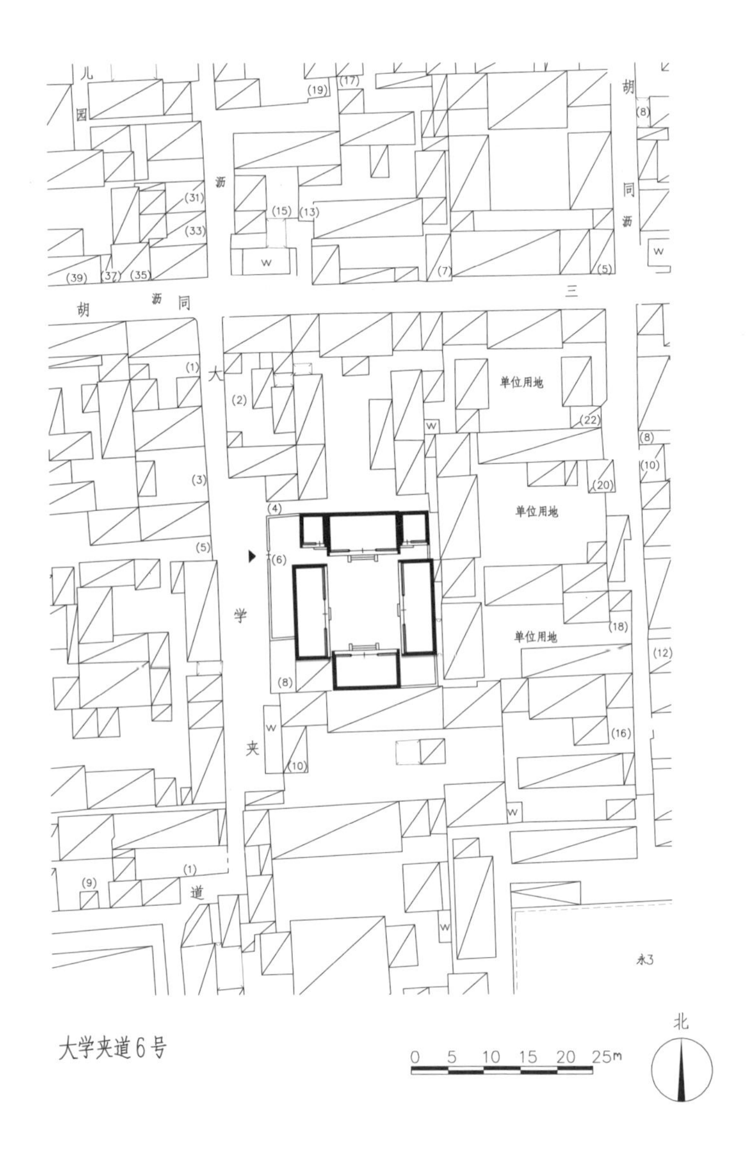

正房

南房

东厢房

东高房胡同5号

位于东城区景山街道。民国时期建筑，现为居民院。

该院坐北朝南，三进院落，前带一小院。院落东侧后辟便门一座，南向。一进院西房三间，硬山顶，过垄脊合瓦屋面，前檐已改为现代装修。二进院正房三间，前出廊，硬山顶，清水脊合瓦屋面，脊饰花盘子，檐下绘箍头彩画，前檐已改为现代装修，后檐为老檐出形式。东西两侧耳房各一间，西耳房为硬山顶，清水脊合瓦屋面，脊饰花盘子；东耳房为原址翻建，东半间辟为过道，前檐均已改为现代装修。南房共八间，东侧三间，西侧五间，中间为过道，已改为机瓦屋面，前檐已改为现代装修。东西厢房各三间，硬山顶，清水脊合瓦屋面，脊饰花盘子，

二进院西厢房

后罩房

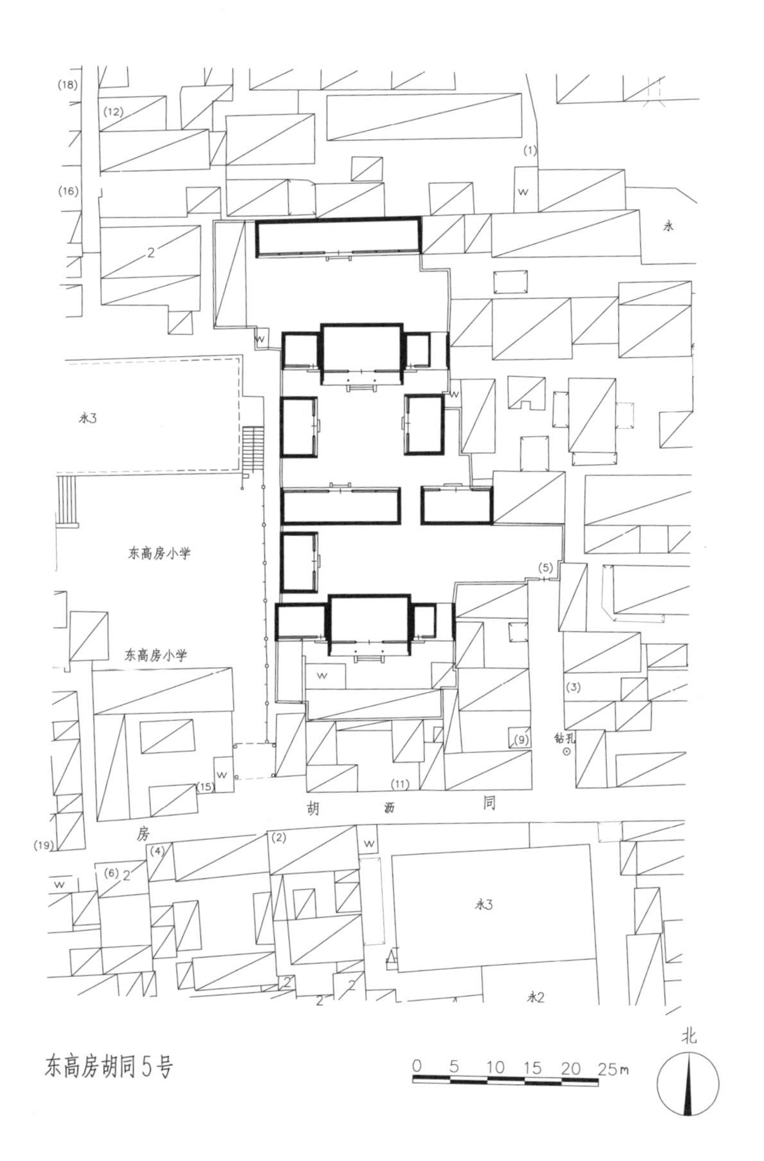

东高房胡同5号

前檐已改为现代装修。三进院后罩房七间，硬山顶，东侧五间为清水脊合瓦屋面，脊饰花盘子，西侧两间为过垄脊合瓦屋面，前檐已改为现代装修。前院内现有北房三间，已改为机瓦屋面，前檐已改为现代装修；东西两侧各接耳房两间，硬山顶，过垄脊合瓦屋面，前檐已改为现代装修。

二进院东侧南房

前院北房

正房

二进院西侧南房

一进院西房

东高房胡同21号

位于东城区景山街道，清代晚期建筑。据居民讲此宅原为清末一位太监的宅院，1947年作为北大宿舍使用，现为居民院。

该院坐北朝南，五进院落。院落东南隅开如意大门一间，硬山顶，清水脊合瓦屋面，脊饰花盘子，前后戗檐砖雕均为花卉图案，门头饰雕花栏板，门楣雕刻“万不断”纹样，象鼻枭雕刻精美图案，梅花形门簪两枚，红漆板门两扇，门钹一对，门包叶一副，圆形门墩一对，前出踏跺两级，大门内侧门额雕刻轱辘钱纹样，两侧雕刻龟背锦纹样，后檐柱间饰冰裂纹棂心倒挂楣子和花牙子。大门东侧门房两间，西侧倒座房十间，均为硬山顶，清水脊合瓦屋面，脊饰花盘子，前檐已改为现代装

如意大门

大门圆形门墩

二进院过厅

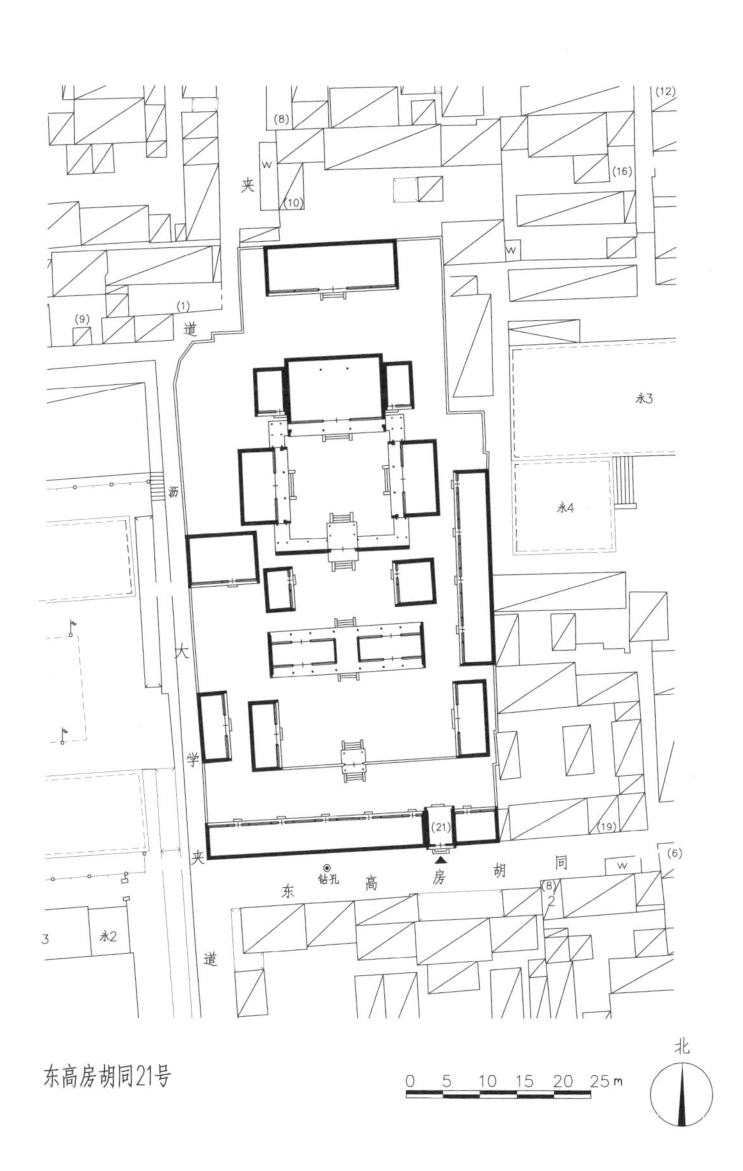

东高房胡同21号

修，后檐为老檐出形式。一进院北侧原有垂花门一座，现已拆除，仅存地基，前后出垂带踏跺四级。二进院过厅七间，前后出廊，明间与左右各间只在脊上做区分，均为清水脊合瓦屋面，脊饰花盘子。明间辟为过道，前出踏跺三级，内部原吊装天花，现仅存天花支条，后出垂带踏跺四级；次间、梢间前檐均已改为现代装修。东厢房三间，硬山顶，清水脊合瓦屋面，前檐已改为现代装修。西厢房三间，已改为机瓦屋面，前檐已改为现代装修。三进院北侧原有垂花门一座，现已拆除，仅存地基，前后各出垂带踏跺四级。东西厢房各两间，硬山顶，鞍子脊合瓦屋面，披水排山，前檐已改为现代装修。

四进院正房三间，前后廊，硬山顶，清水脊合瓦屋面，脊饰花盘子，檐下绘箍头彩画，前檐已改为现代装修；两侧各带耳房一间，硬山顶，清水脊合瓦屋面，脊饰花盘子，后檐为老檐出形式，东耳房已改为机瓦屋面，门连窗装修，棂心已改，上饰步步锦横披窗，后檐为拱券窗装修。东西厢房各三间，前出廊，硬山顶，清水脊合瓦屋面，脊饰花盘子，前檐已改为现代装修。院内各房与垂花门之间有四檩卷棚顶游廊相连，现部分已拆除，仅存垂花门两侧游廊，装饰步步锦棂心倒挂楣子。

五进院后罩房五间，已改为机瓦屋面，前檐已改为现代装修。东跨院东房八间，硬山顶，过垄脊合瓦屋面，前檐已改为现代装修。西跨院北房两间，硬山顶，过垄脊合瓦屋面，前檐已改为现代装修。

过厅内天花支条

四进院垂花门西侧游廊

三进院东厢房

四进院正房

四进院西厢房

五进院后罩房

黄化门街41号

位于东城区景山街道，清代晚期建筑，现为居民院。

该院坐北朝南，一进院落。院落东南隅开蛮子大门一间，硬山顶，清水脊合瓦屋面，脊已残，檐下绘掐箍头彩画，梅花形门簪四枚，红漆板门两扇，圆形门墩一对。大门后檐柱间饰步步锦棂心倒挂楣子。门内迎门一字影壁一座。大门东侧倒座房三间，硬山顶，清水脊合瓦屋面，脊已残，前檐已改为现代装修，后檐已改动。大门西侧倒座房五间半，硬山顶，清水脊合瓦屋面，脊已残，前檐已改为现代装修，后檐为老檐出形式。一进院正房三间，前后廊，硬山顶，清水脊合瓦屋面，脊已残，前檐已改为现代装修。正房东西耳房各一间，硬山顶，过垄脊合瓦屋面，前檐已改为现代装修。东西厢房各三间，硬山顶，过垄脊合瓦屋面，前檐已改为现代装修。东西厢房北侧各有耳房一间，硬山顶，过垄脊合瓦屋面，前檐已改为现代装修。院内原有游廊连接各房，现已无存。

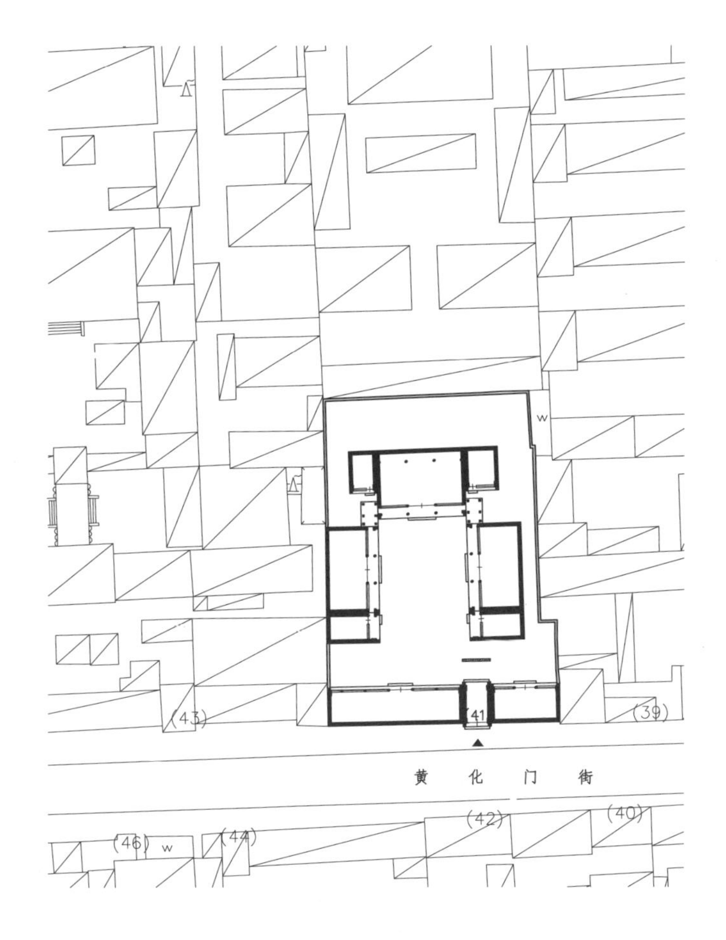

黄化门街41号

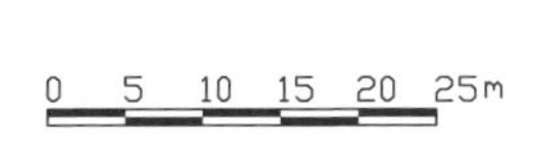

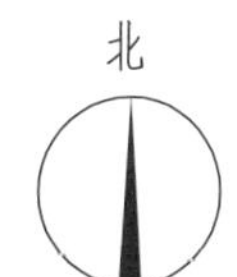

蛮子大门

大门梁架

大门后檐倒挂楣子

大门西侧倒座房

一进院正房

一进院东厢房

黄化门街43号、南月牙胡同甲6号

位于东城区景山街道，清代晚期建筑，现为居民院。

该院坐北朝南，四进院落。院落东南隅开如意大门一间，硬山顶，清水脊合瓦屋面，红漆板门两扇，方形门墩一对，方砖地面部分残破，门内迎门一字影壁一座。大门西侧倒座房九间，硬山顶，清水脊合瓦屋面，后檐为封后檐形式，前檐已改为现代装修。一进院正房三间，前后出廊，硬山顶，清水脊合瓦屋面，明间辟为过厅，方砖地面，前檐已改为现代装修，前出垂带踏跺三级。正房东西两侧各有耳房三间，硬山顶，清水脊合瓦屋面，前檐已改为现代装修，后檐为老檐出形式。西厢房三间，硬山顶，清水脊合瓦屋面，前檐已改为现代装修。

如意大门

二进院垂花门

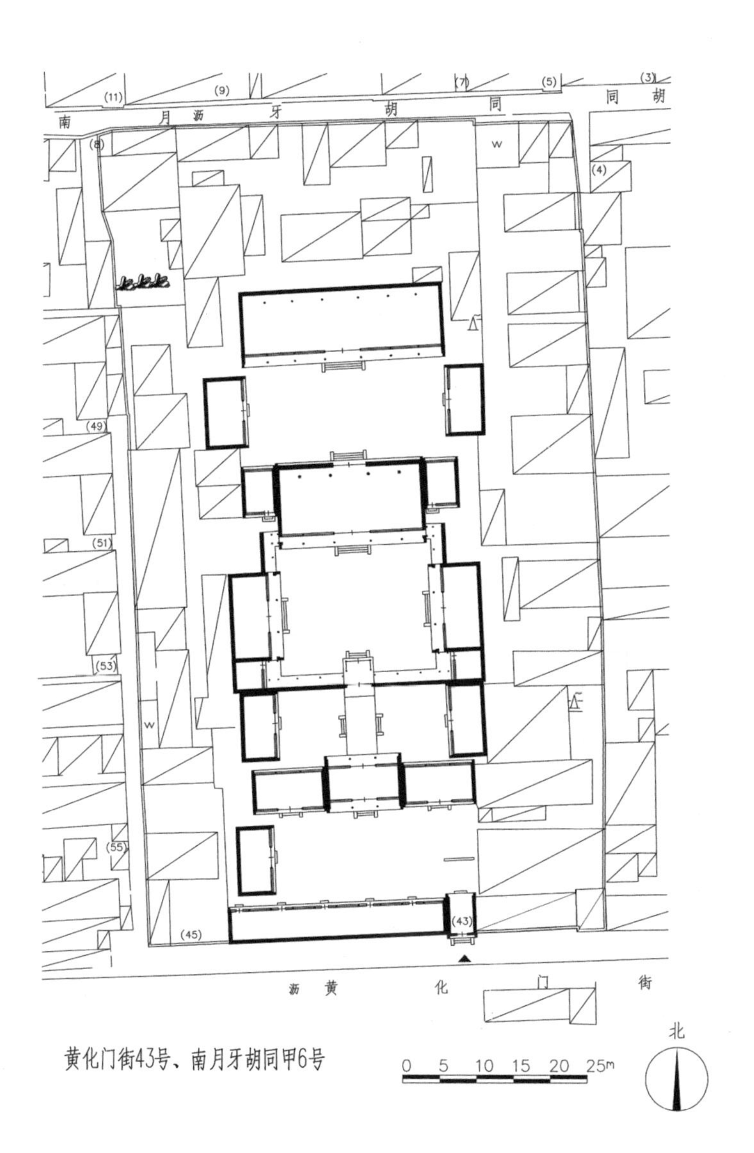

黄化门街43号、南月牙胡同甲6号

二进院北侧有垂花门一座，筒瓦屋面，圆形门墩一对。垂花门两侧接看面墙。东西厢房各三间，均为硬山顶，清水脊合瓦屋面，脊已残，前檐已改为现代装修。

三进院正房五间，前后廊，硬山顶，已改为机瓦屋面。明间辟为过厅，方砖地面，前檐已改为现代装修，明间前出垂带踏跺四级。正房两侧耳房各一间。东西厢房各三间，前出廊，硬山顶，东厢房为清水脊合瓦屋面，西厢房为过垄脊合瓦屋面，前檐已改为现代装修。东西厢房南侧各有耳房一间。三进院内有抄手游廊连接各房。

四进院正房七间，前后廊，硬山顶，鞍子脊合瓦屋面，前檐已改为现代装修。东西厢房各三间，硬山顶，东厢房为清水脊合瓦屋面，西厢房现为过垄脊合瓦屋面，前檐已改为现代装修。

一进院过厅背立面

一进院正房西耳房

三进院正房

四进院东厢房

四进院正房

黄米胡同5号、7号、9号

位于东城区景山街道，清代晚期建筑。此院曾为清代河道总督麟庆宅邸的一部分——半亩园，是旧京城著名的私家园林的住宅。

麟庆（？—1843年），字伯余，号见亭，完颜氏，是金朝第五代皇帝金世宗的第二十四代后裔。清嘉庆十四年（1809年）中进士，历任文渊阁检阅、国史馆分校、詹事府右春坊中允等职，道光三年（1823年），出任安徽徽州知府，道光九年（1829年）升任河南按察使，后又任贵州布政使、湖北巡抚等高官，是清代任职最长的江南河道总督。麟庆才学深厚，官运亨通，一生安顺，经历了清朝由盛世到衰败。

据史书记载，此宅始建于清代初年，最早是贾汉复的宅院，由清初

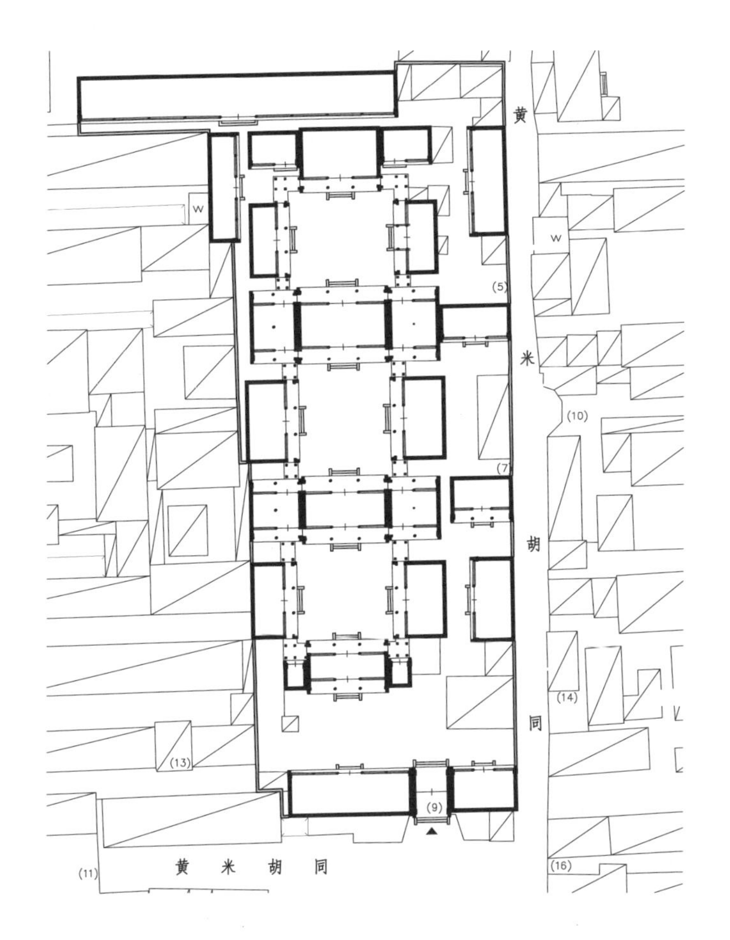

黄米胡同5号、7号、9号

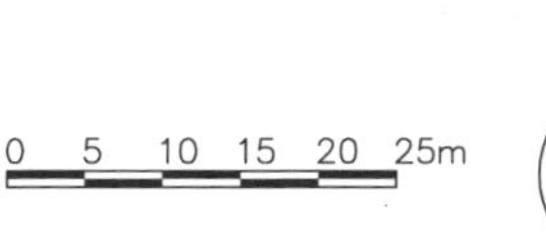

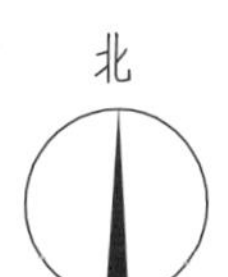

如意大门

大门戗檐砖雕

大门方形门墩

著名画家李渔（字笠翁）负责修建。道光二十一年（1841年），为麟庆所购。麟庆得此宅后，对宅院大加修葺，历时三年完工，取名“半亩园”。庭院分为东西两部分，东部为住宅，西部为花园。民国时期，此宅归瞿宣颖所有，并将半亩园更名为“止园”。新中国成立后该宅改动较大，西半部的花园部分已经改为他用，东部宅院主体部分改为单位宿舍，现为居民院。1986年，由东城区人民政府公布为东城区文物保护单位。

该院坐北朝南，五进院落。院落东南隅开广亮大门一间，后中柱前面加筑檐墙一道，外观改为如意大门形式，硬山顶，过垄脊筒瓦屋面，铃铛排山，戗檐高浮雕狮子图案，前檐柱间带雕花雀替，大门象眼和穿插当砖雕，梁架绘以箍头彩画，梅花形门簪四枚，上书“元亨利贞”，红漆板门两扇，方形门墩一对。大门前出垂带踏跺三级，大门两侧建有砖砌撇山影壁，门外对面建有一字影壁一座。大门东侧倒座房三间，西侧五间，硬山顶，清水脊合瓦屋面，前檐已改为现代装修。一进院过厅三间，前后出廊，硬山顶，过垄脊合瓦屋面，铃铛排山，戗檐雕刻有精美图案，前檐已改为现代装修，明间前后各出垂带踏跺三级。东西耳房各一间，硬山顶，筒瓦屋面，披水排山。

二进院正房三间，前后出廊，硬山顶，过垄脊筒瓦屋面，铃铛排山，戗檐雕刻有精美图案，前檐已改为现代装修，明间前后各出垂带踏跺三级。东西耳房各二间，前后出廊，硬山顶，两卷勾连搭形式，过垄脊筒瓦屋面，前檐已改为现代装修。东西厢房各三间，硬山顶，过垄脊筒瓦屋面，前檐已改为现代装修。正房与厢房有抄手游廊相连。

三进院正房三间，前后出廊，硬山顶，过垄脊筒瓦屋面，铃铛排山，戗檐高浮雕狮子图案，梁架绘以箍头彩画，象眼雕博古图案，穿插当雕花卉图案，廊心墙饰花卉砖雕，前檐明间步步锦棂心隔扇门四扇，次间槛墙步步锦棂心支摘窗，上饰步步锦棂心横披窗，明间前后各出垂带踏跺三级。东西耳房各两间，前后出廊，硬山顶，为两卷勾连搭形式，过垄脊合瓦屋面。东西厢房各三间，前出廊，过垄脊筒瓦屋面，披水排山，戗檐高浮雕狮子图案，梁架绘以箍头彩画，廊心墙饰花卉图案砖雕，前檐明间步步锦棂心隔扇门四扇，次间槛墙、步步锦棂心支摘窗，上饰步步锦棂心横披窗，明间前带垂带踏跺三级。正房与厢房以抄手游廊相连。

四进院正房三间，前出廊，硬山顶，过垄脊筒瓦屋面，铃铛排山，戗檐雕刻有精美图案，前檐已改为现代装修，明间前出垂带踏跺三级。东西耳房各两间，硬山顶，过垄脊合瓦屋面，披水排山。东西厢房各三间，前出廊，硬山顶，过垄脊合瓦屋面，披水排山，前檐已改为现代装修。正房与厢房间有抄手游廊相连。五进院后罩房九间，已翻建。

主体各院落东侧分别建有正房、东配房和配楼等建筑，只是规模较主体建筑要小得多。

二进院正房象眼、穿插当砖雕

影壁上的泰山石敢当

二进院正房廊心墙砖雕

一进院正房及耳房

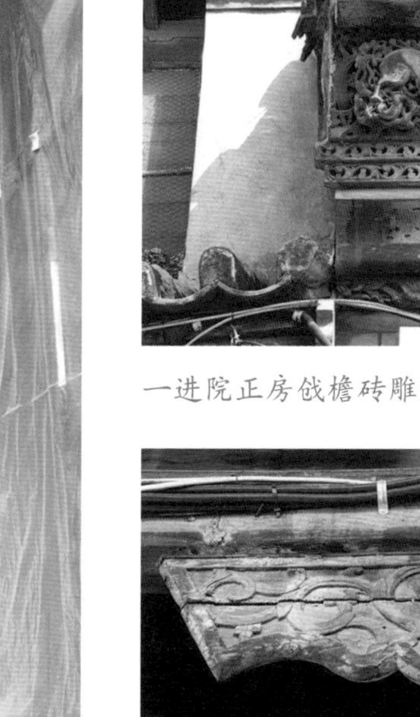

一进院正房戗檐砖雕

二进院正房雀替

二进院正房前檐装修

东侧二层楼

二进院正房

三进院正房

三进院正房戗檐砖雕

毛泽东故居（吉安所左巷8号）

位于东城区景山街道，民国时期建筑，现为住宅。1979年，由北京市人民政府公布为北京市文物保护单位。

该宅是毛泽东首次来京时的主要居住地。1918年6月，法国到中国招募华工，毛泽东曾经的老师、时任北京大学教授的杨昌济将这个消息传回湖南，刚从湖南第一师范学校毕业的毛泽东、蔡和森等人便发动新民学会会员赴法勤工俭学，但出国前需先到北京学习法文。同年8月至9月间，毛泽东和萧子升等24名青年抵达北京，租住在该院的三间正房。1919年春，毛泽东因母亲病重返回长沙。从1918年秋到1919年春，毛泽东共在此居住了六七个月的时间。在此期间，他经杨昌济帮助，结识了李大钊和陈独秀。2002年，政府曾出资对该院进行修缮。

该院坐北朝南，为一所不规则的居民宅院，占地约300平方米。院落西墙中部开大门一间，传统平顶大门，西向，门头套沙锅套花瓦装饰。院内正房三间，东西耳房各一间，均为硬山顶，过垄脊合瓦屋面。东厢房两间，硬山顶，合瓦屋面。南面为南院北房的后檐墙。

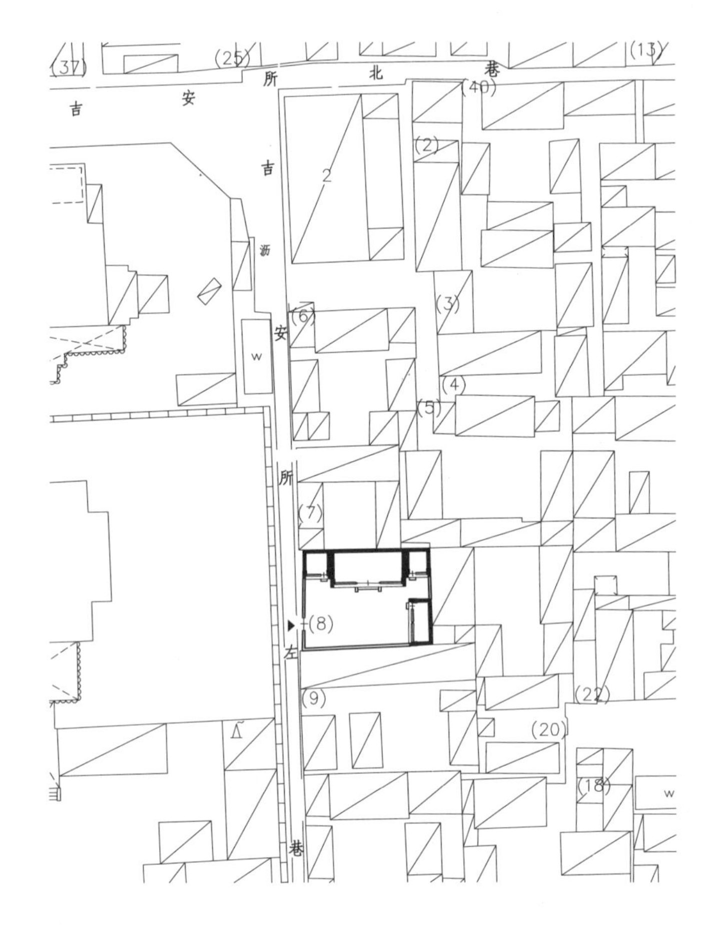

毛泽东故居（吉安所左巷8号）

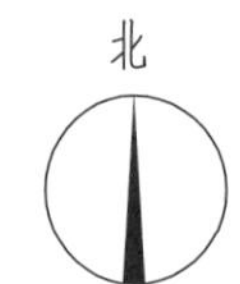

大门

美术馆东街25号

位于东城区景山街道，清代晚期建筑。原为慈禧太后侄女的私产，民国初年卖给一德国商人，抗战后被买办吴信才购得，不久作为敌产充公。1959年成为原国民党将领杜聿明住所，直至1981年杜聿明去世。现为居民院。2001年，由北京市人民政府公布为北京市文物保护单位。

该院坐北朝南，四进院落带西跨院。院落东南隅开广亮大门一间，硬山顶，清水脊合瓦屋面，脊已残。大门西侧倒座房九间，硬山顶，清水脊合瓦屋面，脊饰花盘子，前檐已改为现代装修。一进院正房九间为过厅，前后廊，硬山顶，每三间起脊，清水脊合瓦屋面，脊饰花盘子，柱间饰雀替，现各间装修均推至檐部，为卧蚕步步锦棂心支摘窗，上饰

大门

大门西侧倒座房

一进院过厅

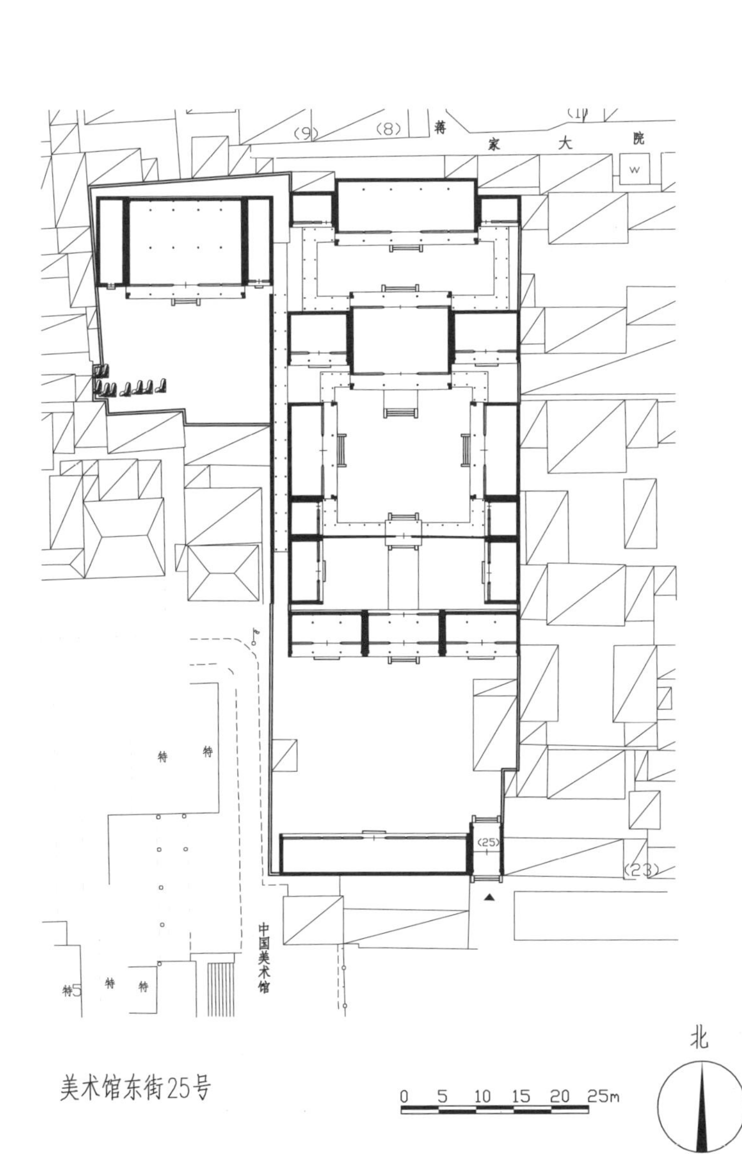

美术馆东街25号

步步锦棂心倒挂楣子。

二进院东西厢房各三间，硬山顶，清水脊合瓦屋面，前檐已改为现代装修，院内中央有甬道通三进院。

二进院北侧有独立柱担梁式垂花门一座，悬山顶，过垄脊筒瓦屋面，檐下饰斗拱，前后饰绿色垂柱头一对、花板及花罩，梅花形门簪四枚，红漆板门两扇，滚墩石一对，上装壶瓶牙子，门旁石狮一对，前出垂带踏跺两级。

三进院正房三间，前后出廊，硬山顶，清水脊合瓦屋面，戗檐砖雕人物故事图案，前檐明间为玻璃屉棂心五抹隔扇门，帘架装饰玻璃屉横披窗，次间饰工字步步锦棂心支摘窗。正房内明间有硬木落地罩，雕有梅竹纹饰，刻工精细。正房前出月台，出垂带踏跺四级。正房两侧耳房各三间，前出廊，硬山顶，清水脊合瓦屋面，脊饰花盘子，前檐明间已改为现代装修，次间为工字步步锦棂心支摘窗，明间前出踏跺三级。东西厢房各三间，前出廊，硬山顶，清水脊合瓦屋面。东厢房前檐明间为五抹玻璃屉棂心隔扇门，帘架饰步步锦棂心横披窗，次间为卧蚕步步锦棂心支摘窗，明间前出垂带踏跺四级；西厢房前檐明间为五抹卧蚕步步锦棂心隔扇门，帘架饰卧蚕步步锦棂心横披窗，次间为卧蚕步步锦棂心支摘窗。东西厢房南侧各带厢耳房两间，硬山顶，清水脊合瓦屋面，前檐已改为现代装修。院内各房与垂花门之间有游廊相连，四檩卷棚顶筒瓦屋面，柱间饰工字卧蚕步步锦棂心倒挂楣子、花牙子与卧蚕步步锦棂心坐凳楣子。三进院内另有滚墩石一对，似为他处移来。

四进院后罩房五间，前后廊，清水脊合瓦屋面，脊饰花盘子，前檐已改为现代装修。两侧耳房各两间，均为硬山顶，东耳房为清水脊合瓦屋面，西耳房已改为机瓦屋面，院内四周环以平顶游廊。

该院西侧有一南北向连通几进院子的平顶游廊。廊子西侧跨院内有北房五间，前出平顶廊，两卷勾连搭形式，过垄脊合瓦屋面，平顶廊饰素面挂檐板，柱间装饰八角井棂心倒挂楣子，前檐明间为八角井棂心隔扇门，帘架饰八角井棂心横披窗，明间前出垂带踏跺三级，后檐为老檐出形式。正房东侧带耳房一间，两卷勾连搭形式。西侧接平顶耳房一间，饰素面挂檐板，前檐为八角井棂心支摘窗。

一进院过厅横披窗装修

垂柱头

垂花门东侧滚墩石侧面雕刻纹饰

二进院垂花门

三进院正房戗檐砖雕

三进院西厢房

三进院窝角游廊

三进院正房

西跨院北房西侧平顶耳房

西跨院北房正立面

碾子胡同45号

位于东城区景山街道，清代晚期至民国时期建筑，现为居民院。

该院坐北朝南，三进院落带跨院。院落东南隅开金柱大门一间，硬山顶，清水脊合瓦屋面，素面走马板，梅花形门簪四枚，红漆板门两扇，两侧带余塞板，圆形门墩一对，方砖地面残破。门内原有屏门一座，现已残破。大门西侧倒座房五间，现已翻建。一进院北侧有一殿一卷式垂花门一座，饰方形垂柱头，透雕花板及花罩雕刻精美，梅花形门簪四枚，红漆板门两扇，门钹一对，圆形门墩一对，前后各出垂带踏跺三级。垂花门两侧接看面墙。

二进院正房三间，前后廊，硬山顶，过垄脊合瓦屋面，披水排山，

金柱大门

大门圆形门墩

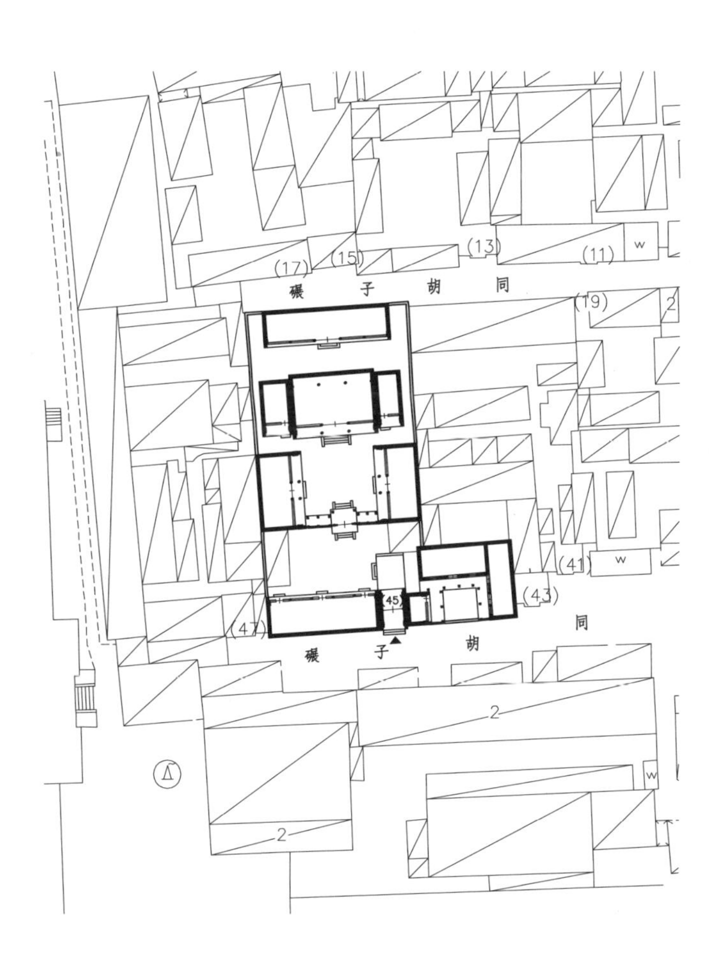

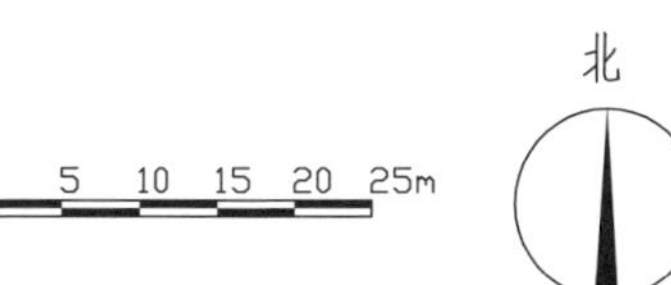

碾子胡同45号

檐下绘苏式彩画，前檐明间为帘架风门，次间为槛墙、支摘窗，现檐部位置另加一层现代装修。明间前出垂带踏跺四级，后檐为老檐出形式。正房东西两侧耳房各一间，硬山顶，过垄脊合瓦屋面，前檐已改为现代装修，后檐为老檐出形式。二进院东西厢房各三间，硬山顶，过垄脊合瓦屋面，披水排山，前接平顶廊，带木挂檐板。东厢房前檐柱间饰套方棂心倒挂楣子，前檐明间为隔扇门带帘架，次间被遮挡，装修不详。西厢房前被遮挡，装修不详。

三进院后罩房五间，硬山顶，清水脊合瓦屋面，脊已残，前檐已改为现代装修。院内原有后门，现已封堵。

大门东侧有跨院一座，院内北房三间，东房四间，西房一间。各房间有平顶游廊连接，现跨院内建筑均已翻建。

垂花门

二进院正房

二进院东厢房

东厢房明间装修

三进院后罩房

碾子胡同63号

位于东城区景山街道，清代晚期建筑，现为居民院。

该院坐北朝南，两进院落。院落东南隅开如意大门一间，硬山顶，过垄脊合瓦屋面，披水排山，梅花形门簪两枚，红漆板门两扇，门包叶一副，方形门墩一对，方砖地面残破，大门后檐柱间饰步步锦棂心倒挂楣子、透雕花牙子。大门东侧门房两间，硬山顶，过垄脊合瓦屋面，前檐已改为现代装修，后檐为封后檐形式。大门西侧倒座房四间，硬山顶，过垄脊合瓦屋面，前檐已改为现代装修，后檐为封后檐形式。一进院正房三间，前后廊，硬山顶，过垄脊合瓦屋面，前檐已改为现代装修。正房东西两侧耳房各一间，硬山顶，过垄脊筒瓦屋面，前檐已改为现代装修。东西厢房各三间，硬山顶，过垄脊合瓦屋面，披水排山，前檐已改为现代装修。二进院北房五间，现已翻建。

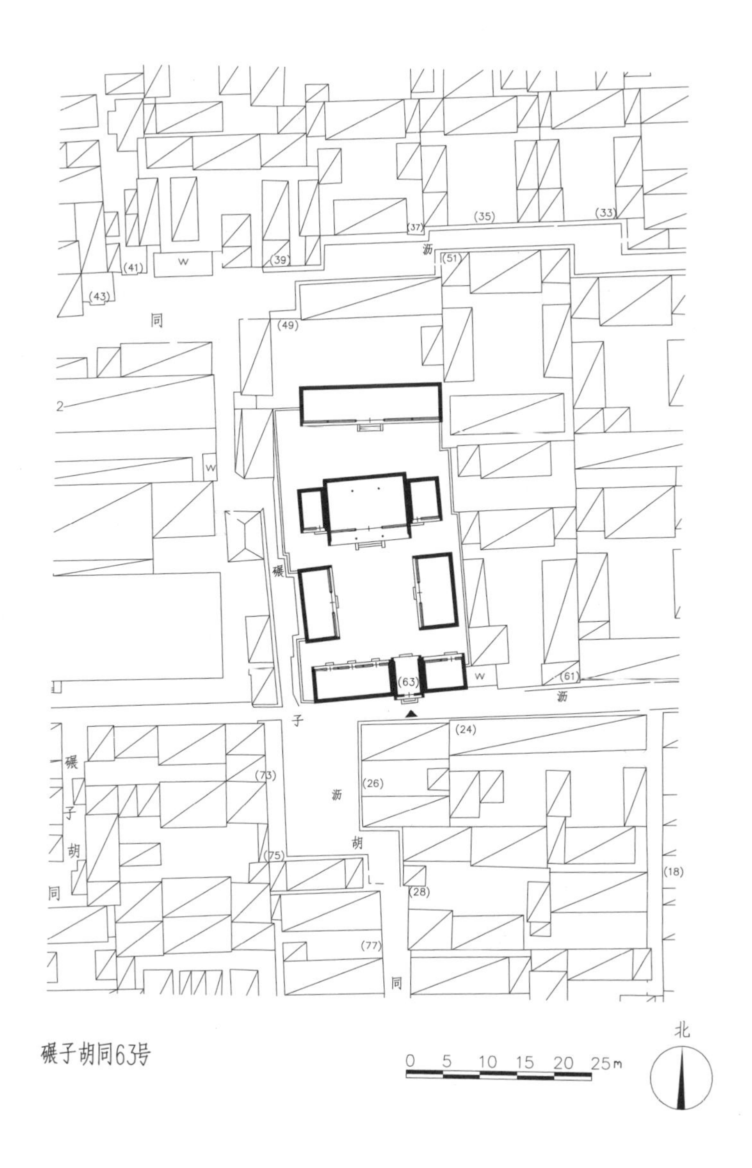

碾子胡同63号

大门方形门墩

大门及倒座房

大门后檐倒挂楣子

一进院西厢房

一进院正房西耳房

一进院正房

三眼井胡同83号

位于东城区景山街道，民国时期建筑，现为居民院。

该院坐北朝南，一进院落，东带一路院。原大门位于东路院东南隅，坐西朝东，现已改建。现于东路院北房与东房北山墙间辟一便门，红漆板门两扇。东路院北房三间，东房三间，均为原址翻建。主院内正房三间，硬山顶，扁担脊合瓦屋面，前檐已改为现代装修。正房东西耳房各一间，硬山顶，鞍子脊合瓦屋面，前檐已改为现代装修。东西厢房各三间，硬山顶，鞍子脊合瓦屋面，前檐已改为现代装修。

正房

西厢房

东路院东房

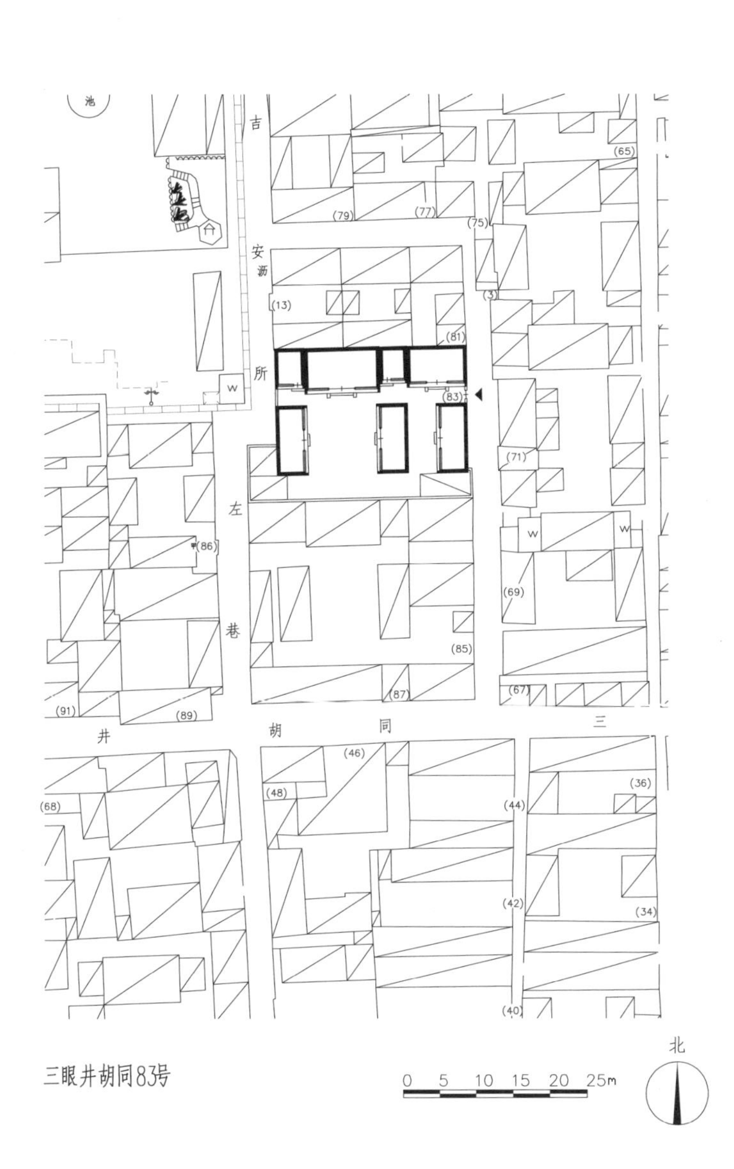

三眼井胡同83号

三眼井胡同85号、87号

位于东城区景山街道，民国时期建筑，现为居民院。

该院坐北朝南，一进院落，东侧带跨院。院落东南隅开如意大门一间，硬山顶，清水脊合瓦屋面，脊已残，戗檐砖雕花卉图案，门头饰雕花栏板，门楣饰“万不断”纹样，梅花形门簪两枚，绿漆板门两扇，方形门墩一对，前出如意踏跺四级，大门后檐柱间饰步步锦棂心倒挂楣子。大门东侧倒座房三间，西侧倒座房五间，均为硬山顶，鞍子脊合瓦屋面，前檐已改为现代装修。主院正房三间，清水脊合瓦屋面（清水脊已毁），前檐已改为现代装修。正房东侧耳房一间，硬山顶，过垄脊合瓦屋面，前檐已改为现代装修；西侧耳房两间，已改为机瓦屋面，前檐

如意大门

门头栏板装饰

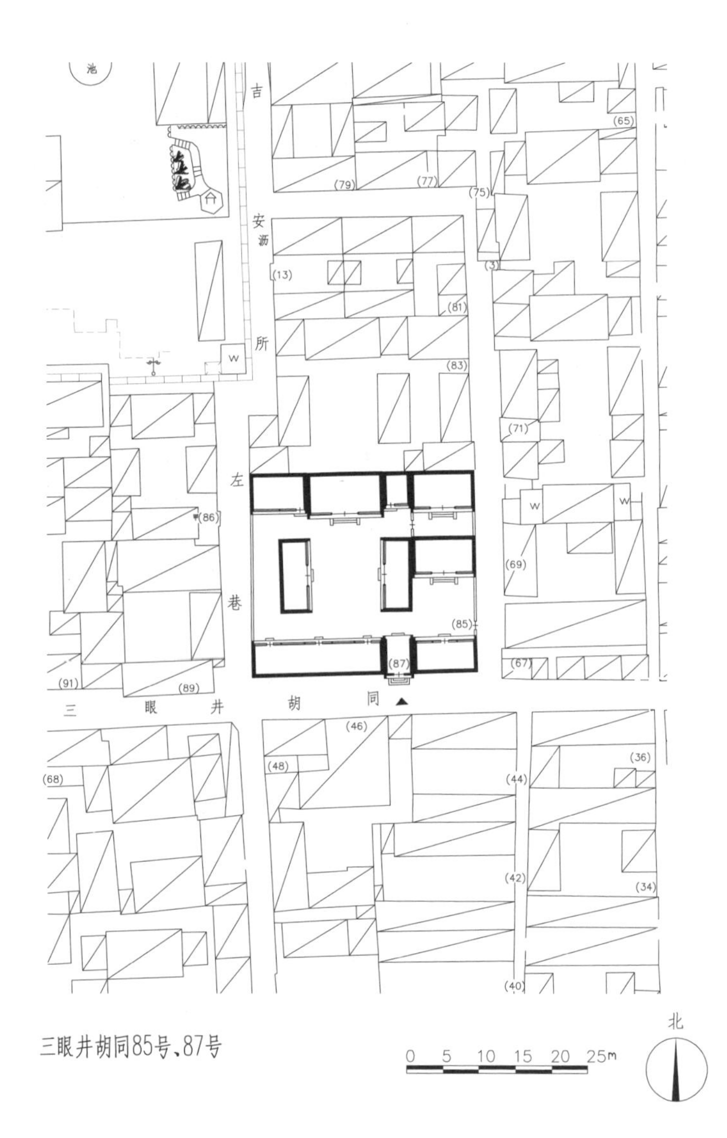

三眼井胡同85号、87号

已改为现代装修。东西厢房各三间，其中东厢房已改为机瓦屋面，西厢房为鞍子脊合瓦屋面，前檐均已改为现代装修。

东跨院共两进院落。一进院北房三间，硬山顶，过垄脊合瓦屋面，前出平顶廊，饰如意头木挂檐板。二进院北房三间，已翻建。现该跨院在一进院东墙上开便门一座，东向，梅花形门簪两枚，板门两扇，门钹一对，门包叶一副，方形门墩一对。

正房

大门方形门墩

大门西侧戗檐砖雕

西厢房

东跨院一进院北房侧立面

三眼井胡同91号

位于东城区景山街道，民国时期建筑，现为居民院。

该院坐北朝南，两进院落。院落东南隅开金柱大门一间，硬山顶，清水脊合瓦屋面，脊已残，门外有井口天花，梁架绘箍头彩画，廊心墙雕刻金钱纹图案，梅花形门簪两枚，绿漆板门两扇，两侧带余塞板，方形门墩一对，前出踏跺四级。大门后檐柱间饰步步锦棂心倒挂楣子。大门西侧倒座房两间，硬山顶，过垄脊合瓦屋面，前檐已改为现代装修，后檐为菱角檐封后檐形式。一进院正房三间，硬山顶，鞍子脊合瓦屋面，两卷勾连搭形式，部分已改为机瓦屋面，部分山墙已翻为红机砖，前檐已改为现代装修，后檐为平券窗。东西厢房各三间，硬山顶，过垄脊合瓦屋面，前檐已改为现代装修。二进院后罩房五间，为原址翻建。

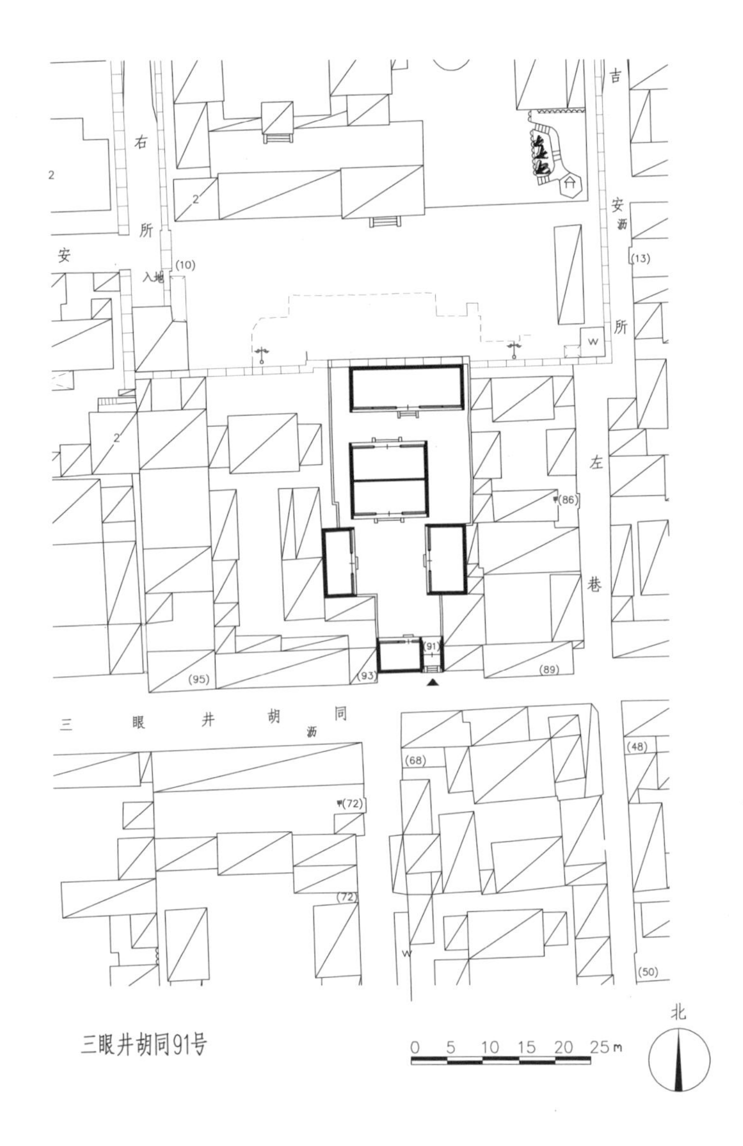

三眼井胡同91号

金柱大门

大门方形门墩

一进院正房

廊心墙金钱纹雕刻

倒座房

一进院西厢房

二进院后罩房

三眼井胡同93号

位于东城区景山街道，民国时期建筑，现为居民院。

该院坐北朝南，两进院落。院落东南隅开如意大门一间，硬山顶，扁担脊合瓦屋面，六角形门簪两枚，绿漆板门两扇，门钹一对，方形门墩一对，前出如意踏跺三级，大门后檐柱间饰卧蚕步步锦棂心倒挂楣子和透雕花牙子。大门西侧倒座房五间，硬山顶，鞍子脊合瓦屋面，前檐已改为现代装修。一进院原有东西配房，现已拆改。一进院北侧原有二门，现已拆除。二进院正房三间，前后廊，硬山顶，扁担脊合瓦屋面，前檐装修保留步步锦棂心横披窗，其余已改为现代装修，明间前出垂带踏跺四级。正房东西两侧耳房各一间，已改为机瓦屋面，前檐已改为现代装修。东西厢房各三间，硬山顶，扁担脊合瓦屋面，前檐已改为现代装修。

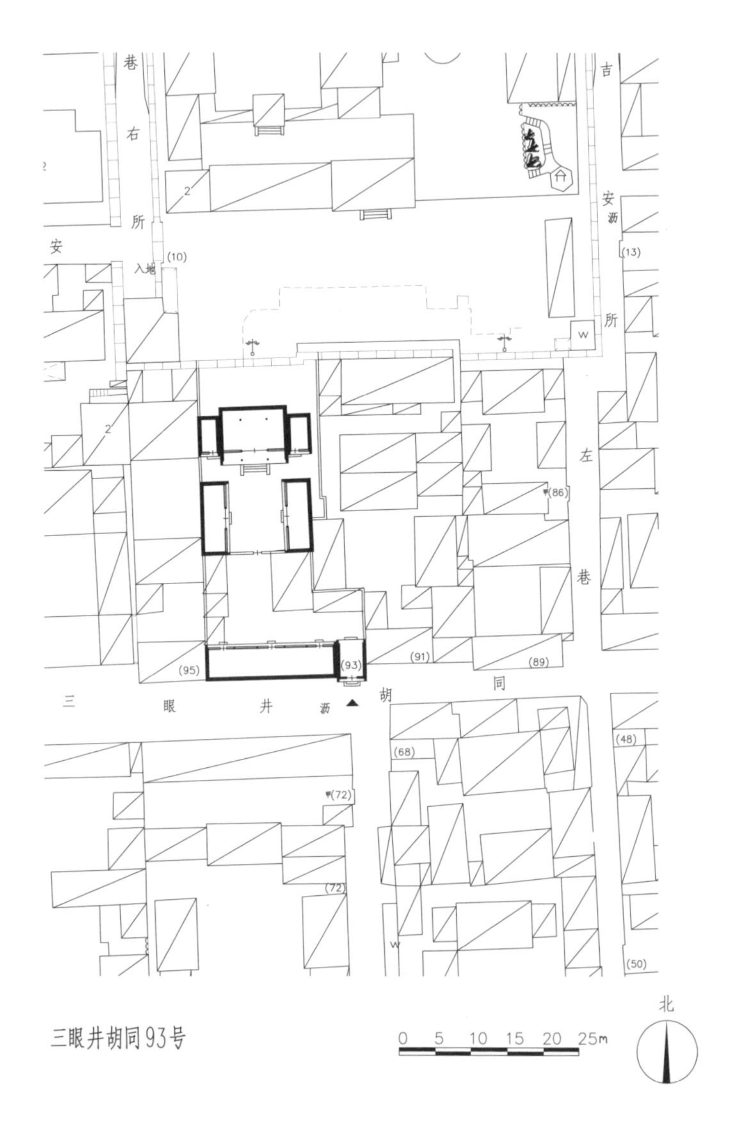

如意大门

大门方形门墩

原门装修

大门及倒座房

二进院正房

二进院东厢房

二进院正房横披窗装修

三眼井胡同12号

位于东城区景山街道，民国时期建筑，现为居民院。

该院坐北朝南，一进院落。院落西南侧开便门一间，西向，红漆板门两扇。院内正房三间，硬山顶，扁担脊合瓦屋面，前檐已改为现代装修。正房西侧耳房一间，为原址翻建。东西厢房各三间，硬山顶，扁担脊合瓦屋面，其中东厢房前檐保留步步锦棂心支摘窗装修，其余部分已改为现代装修。

大门

东厢房

正房

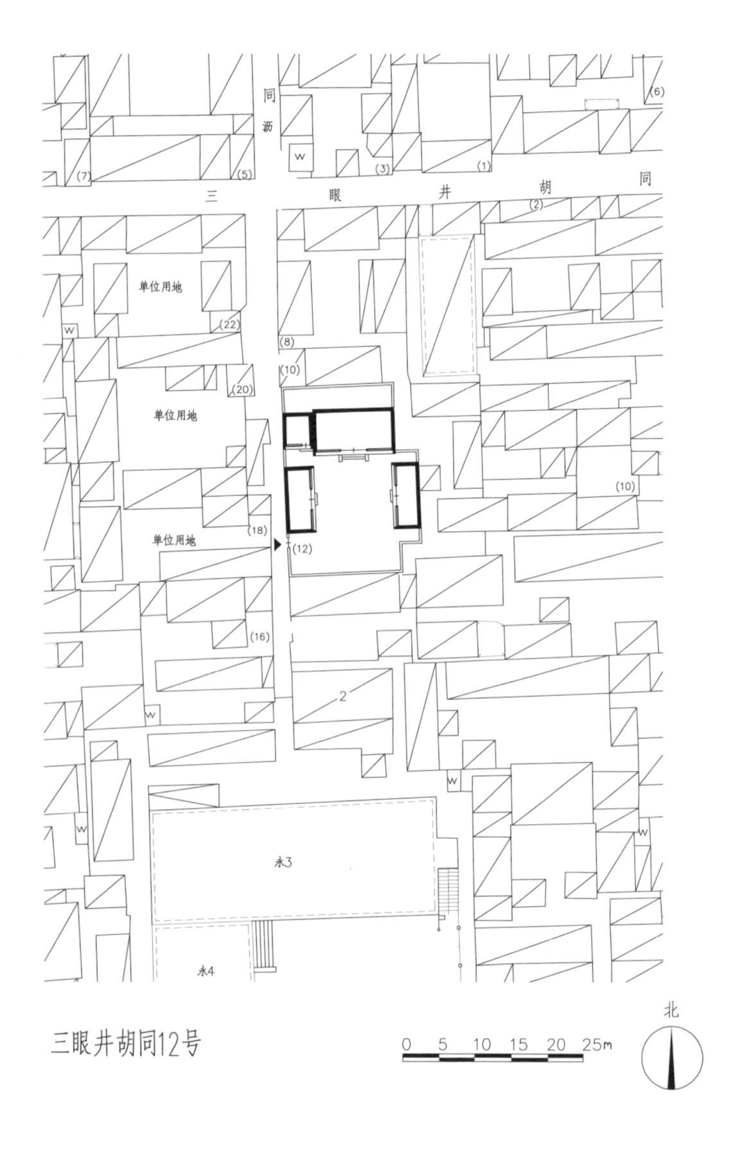

三眼井胡同12号

三眼井胡同54号

位于东城区景山街道，民国时期建筑。据院内住户讲此宅原为民国时期张学良的幕僚龚乃荃的宅院，现为居民院。

该院坐北朝南，一进院落。南院墙中部开小门楼一座，仰瓦屋面，梅花形门簪两枚，红漆板门两扇，门包叶一副，原有方形门墩一对，现仅存东侧一个。院内正房三间，硬山顶，鞍子脊合瓦屋面，前檐已改为现代装修。正房东西耳房各一间，已改为机瓦屋面，前檐已改为现代装修。东西厢房各两间，硬山顶，过垄脊合瓦屋面，前檐已改为现代装修。

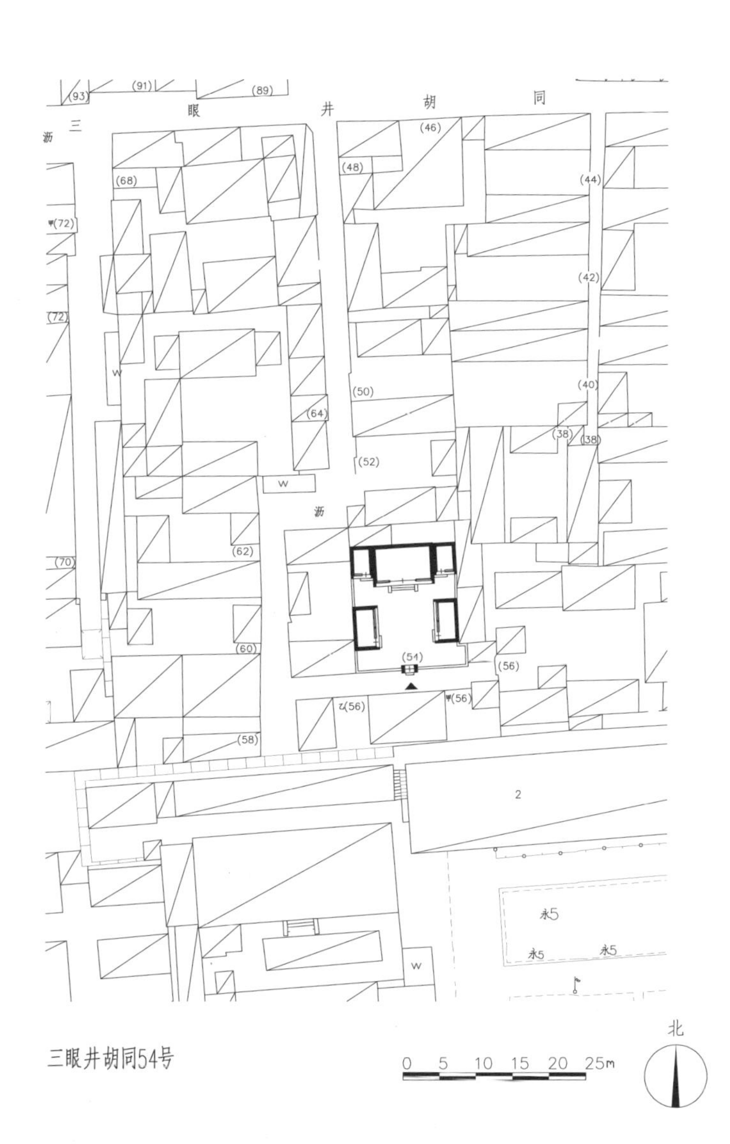

三眼井胡同54号

大门

门簪

正房

三眼井胡同64号

位于东城区景山街道，民国时期建筑，现为居民院。

该院坐北朝南，一进院落。院落东侧开如意大门一间，东向，硬山顶，过垄脊合瓦屋面，门头套沙锅套花瓦装饰，梅花形门簪两枚，木板门两扇，门包叶一副，大门后檐柱间饰工字卧蚕步步锦棂心倒挂楣子。大门两侧东房各两间，硬山顶，鞍子脊合瓦屋面，前檐已改为现代装修。北侧东房北接顺山东房两间，已改为机瓦屋面，前檐已改为现代装修。院内正房三间，前出廊，硬山顶，清水脊合瓦屋面，前檐已改为现代装修。正房两侧耳房各一间，硬山顶，合瓦屋面，前檐已改为现代装修。南房三间，硬山顶，鞍子脊合瓦屋面，前檐已改为现代装修。西厢

如意大门

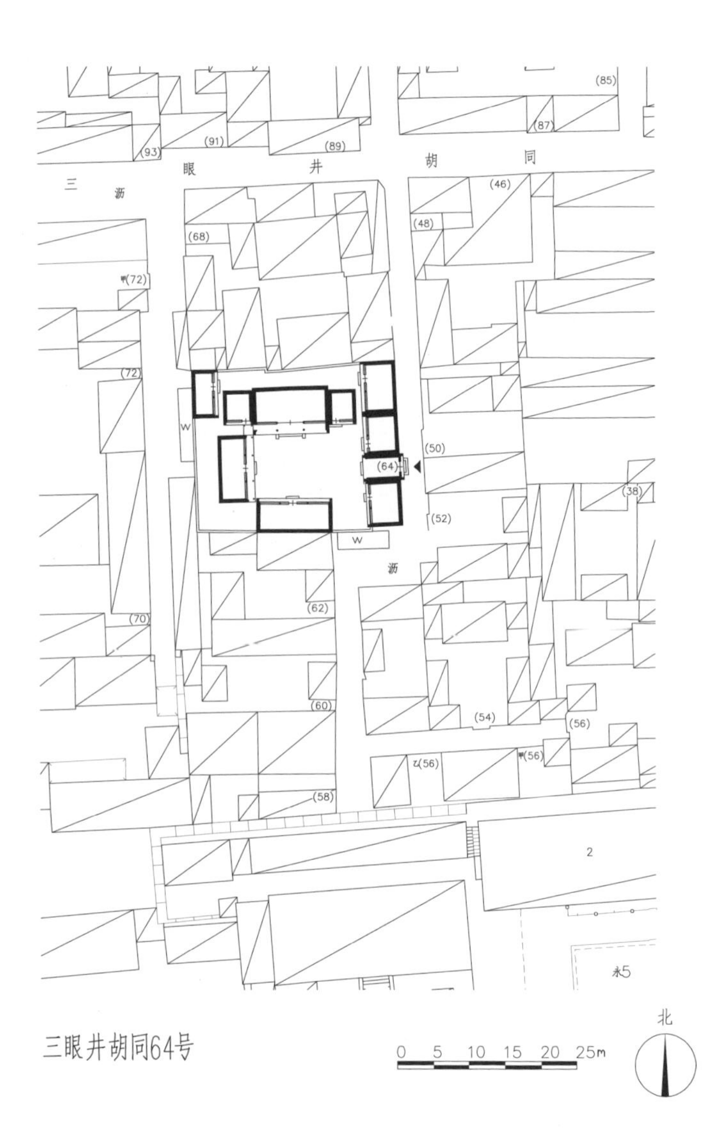

三眼井胡同64号

大门北侧东房

西房

房三间，前出平顶廊，硬山顶，鞍子脊合瓦屋面，前檐已改为现代装修。正房与西厢房之间有窝角游廊相连，平顶，方柱。正房西侧另有西房两间，已改为机瓦屋面，前檐已改为现代装修。

正房

正房西耳房

南房

沙滩北街甲1号

位于东城区景山街道，民国时期建筑，现为居民院。

该院坐北朝南，两进院落。院落东南隅开便门一座，东向，门头套沙锅套花瓦装饰。一进院分为东西两院，东院正房三间，硬山顶，清水脊合瓦屋面，脊已残，前檐已改为现代装修。东侧耳房一间，硬山顶，鞍子脊合瓦屋面，前檐已改为现代装修。东厢房三间，二层楼式建筑，合瓦屋面。西院正房三间，硬山顶，清水脊合瓦屋面，脊饰花盘子，前檐已改为现代装修。东西耳房各一间，硬山顶，清水脊合瓦屋面，脊已残，其西耳房东半间辟为过道，前檐已改为现代装修。南房三间，硬山顶，清水脊合瓦屋面，脊饰花盘子，前檐已改为现代装修。东厢房三

大门

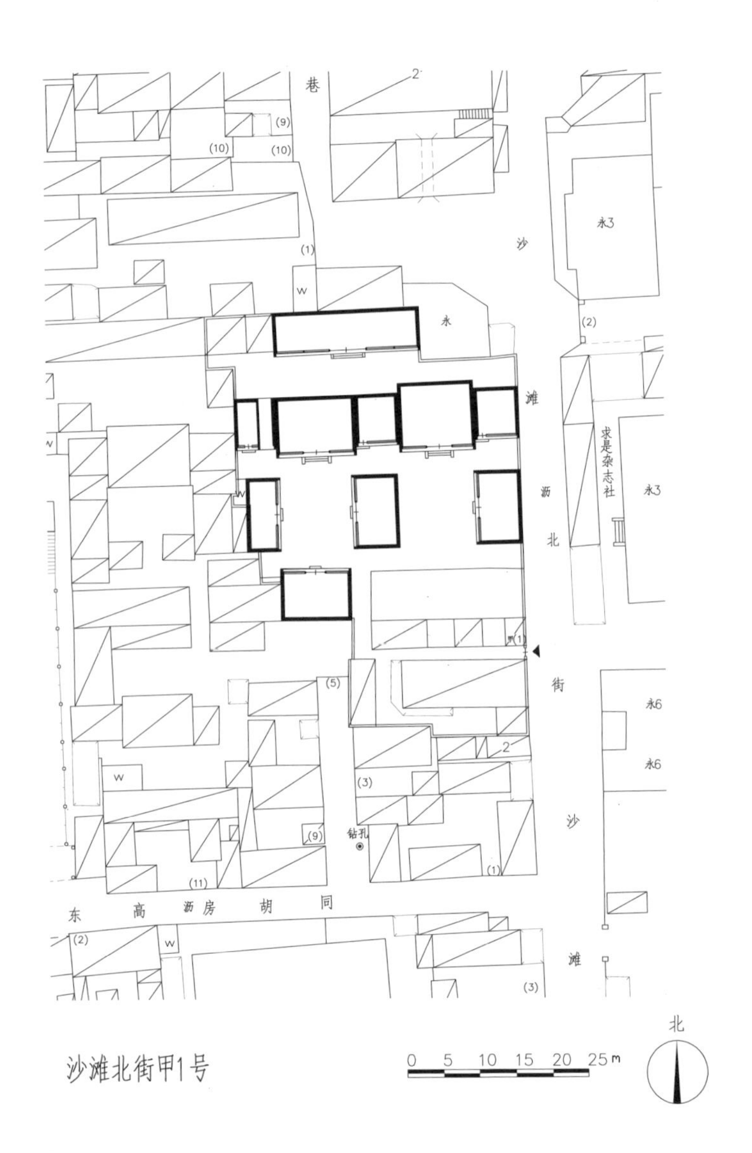

沙滩北街甲1号

间，硬山顶，清水脊合瓦屋面，脊已残，前檐已改为现代装修；西厢房三间，已翻建。二进院后罩房五间，硬山顶，已改为机瓦屋面，前檐已改为现代装修。

西院东厢房

西院正房

西院南房

东院东厢房

东院正房

什锦花园旧宅院（什锦花园胡同19号）

位于东城区景山街道，清代晚期建筑，现为单位用房。1986年，由东城区人民政府公布为东城区文物保护单位。

该院坐北朝南，三进院落。院落东南隅开广亮大门一间，硬山顶，过垄脊合瓦屋面，铃铛排山；檐下施以苏式彩画，前檐柱间饰雕花雀替，山墙内立面为囚门子做法；素面走马板，梅花形门簪四枚，红漆板门两扇，门钹一对，两侧带余塞板，圆形门墩一对，前出垂带踏跺。大门外侧接撇山影壁，过垄脊筒瓦顶。门内迎门独立硬山一字影壁一座，灰筒瓦顶，砖檐为冰盘檐做法，青砖下碱，方砖硬影壁心，两侧带撞头。大门东侧门房一间，西侧倒座房七间，均为硬山顶，过垄脊合瓦屋面，前檐除部分保留

广亮大门

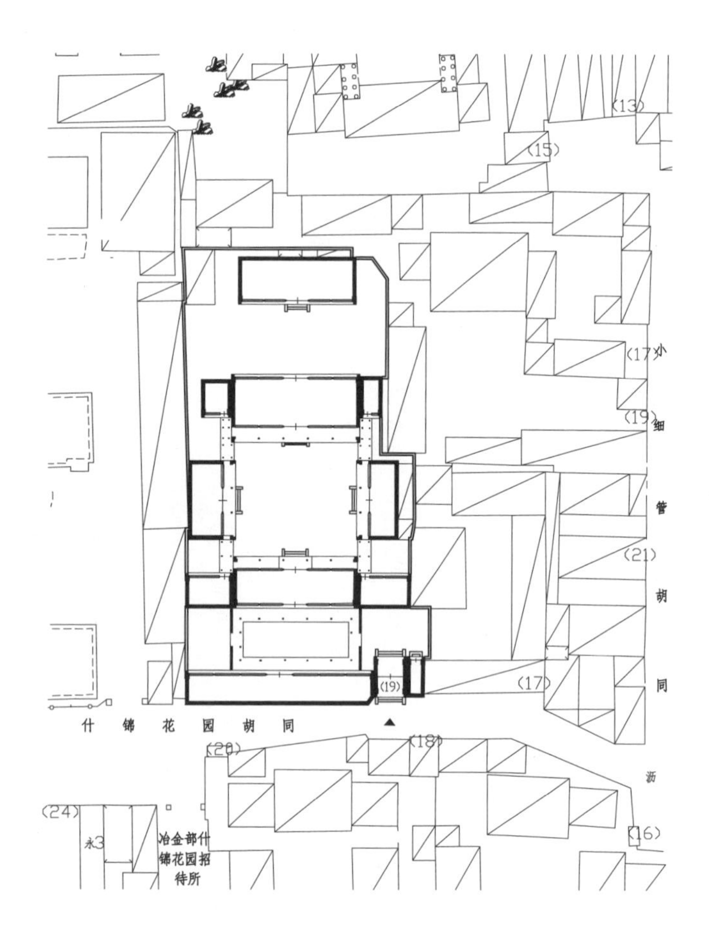

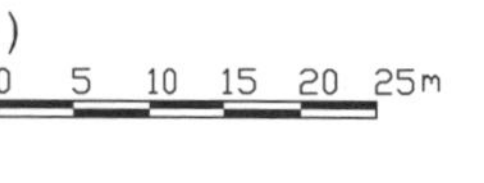

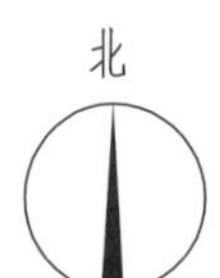

什锦花园旧宅院（什锦花园胡同19号）

大门圆形门墩

影壁

隔扇及风门形式外，已改为现代装修，后檐为封后檐形式。

一进院北房五间为过厅，前后廊，硬山顶，过垄脊合瓦屋面，铃铛排山，檐下施以苏式彩画，前檐明间为五抹隔扇门四扇，交叉绳纹穿系圆形方孔如意雕花钱币棂心，绦环板及裙板饰蕃草纹图案，门框上各铜包叶构件均保存完好，雕饰龙纹与狮头图案。次间、梢间下为砖砌槛墙、上为支摘窗形式，棂心后改，室内及廊下民国花砖墁地，前出如意踏跺，后檐明间出悬山灰筒瓦卷棚顶后厦一间，北侧四扇绿漆屏门完好，厦之东西北三面各出如意踏跺三级。正房东西两侧耳房各两间，坐南朝北，硬山顶，过垄脊合瓦屋面，前檐已改为现代装修。

倒座房与一进院北房间有一组回字形围廊，灰筒瓦顶，围廊东西两段采用看面墙形式，从中辟屏门供出入。

二进院正房五间，前后廊，硬山顶，过垄脊合瓦屋面，披水排山；檐下补饰苏式彩画，廊心墙采廊门筒作法，穿插当雕刻暗八仙、如意纹饰；前檐明间为卧蚕步步锦棂心隔扇及风门，次间、梢间下为砖砌槛墙、上为十字海棠棂心支摘窗；明间前出垂带踏垛三级；后檐为老檐出形式。房内装有木落地花罩，为高浮雕丹凤牡丹图案，颇为精美。正房东西两侧耳房各一间，均为硬山顶，过垄脊合瓦屋面，前檐已改为现代装修。东西厢房各三间，前出廊，硬山顶，过垄脊合瓦屋面，披水排山；檐下补饰苏式彩画，前檐明间为步步锦棂心隔扇及风门，次间、梢间下为砖砌槛墙、上为十字海棠棂心支摘窗；前出如意踏垛三级；后檐为老檐出形式。院内各房间有抄手游廊相连，柱间饰卧蚕步步锦棂心倒挂楣子及坐凳楣子。

三进院后罩房五间，前出廊，硬山顶，过垄脊合瓦屋面，披水排山；前檐明间为步步锦棂心隔扇及风门，次间、稍间已改为现代装修；后檐为老檐出形式。

一进院正房隔扇门包叶装饰

三进院后罩房

二进院正房

一进院正房明间后厦

水簸箕胡同11号

位于东城区景山街道，民国时期建筑，现为居民院。

该院坐北朝南，一进院落。院落东南隅开金柱大门一间，东向，硬山顶，清水脊合瓦屋面，木构架绘箍头彩画。梅花形门簪两枚，板门两扇，前出踏跺六级。院内正房五间，前出廊，硬山顶，过垄脊合瓦屋面，山墙为五进五出做法。前檐明间、次间为吞廊，木构架绘箍头彩画，明间为步步锦棂心隔扇风门，次间、梢间下为槛墙，上为步步锦棂心支摘窗，明间前出垂带踏跺，后檐为冰盘檐封后檐形式。正房两侧耳房各一间，硬山顶，过垄脊合瓦屋面，山墙为五进五出做法，木构架绘箍头彩画，前檐为步步锦棂心门窗装修，后檐为冰盘檐封后檐形式。南房五间，硬山顶，过

金柱大门

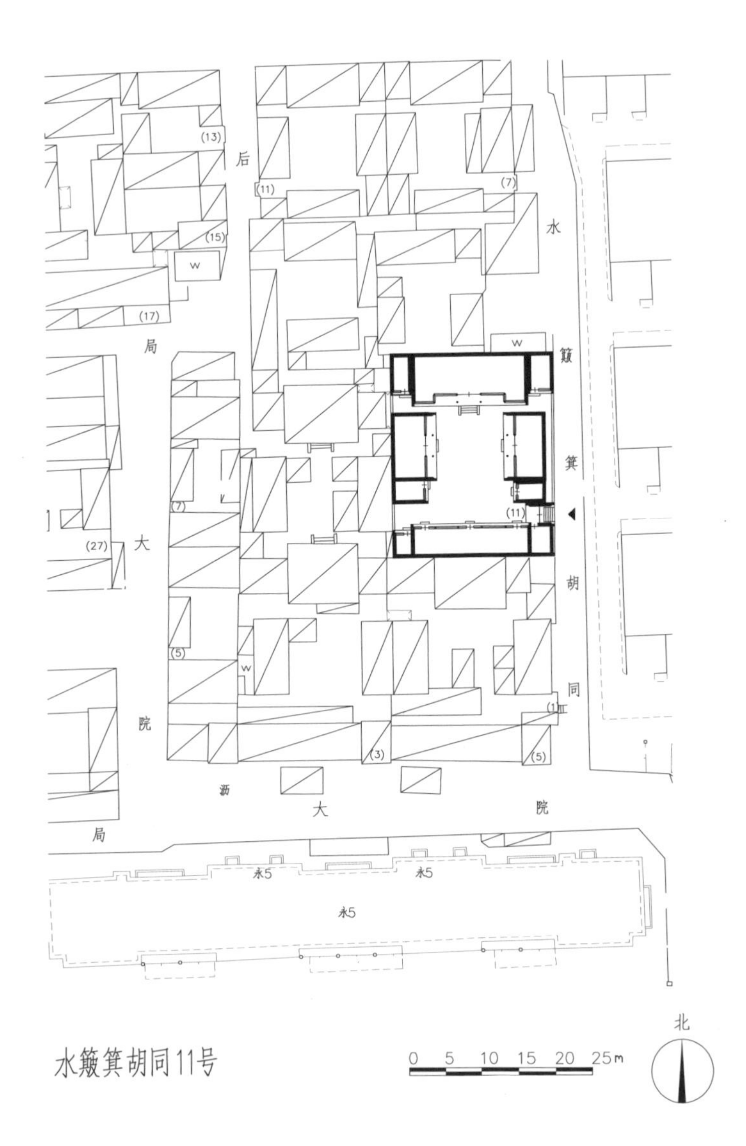

水簸箕胡同11号

垄脊合瓦屋面，木构架绘箍头彩画，前檐东梢间保留步步锦棂心夹门窗装修，其余各间均已改为现代装修。东西厢房各三间，前出廊，硬山顶，过垄脊合瓦屋面，山墙为五进五出做法。其中东厢房前檐已改为现代装修，后檐为冰盘檐封后檐形式；西厢房前檐明间为步步锦棂心隔扇风门，次间为步步锦棂心支摘窗，明间前出如意踏跺，后檐为冰盘檐封后檐形式。厢房南侧有厢耳房各一间，均为硬山顶，过垄脊合瓦屋面，前檐已改为现代装修，后檐为冰盘檐封后檐形式。

正房

南房

西厢房

魏家胡同18号宅院

位于东城区景山街道，民国时期建筑。此宅建于民国九年（1920年），为清末营造家马辉堂设计并督造的一组带花园的私人宅第，又称“马辉堂花园”。由于马家世代从事营造行业，此处宅院集中体现了马氏建筑的营造特点，对于研究马氏营造技术及建筑特点有重要的价值，也是了解和研究清末至民国初年宅院建筑特色的重要实物资料。民国时期，吴佩孚、戴笠都曾在此居住过，现为单位使用。2011年，由北京市人民政府公布为北京市文物保护单位。

该院坐北朝南，面积约7000平方米，建筑分为东西两部分，东为住宅，西为花园，东西两部分各有大门一间。花园大门一间，硬山顶，过垄脊合瓦屋面，两侧各接北房五间，硬山顶，过垄脊合瓦屋面，前檐已

后辟东北角大门

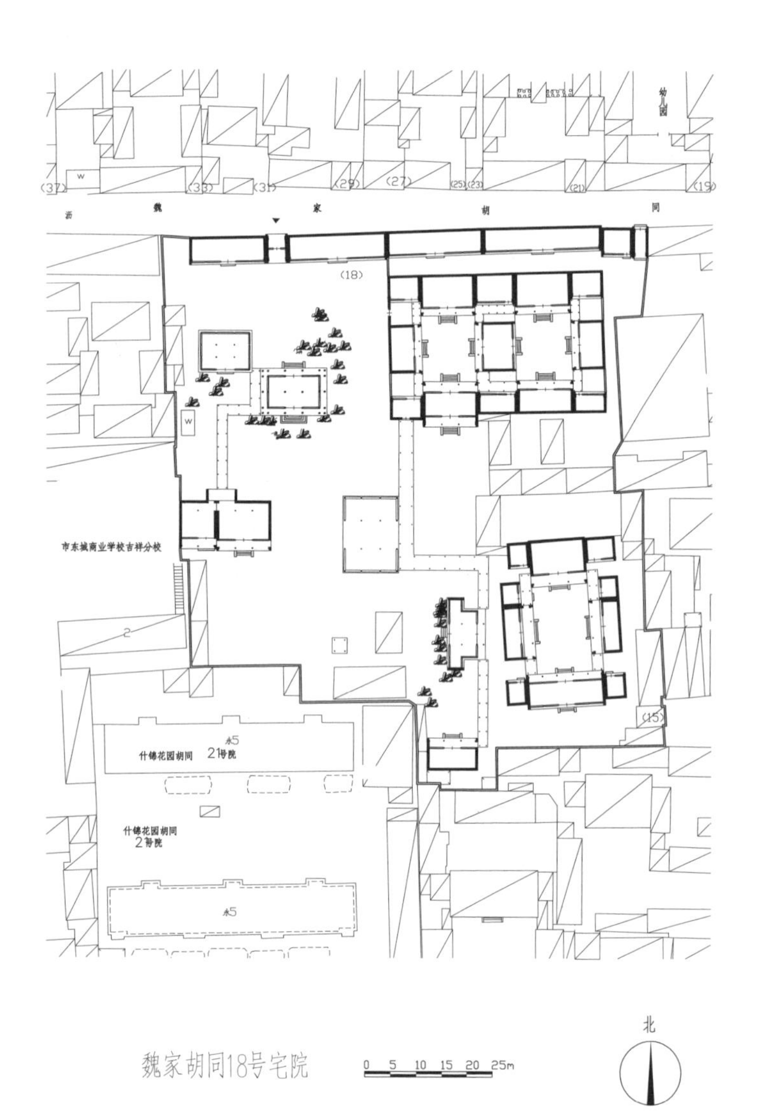

魏家胡同18号宅院

原花园大门西侧北房正立面

东路住宅西侧四合院南房

改为现代装修。住宅大门一间，硬山顶，清水脊合瓦屋面，西接北房五间，东接北房四间，过垄脊合瓦屋面。两座大门现均已封堵，于院西北角和东北角另辟两个北门。其东北角门一间，金柱大门形式，硬山顶，过垄脊合瓦屋面，披水排山，前檐柱间饰雕花雀替，后檐柱间饰套方棂心倒挂楣子，素面走马板，梅花形门簪两枚，红漆板门两扇，两侧带余塞板，方形门墩一对。大门西侧接北房两间，过垄脊合瓦屋面，前檐已改为现代装修。

东部住宅建筑为一组并列二进二路四合院。

西院：正房三间，前出廊，硬山顶，过垄脊合瓦屋面，披水排山，前檐已改为现代装修，明间前出垂带踏跺五级。正房两侧耳房各两间，硬山顶，过垄脊合瓦屋面，前檐已改为现代装修。南房三间为过厅，前后出廊，硬山顶，过垄脊合瓦屋面，前檐装修已推出，明间为隔扇门，次间为隔扇窗，明间前出垂带踏跺五级。东厢房三间为过厅，与东院西厢房合为一座建筑连通东西两院，前出廊，硬山顶，过垄脊合瓦屋面，装修已推出，且已改为现代门窗，明间前出垂带踏跺四级。西厢房三间，前出廊，硬山顶，过垄脊合瓦屋面，披水排山，前檐装修已推出，明间为夹门窗，次间为十字海棠棂心支摘窗，明间前出垂带踏跺四级。院内各房有抄手游廊相连，柱间饰菱形套嵌菱角倒挂楣子。院内西北角处辟有月亮门，可通花园。

东院：正房三间，前出廊，硬山顶，过垄脊合瓦屋面，披水排山，前檐已改为现代装修，明间前出垂带踏跺五级。正房西侧耳房两间，硬山顶，过垄脊合瓦屋面，前檐已改为现代装修。南房三间，前出廊，硬山顶，过垄脊合瓦屋面，前檐明间为隔扇门，棂心后改，次间下为槛墙、上为十字海棠棂心支摘窗，明间前出垂带踏跺五级。西厢房三间为过厅，与西院东厢房合为一座建筑连通东西两院。东厢房三间，前出廊，硬山顶，过垄脊合瓦屋面，前檐明间已改为现代装修，次间装修推出，为十字海棠棂心支摘窗，明间前出垂带踏跺四级。院内各房有抄手游廊相连，柱间饰菱形套嵌菱角棂心倒挂楣子。

另有一组四合院建筑位于两院南部，现门牌号为小细管胡同15号。此院中轴线偏西，共一进院落，正房三间，前出廊，硬山顶，过垄脊合瓦屋面，披

东路住宅西侧四合院正房

东路住宅西侧四合院东厢房

东路住宅西侧四合院月亮门

水排山，前檐已改为现代装修。正房两侧东西耳房各一间，均为硬山顶，过垄脊合瓦屋面，前檐已改为现代装修。东西厢房各三间，前出廊，硬山顶，过垄脊合瓦屋面，前檐已改为现代装修。厢房北侧厢耳房各两间，硬山顶，过垄脊合瓦屋面，前檐已改为现代装修。南房五间为过厅，前出廊，硬山顶，过垄脊合瓦屋面，前檐已改为现代装修。南房两侧耳房各一间。院内各房有抄手游廊相连，明间各出垂带踏跺三级。

花园仅存部分山石和游廊，可分西北院和东南院两组建筑，有游廊相连，柱间饰工字卧蚕步步锦棂心倒挂楣子与菱形套棂心坐凳楣子。

西北院：该院南面有一座三卷勾连搭建筑，面阔三间，西侧带两间两卷勾连搭耳房，耳房前加平顶廊，均为硬山顶，过垄脊合瓦屋面，铃铛排山，此建筑北面西一间与耳房东一间之间出一抱厦，悬山顶，过垄脊筒瓦屋面。建筑东侧有一组假山。该建筑对面有一座戏台，面阔进深皆三间，为三卷勾连搭形式，硬山顶，过垄脊合瓦屋面，前檐已改为现代装修。戏楼东南侧假山之上有卷棚歇山顶的轩一座，面阔三间，带周围廊，过垄脊筒瓦屋面，铃铛排山，廊柱间饰工字卧蚕步步锦棂心倒挂楣子与坐凳楣子；明间为隔扇门，圆角套方灯笼锦与冰裂纹棂心，次间为支摘窗，棂心后改，明间前出云步踏跺六级。轩的西侧有爬山游廊与南面三卷勾连搭房衔接。

东南院：该院东侧敞轩一座，坐东朝西，其东面即为住宅部分南部的四合院。敞轩面阔五间，进深一间，后出抱厦三间，悬山卷棚顶，过垄脊筒瓦屋面，前檐明间为冰裂纹棂心隔扇门，次间、梢间已改为现代装修，各间均饰步步锦棂心横披窗，明间前出云步踏跺四级。敞轩前有假山。南房三间，硬山顶，过垄脊合瓦屋面，前檐已改为现代装修，明间前出垂带踏跺三级。院内西侧还有四角攒尖亭一座。

花园内四角攒尖亭子

假山上的轩

两卷勾连搭建筑

敞轩

三卷勾连搭建筑正立面

织染局胡同25号

位于东城区景山街道，清代中晚期建筑，现为居民院。

该院坐北朝南，原为布局空敞、前后三进以上的传统四合院落，现仅存前两进院落。院落东南隅开广亮大门一间，硬山顶，清水脊合瓦屋面，披水排山，木构架绘苏式彩画，走马板饰民国工笔画，梅花形门簪两枚，红漆板门两扇，方形门墩一对，后檐柱间饰步步锦棂心倒挂楣子。大门外一字影壁一座，硬山筒瓦顶，方砖硬影壁心。大门东侧门房一间，西侧倒座房五间，均为硬山顶，过垄脊合瓦屋面，前檐已改为现代装修，后檐为冰盘檐封后檐形式。

一进院东西房各三间，为新中国成立后添建，机瓦双坡顶。一进院

广亮大门

门外一字影壁

垂花门

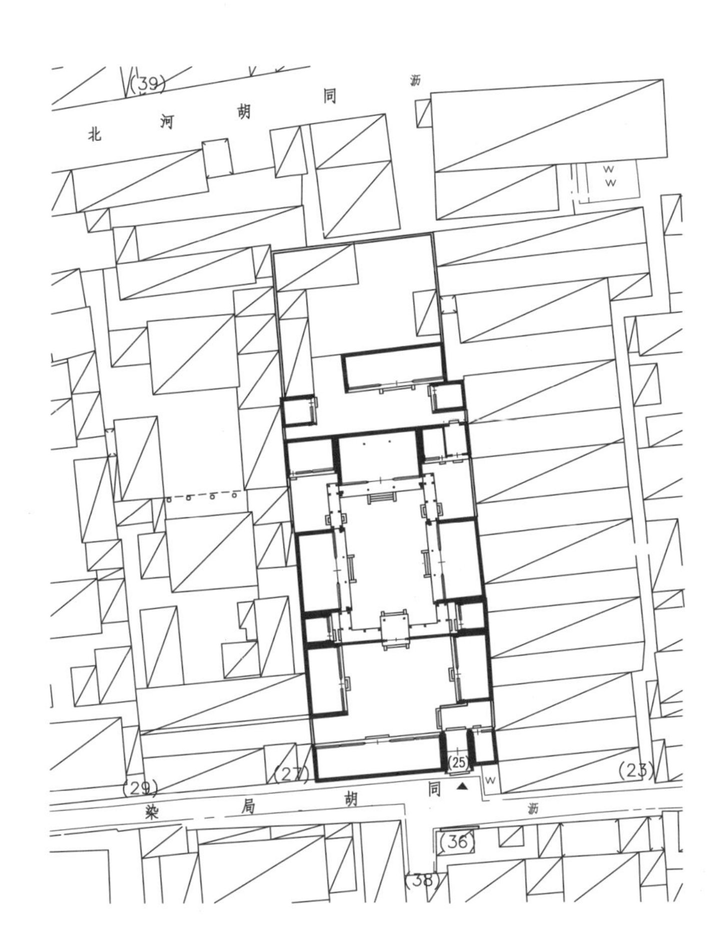

织染局胡同25号

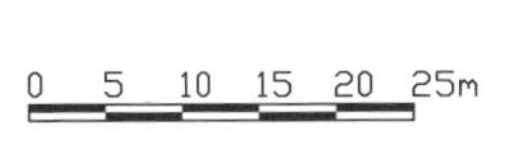

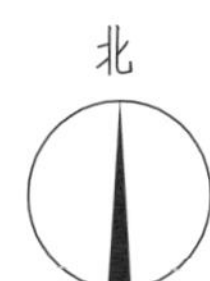

北侧有一殿一卷式垂花门一座，前卷悬山顶，清水脊筒瓦屋面，后卷硬山卷棚顶筒瓦屋面，垂莲柱头，下带雕花雀替，折柱间饰卷草纹透雕花板，方形门墩一对，前后各出如意踏跺三级。

二进院正房三间，前后廊，硬山顶，清水脊合瓦屋面，披水排山，前檐外檐现存箍头彩画，廊心墙采用廊门筒做法，前廊民国花砖铺地；明间为隔扇及风门，次间下为槛墙、上为支摘窗，棂心无存，上饰步步锦棂心横披窗，明间前出垂带踏跺。后檐为老檐出形式，外檐绘苏式彩画。正房两侧原有耳房各一座，现东耳房无存，西耳房两间，硬山顶，过垄脊合瓦屋面，外檐仅存箍头彩画；前檐已改为现代装修，后檐为老檐出形式。原有东西厢房各一座，现东厢房无存，西厢房三间，前出廊，硬山顶，清水脊合瓦屋面，披水排山，外檐仅存箍头彩画；前檐明间为隔扇及风门，次间下为槛墙、上为支摘窗，棂心无存，上饰步步锦棂心横披窗；明间前出垂带踏跺；后檐为老檐出形式；室内民国花砖铺地。院内各房原有抄手游廊相连，现仅西北隅保留的一段相对完好，柱间饰步步锦棂心倒挂楣子及坐凳楣子，廊墙上尚存一砖雕什锦窗。现自三进之后建筑均已无存，难辨原貌。

垂花门门墩

二进院正房

游廊

象眼雕刻

倒挂楣子

织染局胡同27号

位于东城区景山街道，清中晚期建筑，现为居民院。

该院坐北朝南，原为四进院落，现存三进。院落东南隅开如意大门一间，硬山顶，清水脊合瓦屋面，披水排山；门楣栏板已拆改，梅花形门簪两枚，雕刻花卉图案，红漆板门两扇，方形门墩一对；大门内梁架绘箍头彩画。大门后檐柱间饰步步锦棂心倒挂楣子。大门东侧门房一间，西侧倒座房五间，均为硬山顶，已改为机瓦屋面；前檐已改为现代装修，后檐为冰盘檐封后檐形式。一进院北侧原有二门一座，现已拆改建为北房。

二进院北房三间，前后廊，硬山顶，过垄脊合瓦屋面，披水排山，

如意大门

大门方形门墩

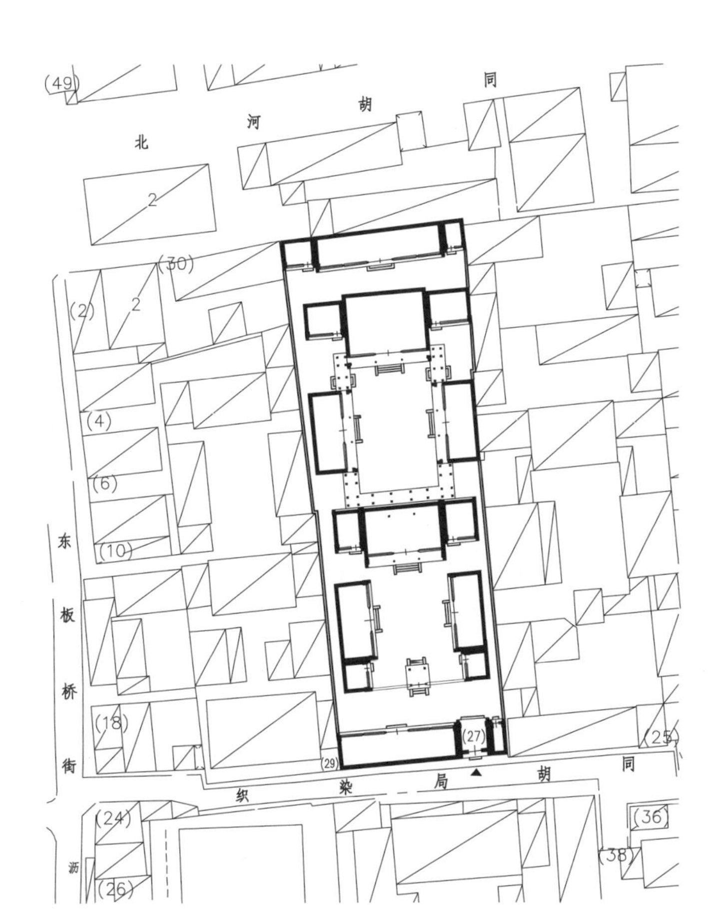

织染局胡同27号

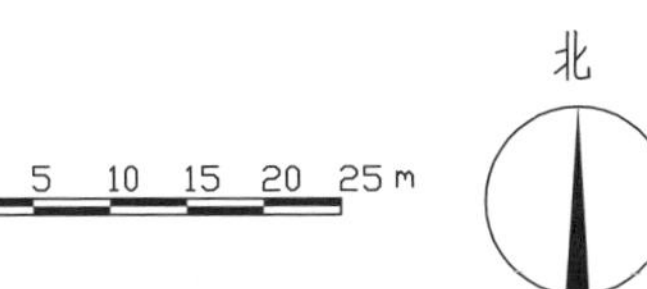

外檐绘箍头彩画；前檐已改为现代装修，明间前出垂带踏跺四级，后檐为老檐出形式。正房两侧耳房各一间，硬山顶，过垄脊合瓦屋面，戗檐砖雕松竹图案，外檐绘箍头彩画；前檐已改为现代装修，后檐为老檐出形式。东西厢房各三间，硬山顶，东厢房为过垄脊合瓦屋面，西厢房已改为机瓦屋面，外檐绘箍头彩画；前檐已改为现代装修，明间前出垂带踏跺；后檐为老檐出形式。院内各房原有抄手游廊相连，现基本无存。

三进院原有正房三间，现已无存。原有东西厢房各三间，现东厢房已部分拆除，仅剩南次间。西厢房三间，前出廊，硬山顶，过垄脊合瓦屋面，前檐已改为现代装修。四进院建筑均已无存。

戗檐砖雕

二进院正房

彩画

三进院

中老胡同20号

位于东城区景山街道，民国时期建筑，现为居民院。

该院坐南朝北，一进院落。院落西北隅开窄大门半间，与北房连为一体，硬山顶，清水脊合瓦屋面，脊饰花盘子，素面走马板，红漆板门两扇，门包叶一副，大门后檐柱间饰工字步步锦棂心倒挂楣子。北房与西厢房北山墙间有屏门一座，现门板已失。北房五间（实为四间半，西半间为门道），硬山顶，鞍子脊合瓦屋面，前檐明间夹门窗，棂心后改，次间槛墙、支摘窗，十字方格棂心，明间前出踏跺两级；后檐为菱角檐封后檐形式。南房五间，硬山顶，过垄脊合瓦屋面，前檐已改为现代装修，明间前出踏跺两级。东西厢房各两间，东厢房为硬山顶，过垄脊合瓦屋面，装修为后改；西厢房已翻建。

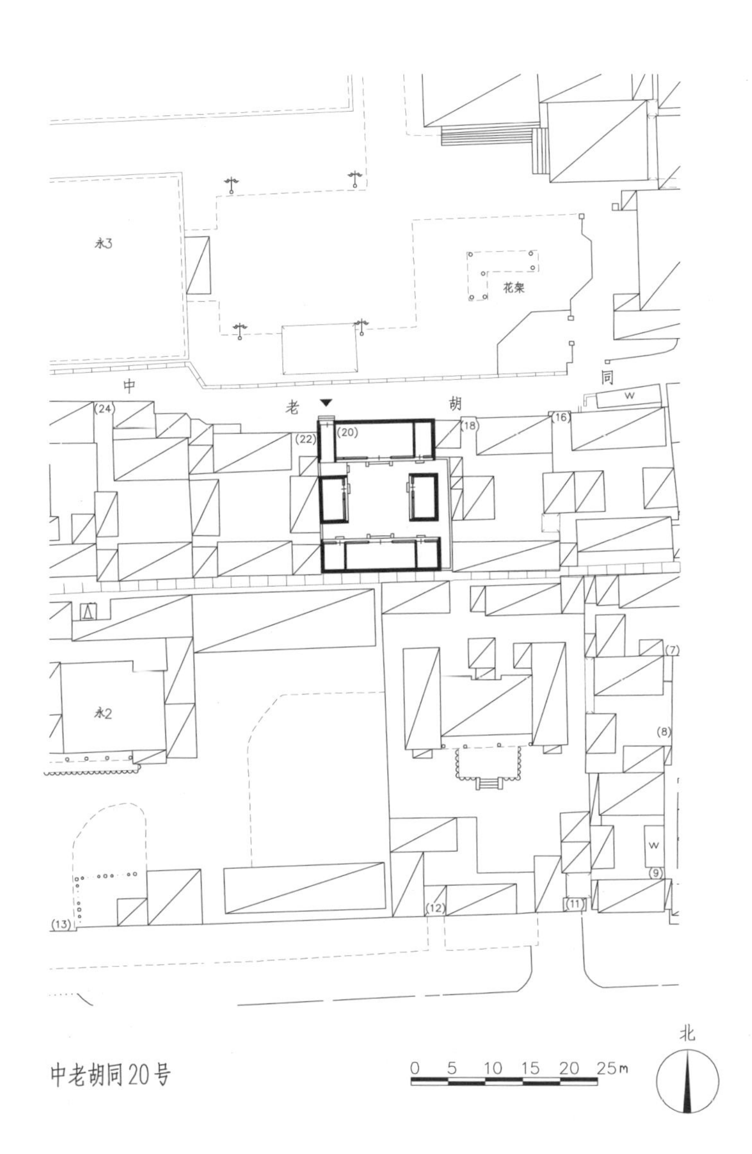

中老胡同20号

大门

屏门

北房背立面

东厢房

南房

北房

东四街道

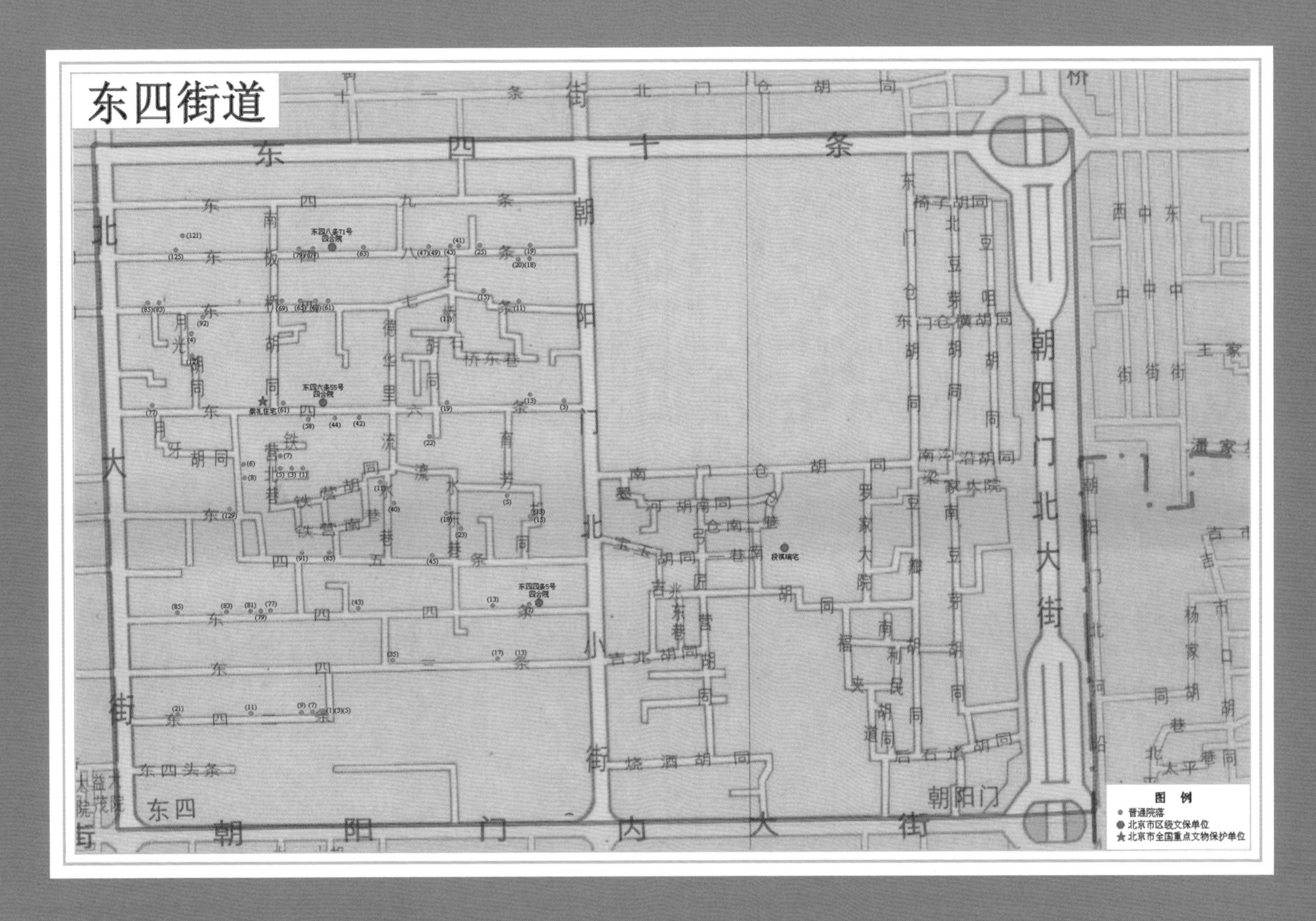
东四街道
东四十条
东四九条
东四八条
东四七条
东四六条
东四五条
东四四条
东四三条
东四二条
东四头条
北新桥南大街
东四北大街
朝阳门北小街
朝阳门北大街
朝阳门内大街
南门仓胡同
东门仓胡同
北门仓胡同
东四八条71号四合院
东四六条55号四合院
东四四条5号四合院
段祺瑞宅
朝阳门
图例
普通院落
北京市区级文保单位
北京市全国重点文物保护单位

东四二条1号、3号、5号

位于东城区东四街道，清代晚期建筑，据传曾为清代大臣松筠的府邸，现为居民院。

松筠（1752—1835年），字湘圃，玛拉特氏，蒙古正蓝旗人，初为翻译生员，授理藩院笔帖式，并担任军机处章京。此后，历任御前侍卫、内务府大臣、户部尚书、陕甘总督、伊犁将军、兵部尚书等职。清道光十五年（1835年）卒，赠太子太保，谥文清，祀伊犁名宦祠。著有《西招纪行诗》《古品节录》等著作，并主持编纂《新疆识略》12卷、《西陲总统事略》12卷。

该院坐北朝南，四进院落。院落东南隅开如意大门一间，硬山顶，

如意大门

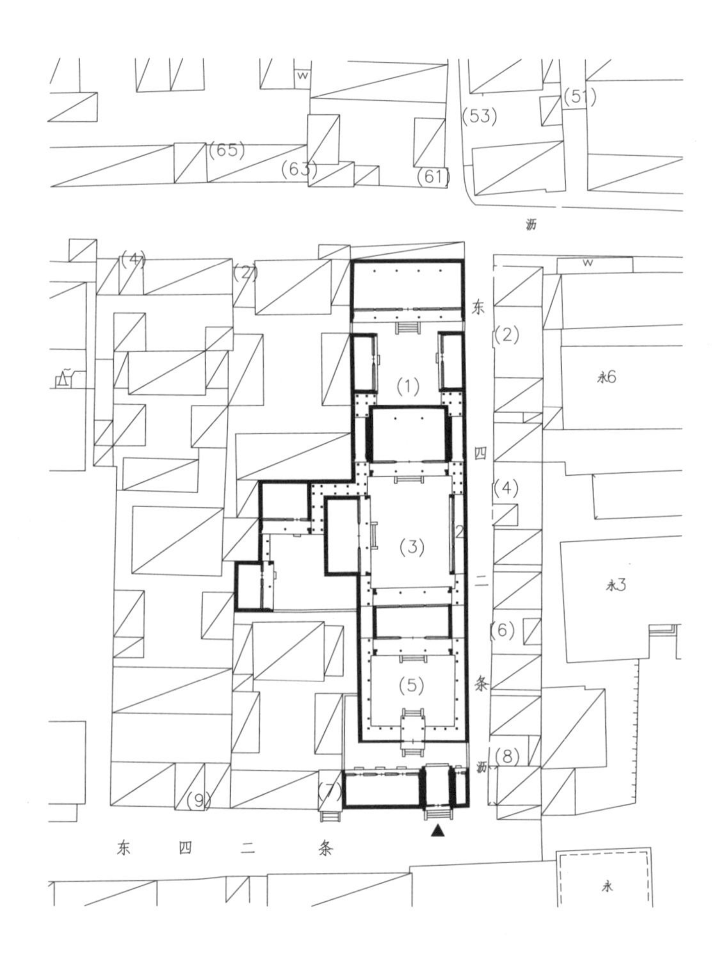

东四二条1号、3号、5号

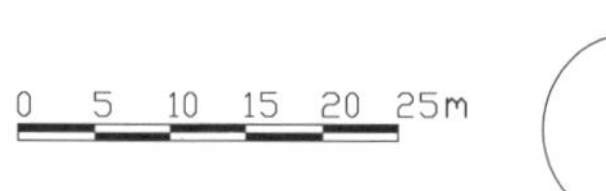

北

大门圆形门墩

二进院正房明间彩画

清水脊合瓦屋面。檐下双层方椽，梅花形门簪两枚，红漆板门两扇，圆形门墩一对，前出垂带踏跺。大门东侧门房一间，西侧倒座房四间，均为硬山顶，清水脊合瓦屋面，外檐绘箍头彩画，前檐已改为现代装修，后檐为老檐出形式。一进院北侧原有垂花门一座，现已拆除。二进院过厅三间，前后出廊，硬山顶，过垄脊合瓦屋面，披水排山，原戗檐砖雕遗失，前檐已改为现代装修，明间前出垂带踏跺四级。二进院过厅与垂花门之间有游廊相连，四檩卷棚顶筒瓦屋面。三进院正房三间，前后廊，硬山顶，清水脊合瓦屋面。正房两侧耳房各一间，均为硬山顶，清水脊合瓦屋面。东侧配楼三间，二层，硬山顶，清水脊合瓦屋面。西厢房三间，前出廊，硬山顶，过垄脊合瓦屋面。此院西侧另有一跨院，内有正房与西厢房各两间，硬山顶，合瓦屋面。四进院正房五间，前后廊，硬山顶，过垄脊合瓦屋面，披水排山。东西厢房各两间，硬山顶，过垄脊合瓦屋面，后檐为抽屉檐封后檐形式。

二进院正房

三进院正房与耳房

游廊

倒座房

东四二条7号

位于东城区东四街道，清代晚期建筑，现为居民院。

该院坐北朝南，一进院落。院落东南隅开如意大门一间，硬山顶，清水脊合瓦屋面，门头砖雕栏板装饰，梅花形门簪两枚，红漆板门两扇，方形门墩一对，前出垂带踏跺四级。迎门座山影壁一座，清水脊筒瓦顶，影壁形式不详。大门西侧倒座房四间，硬山顶，清水脊合瓦屋面，檐下双层方椽，外檐可见绘箍头彩画，前檐已改为现代装修，明间前出垂带踏跺四级，后檐为老檐出形式。正房三间，前后廊，硬山顶，清水脊合瓦屋面，檐下双层方椽，前檐已改为现代装修。东西耳房各一间，硬山顶，合瓦屋面，前檐已改为现代装修。东西厢房各三间，硬山顶，清水脊合瓦屋面，檐下双层方椽，前檐已改为现代装修。

如意大门

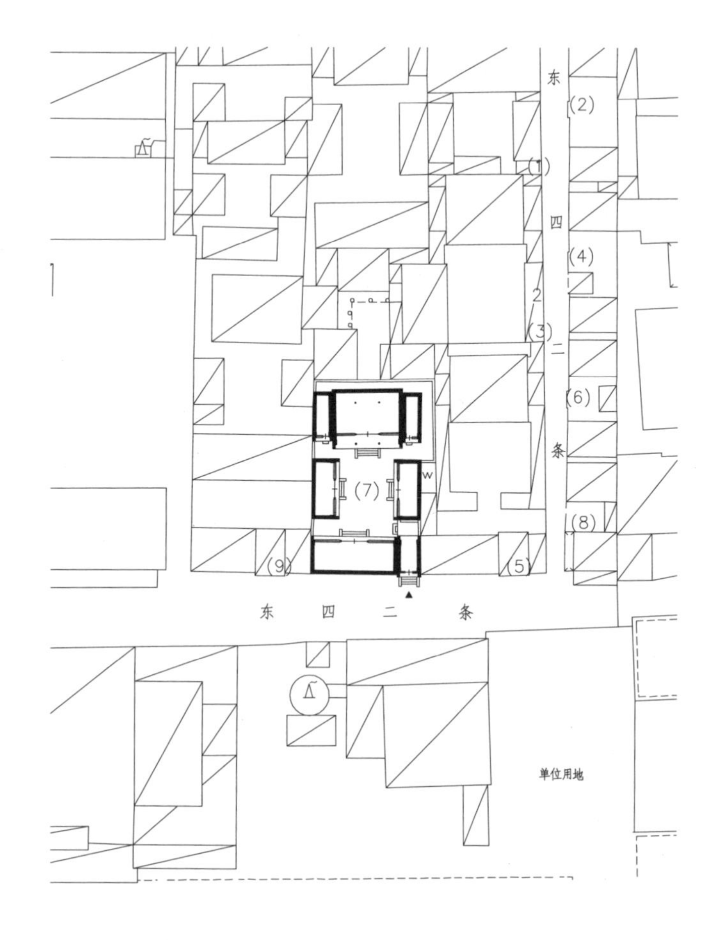

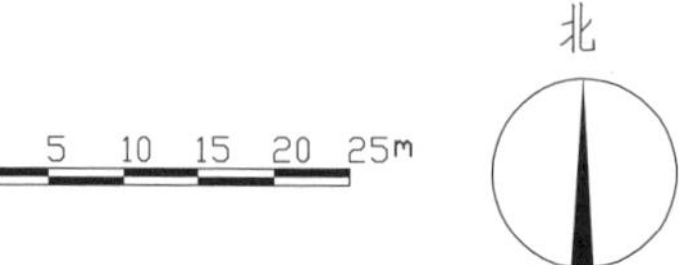

东四二条7号

大门方形门墩

院落外景

座山影壁

东厢房

正房

东四二条9号

位于东城区东四街道，清代晚期建筑，现为居民院。

该院坐北朝南，三进院落。院落东南隅开广亮大门一间，硬山顶，过垄脊筒瓦屋面，披水排山，后檐戗檐砖雕花卉，梅花形门簪四枚，圆形门墩一对，后檐柱间饰步步锦棂心倒挂楣子。现在广亮大门基础上将前檐改建为如意门形式，梅花形门簪两枚，门头套沙锅套花瓦装饰，方形门墩一对。大门东侧门房一间，硬山顶，鞍子脊合瓦屋面，前檐已改为现代装修，后檐为封后檐形式。大门西侧倒座房三间，硬山顶，过垄脊合瓦屋面，前檐已改为现代装修，后檐为封后檐形式。一进院原有正房四间，东侧一间辟为过道，通二进院，硬山顶，鞍子脊合瓦屋面。现西侧三间已拆除改建为二层楼房，仅余东侧一间过道。二进院正房原为三间，前出廊，硬山顶，鞍子脊合瓦屋面，檐下双层方椽，前檐已改为现代装修。现正房西侧一间已拆除改建为二层楼房，仅余东侧两间。东西厢房各两间，均已拆除改建。三进院正房三间，两侧耳房各一间，南房四间，东西厢房各四间，均已拆除翻建。

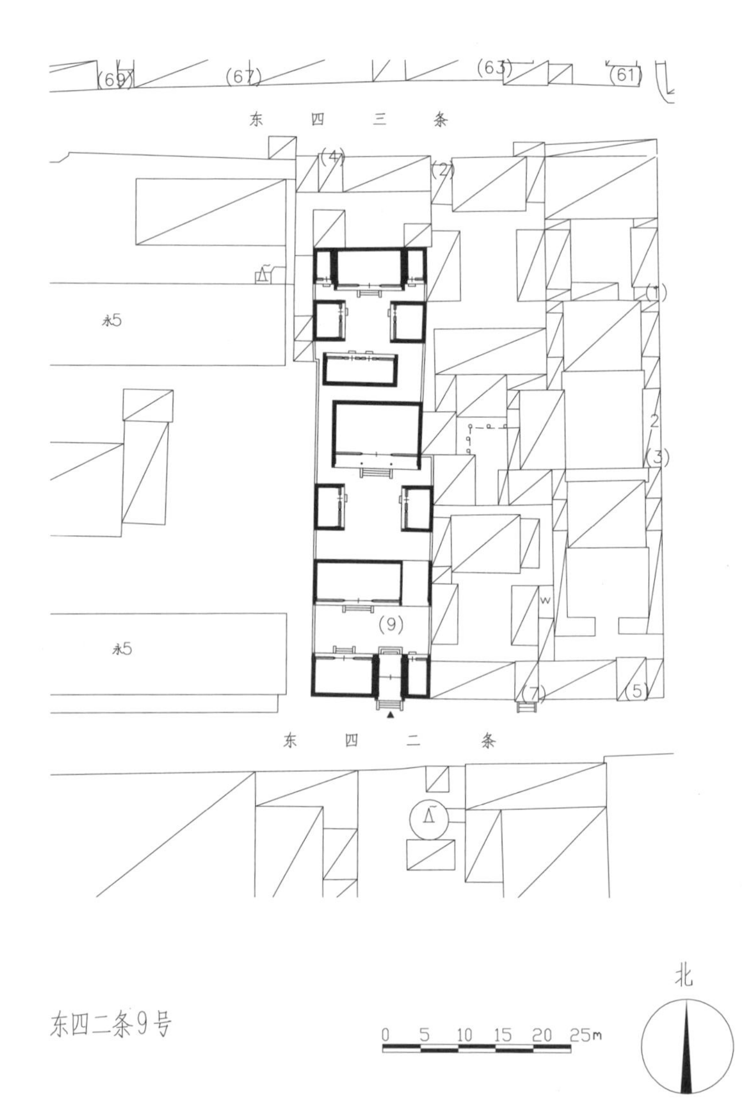

东四二条9号

如意大门

大门方形门墩

院落外景

二进院正房

东四二条11号

位于东城区东四街道，清代建筑，原为陕甘总督大学士福康安的宅邸，现为单位使用。

福康安（1754—1796年），字瑶林，富察氏，满洲镶黄旗人，大学士傅恒之子，初袭云骑尉，后任御前侍卫，不久擢户部侍郎，迁镶黄旗洲副都统。清乾隆年间，初从阿桂征金川，因功授正白旗满洲都统，后历任云贵总督、四川总督、兵部尚书、大学士等职，并先后平定湘黔苗民起义、台湾林爽文起义，击退廓尔喀部对西藏的入侵。清嘉庆元年（1796年）五月因病卒于军中，加郡王衔，谥德麟，从傅恒配祀太庙。

该院坐北朝南，大部分建筑无存。东路南侧正房七间，前后出廊，硬山顶，过垄脊筒瓦屋面，戗檐砖雕遗失，前后檐均已改为现代装修。西路北侧正房五间，前后廊，青石铺台明，硬山顶，过垄脊筒瓦屋面，铃铛排山，檐下双层方椽，前檐已改为现代装修，后檐为老檐出形式。正房两侧耳房各一间，青石铺台明，硬山顶，过垄脊筒瓦屋面，铃铛排山，前檐已改为现代装修，后檐为封后檐形式。东西厢房各三间，青石铺台明，硬山顶，过垄脊筒瓦屋面，铃铛排山，檐下双层方椽，前檐已改为现代装修，明间前出垂带踏跺五级，后檐为封后檐形式。东厢房东面有东房三间，青石铺台明，硬山顶，过垄脊筒瓦屋面，铃铛排山，檐下双层方椽，前檐已改为现代装修，后檐为封后檐形式。

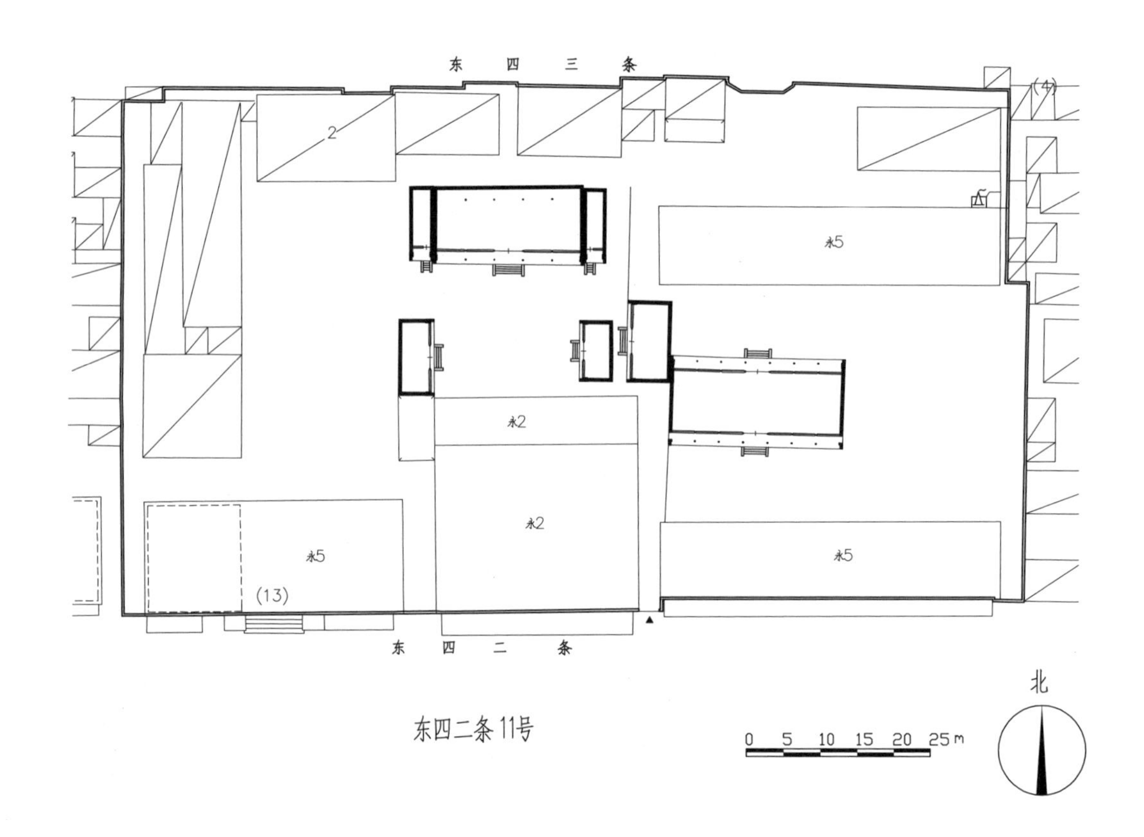

东四二条11号

西路东厢房

东路正房

西路正房

西路东厢房东侧东房

东四三条13号

位于东城区东四街道，清代晚期建筑，现为居民院。

该院坐北朝南，三进院落。院落东南隅开如意大门一间，硬山顶，清水脊合瓦屋面，梅花形门簪两枚，红漆板门两扇，门头花瓦装饰，圆形门墩一对。大门东侧门房一间，西侧倒座房四间，均为硬山顶，鞍子脊合瓦屋面，前檐已改为现代装修，后檐为封后檐形式。一进院北侧有垂花门一座，硬山顶，过垄脊筒瓦屋面，梅花形门簪两枚，折柱间花板遗失，方形垂柱头，方形门墩一对，前出如意踏跺二级。二进院正房三间，前出廊，硬山顶，清水脊合瓦屋面，前檐已改为现代装修，明间前出垂带踏跺五级。正房两侧耳房各一间，均已翻建。东厢房三间，现已翻建。西厢房三间，硬山顶，鞍子脊合瓦屋面，前檐已改为现代装修。三进院内房屋均已拆除改建，原形制不详。

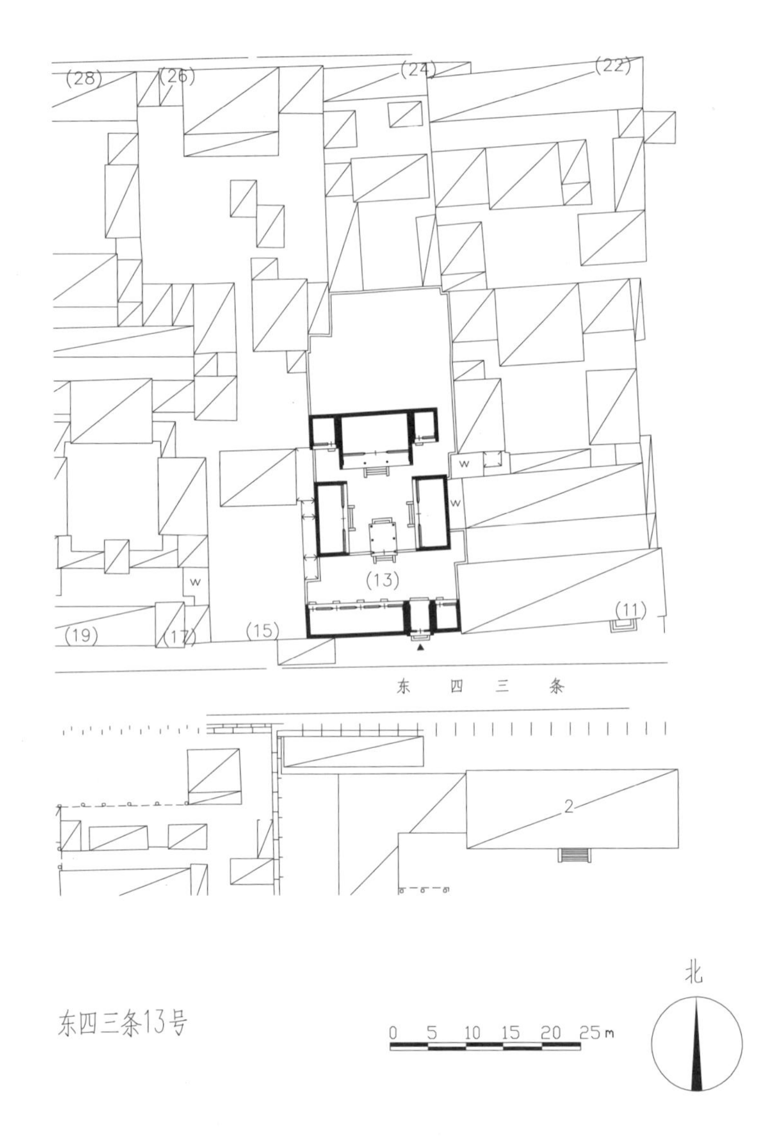

东四三条13号

垂花门

二进院西厢房

院落外景

二进院正房

东四三条17号、19号

位于东城区东四街道，清代晚期至民国时期建筑，现为居民院。

该院坐北朝南，三进院落。院落东南隅开如意大门一间，清水脊合瓦屋面，檐下双层方椽，门头作花瓦装饰，梅花形门簪两枚，红漆板门两扇，方形门墩一对。大门东侧门房一间，西侧倒座房八间，均为硬山顶，清水脊合瓦屋面，前檐已改为现代装修，后檐为封后檐形式。一进院北侧有一殿一卷式垂花门一座，折柱间花板遗失。二进院正房三间，前后廊，硬山顶，清水脊合瓦屋面，前檐已改为现代装修，明间前出垂带踏跺四级。正房两侧耳房各两间，硬山顶，合瓦屋面，前檐已改为现代装修，其中东耳房东侧一间原为过道，现已封堵。东西厢房各三间，

如意大门

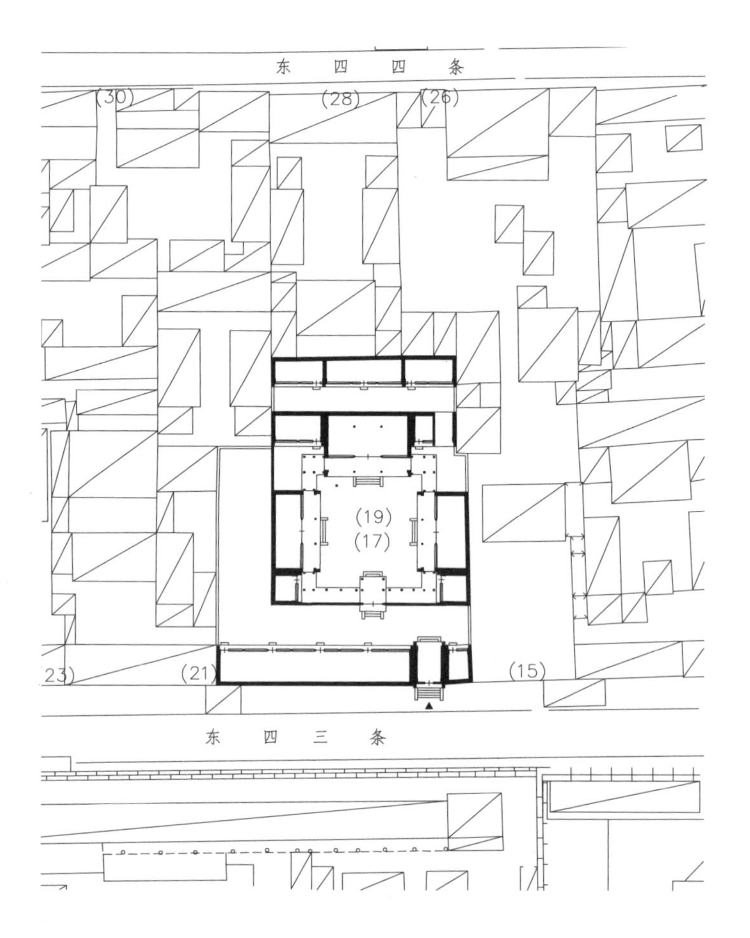

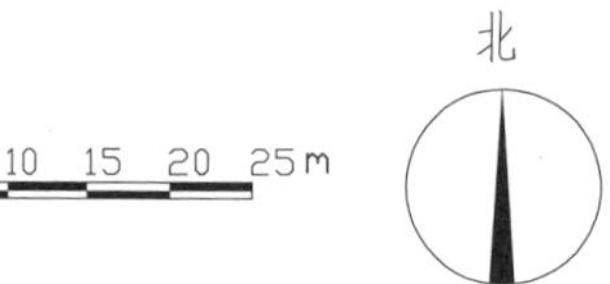

东四三条17号、19号

民国灯池

前出廊，硬山顶，清水脊合瓦屋面，前檐已改为现代装修。厢房南侧厢耳房各一间，硬山顶，鞍子脊合瓦屋面，其中东厢耳房已拆除。院内各房原有抄手游廊相连，现仅存正房与厢房间游廊。

三进院未能进入调查，情况不详。

二进院西厢房

院落外景

二进院正房

一殿一卷式垂花门

东四三条35号

位于东城区东四街道，清代晚期建筑，原为车郡王车林巴布的府邸，现为居民院。

车林巴布，生卒年不详，属喀尔喀土谢图汗部，扎萨克多罗郡王鄂特萨尔巴咱尔之子，清光绪二十一年（1895年）十一月承袭爵位。

该院坐北朝南，四进院落，西侧带两进跨院。院落东南隅开广亮大门一间，硬山顶，过垄脊筒瓦屋面，披水排山，前檐柱间饰雕花雀替，梅花形门簪四枚，红漆板门两扇，圆形门墩一对。大门两侧有撇山影壁，瓦顶为筒瓦。迎门座山影壁一座，过垄脊筒瓦顶，方砖硬影壁心。大门东侧门房一间，西侧倒座房十间，均为硬山顶，过垄脊合瓦屋面，

广亮大门

圆形门墩

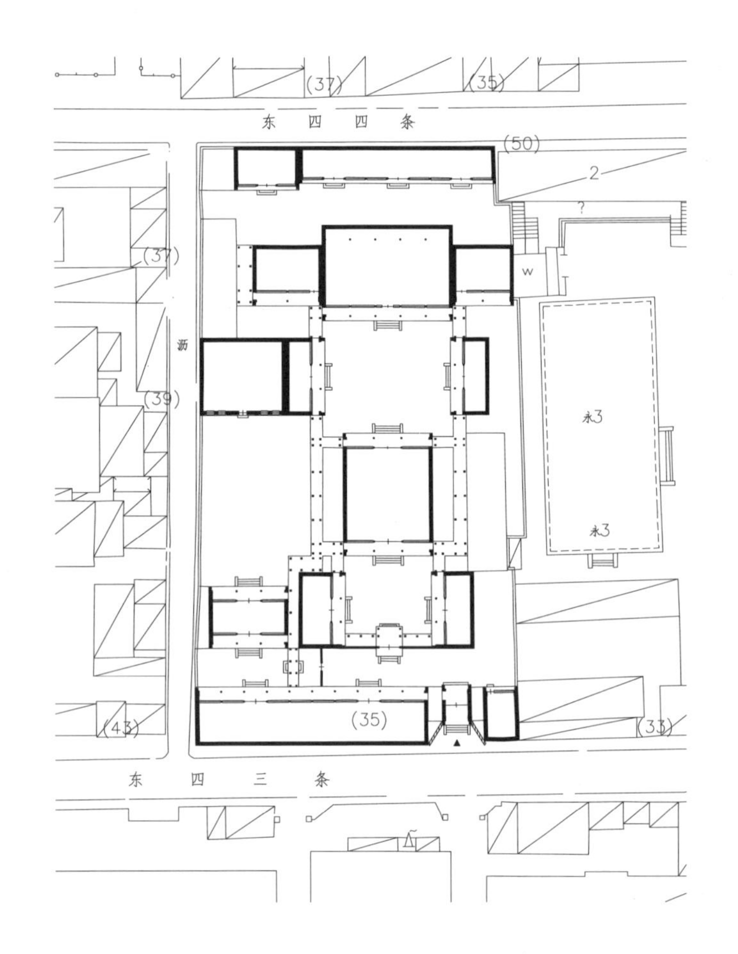

东四三条35号

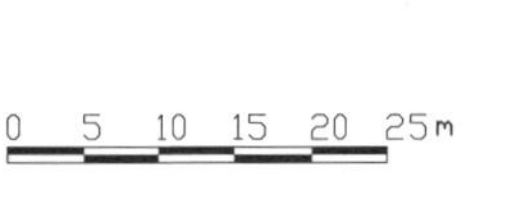

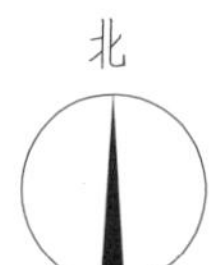

前檐已改为现代装修，后檐为封后檐形式。一进院北侧有一殿一卷式垂花门一座，筒瓦屋面，折柱间安装镂雕花板，圆形垂柱头，垂柱间安装雀替，梅花形门簪四枚。一进院西侧有屏门一座，通西跨院。二进院正房三间，前后出廊，硬山顶，过垄脊筒瓦屋面，檐下双层方椽，前檐已改为现代装修，明间前出垂带踏跺五级，后檐明间为隔扇风门，前出垂带踏跺五级。东西厢房各三间，前出廊，硬山顶，过垄脊合瓦屋面，铃铛排山，前檐已改为现代装修。三进院正房五间，前后廊，硬山顶，过垄脊筒瓦屋面，前檐已改为现代装修，明间前出垂带踏跺五级。正房两侧耳房各两间，前出廊，硬山顶，过垄脊合瓦屋面，前檐已改为现代装修。东西厢房各三间，硬山顶，过垄脊筒瓦屋面，铃铛排山，前檐已改为现代装修。四进院后罩房已改建。院内各房及各进院之间均有游廊相连，梅花方柱。西跨院一进院过厅三间，前后出廊，硬山顶，过垄脊合瓦屋面，前檐已改为现代装修。二进院平顶房三间，拱券门窗。

倒座房

二进院正房

二进院西厢房

三进院正房

一殿一卷式垂花门

东四四条3号

位于东城区东四街道，清代中晚期建筑。据北京市档案馆保存的民国时期房地户籍资料所载，该院在民国中期尚为私产，户主名为金伯华，堂号谦六堂，朝阳大学法科肄业之司法官，时任北平地院检察处主任书记官，系皇族后代。现为居民院。

该院坐北朝南，原为四进院落，现存三进院落。院落东南隅开广亮大门一间，硬山顶，过垄脊合瓦屋面，披水排山，戗檐砖雕已改素面，砖博缝板，吉祥花卉博缝头；梅花形门簪四枚，上刻“吉祥如意”四字，圆形门墩一对，垂带踏跺已改造；山墙内立面为囚门子做法，方砖硬心，后檐柱间饰卷草纹雀替。迎门硬山一字影壁一座，瓦顶、砖檐已

广亮大门

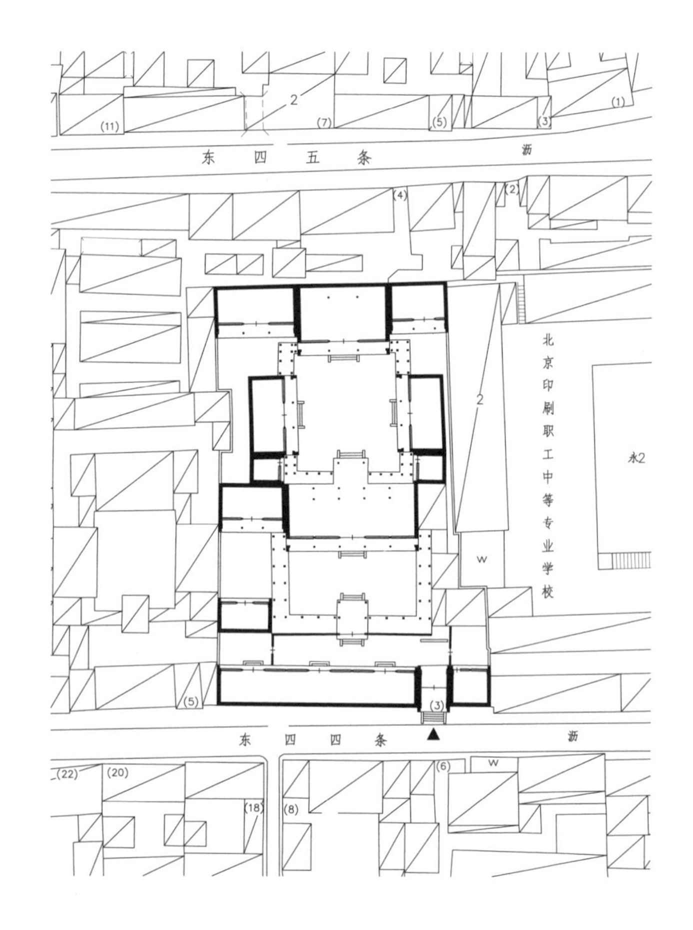

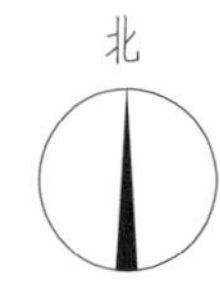

东四四条3号

一殿一卷式垂花门

垂花门“子孙万代”图样花罩

损毁，上身采用方砖硬心做法，心外缘线枋子、箍头枋子、砖柱子、耳子、三岔头完整，两侧带撞头，青砖下碱。大门东侧门房两间，硬山顶，鞍子脊合瓦屋面，前檐已改为现代装修。大门西侧倒座房九间，硬山顶，过垄脊合瓦屋面，檐下施彩画，前檐已改为现代装修，踏跺均遗失，后檐为冰盘檐封后檐形式。一进院之东西屏门门道保留，现状残破。一进院北侧有一殿一卷式垂花门一座，前为悬山顶，后为卷棚顶，清水脊筒瓦屋面，红漆木博缝板，垂莲柱头，折柱局部依稀可见团寿纹样，透雕花罩饰“子孙万代”图案；木梁架上原彩画已遗失，民国时期补画山水、花鸟工笔画；梅花形门簪四枚，雕刻“子孙万代”图案；原板门及各方位屏门均残损，圆形门墩一对，风蚀严重，前后出如意踏跺。垂花门两侧接筒瓦顶青砖看面墙，现仅局部保留，坍塌部分补砌红砖，墙面采用影壁心做法。

二进院北房五间为过厅，前后廊，硬山顶，过垄脊合瓦屋面，披水排山。前檐明间为门道，其余各间下为槛墙，上为支摘窗，棂心已改，上饰步步锦棂心横披窗，明间前出垂带踏跺。后檐明间出四檩卷棚顶抱厦一间，过垄脊灰筒瓦屋面，其余各间后檐为老檐出形式。北房东侧耳房一间，因临建遮挡，形制不详。二进院内各房有抄手游廊相连，局部保留步步锦棂心倒挂楣子。西侧游廊有屏风板相隔，并开门通西跨院。

三进院北房三间，前后廊，硬山顶，过垄脊合瓦屋面，披水排山。前檐已改为现代装修，明间前出垂带踏跺，后檐为老檐出形式。北房东侧耳房两间半、西侧三间，均为硬山顶，过垄脊合瓦屋面，前檐已改为现代装修，后檐为老檐出形式。东西厢房各三间，前出廊，硬山顶，过垄脊合瓦屋面，披水排山，前檐已改为现代装修，明间前出垂带踏跺，后檐为老檐出形式。厢房南侧各出耳房一间，因临建遮挡，形制不详。三进院各房有抄手游廊相连，并贯通抱厦檐内，局部保留步步锦棂心倒挂楣子。第四进院房屋均翻盖，已失原貌。

西跨院共两进院落，一进院北房三间，硬山顶，灰筒瓦过垄脊屋面，披水排山，前檐已改为现代装修，后檐为老檐出形式。二进院北房三间，前出廊，硬山顶，过垄脊灰筒瓦屋面，披水排山，前檐已改为现代装修。

垂花门圆形门墩

垂莲柱头

一进院西侧屏门

二进院过厅

三进院正房

西跨院二进院全景

三进院东厢房

东四四条5号

位于东城区东四街道，清代中晚期建筑。据考，20世纪50年代中期，楚图南先生曾寓居在此。

楚图南（1899—1994年），字高寒，汉族，云南文山人。为近代著名作家、翻译家、篆刻家和社会活动家，是中国民主同盟重要领导人之一。曾任暨南大学、云南大学、北京师范大学教授，民盟中央主席，中国人民对外文化协会会长。在外交、文教、艺术等诸多领域贡献突出，特别在文学、翻译学术研究方面造诣深厚，著有《楚图南集》。自1956年开始，楚图南携家眷在此生活工作，并于1959年秋于后院招待野上弥生子访华，直至逝世。现为单位使用。1986年，由东城区人民政府公布

大门门头砖雕

硬山一字影壁

倒座房

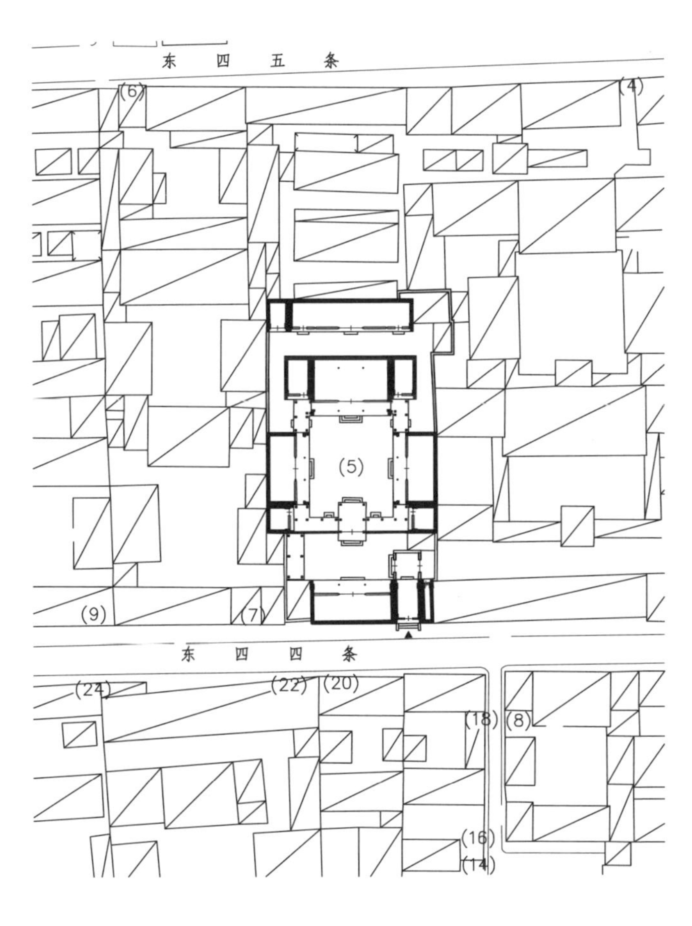

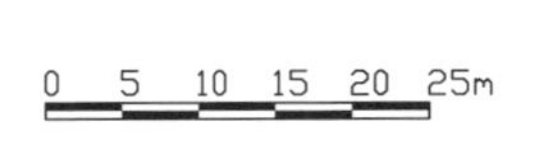

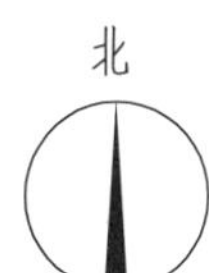

东四四条5号

为东城区文物保护单位。

该院坐北朝南，三进院落。院落东南隅开如意大门一间，硬山顶，清水脊合瓦屋面，披水排山；戗檐砖雕松竹梅菊图案。门头饰雕花栏板，四个望柱上依次雕“松竹梅菊”图案，栏板饰宝瓶、花卉、卷草、丁字锦图案；门楣饰莲花、连珠混、卷草、万字锦图案；梅花形门簪两枚，红漆板门两扇，方形门墩一对，饰金钱绶带、如意、荷花、祥云图案。大门内壁两侧象眼及山花上有共12块精美雕刻，题材为“二十四孝”故事；大门后檐柱间饰卧蚕步步锦棂心倒挂楣子。门内迎门独立式硬山一字影壁一座，清水脊灰筒瓦顶，方砖硬影壁心，心外缘箍头枋子、砖柱子、线枋子完整，两侧带撞头，青砖下碱。大门后东西两侧各有屏门一座。大门东侧门房半间，西侧倒座房三间，前出廊，均为硬山顶，清水脊合瓦屋面，后檐为冰盘檐封后檐形式。倒座房前檐明间为隔扇门四扇，次间、梢间下为素面海棠池槛墙、上为支摘窗，上带横披窗，棂心已改，明间前出如意踏跺，室内民国花砖铺地。一进院西侧有一段平顶游廊，北侧则有一殿一卷式垂花门一座。垂花门前为悬山顶、后为卷棚顶，灰筒瓦屋面，红漆木博缝板，方形垂柱头，梅花形门簪两枚，红漆板门两扇，方形门墩一对，前出如意踏跺三级；垂花门后部在北、西、东三面各有完整的绿漆屏门，后出如意踏跺三级。垂花门两侧接看面墙，筒瓦顶，墙面采用影壁心做法。

二进院正房三间，前后廊，硬山顶，清水脊合瓦屋面，披水排山。前檐明间为隔扇门四扇，次间、梢间下为素面海棠池槛墙、上为支摘窗，上带横披窗，棂心已改，明间前出如意踏跺三级，后檐为老檐出形式。室内原装硬木碧纱橱，现仅东次间一组保存完整，灯笼框棂心。正房两侧耳房各一间，硬山顶，过垄脊合瓦屋面，前檐已改为现代装修。东西厢房各三间，前出廊，硬山顶，清水脊合瓦屋面，披水排山，前檐明间为隔扇门四扇，次间、梢间下为素面海棠池槛墙、上为支摘窗，上带横披窗，棂心已改，明间前出如意踏跺三级，室内原装硬木碧纱橱，灯笼框棂心，但均不完整。东西厢房南侧耳房各一间，硬山顶，过垄脊合瓦屋面，前檐已改为现代装修。院内各房有抄手游廊相连，柱间饰卧蚕步步锦棂心坐凳楣子。

三进院后罩房五间，硬山顶，原为清水脊合瓦屋面，现改为过垄脊合瓦屋面，前檐明间为隔扇门四扇，次间下为砖砌槛墙、上为支摘窗，梢间为夹门窗形式，各间门窗棂心已改；明间前出如意踏跺，后檐为棱角檐封后檐形式；室内民国花砖铺地。后罩房西侧耳房一间。

院落外景

一殿一卷式垂花门

二进院正房

三进院后罩房

二进院正房隔扇装修

二进院东厢房

二进院抄手游廊

三进院西耳房

东四四条7号

位于东城区东四街道，民国时期建筑，现为居民院。

该院坐北朝南，两进院落。院落东南隅开大门一间，硬山顶，清水脊合瓦屋面，平券，门头套沙锅套花瓦装饰，红漆板门两扇，前出踏跺四级，后檐柱间饰工字卧蚕步步锦棂心倒挂楣子。大门东侧门房一间，西侧倒座房五间，均为硬山顶，鞍子脊合瓦屋面，前檐已改为现代装修，后檐为封后檐形式。一进院过厅三间，硬山顶，鞍子脊合瓦屋面，披水排山，前檐明间为隔扇风门，次间下为槛墙、上为支摘窗，明间前出垂带踏跺三级，后檐已改为现代装修，明间后出垂带踏跺三级。过厅两侧耳房各一间，硬山顶，过垄脊合瓦屋面，前檐已改为现代装修。东厢房三间，已翻建。西厢房三间，硬山顶，鞍子脊合瓦屋面，已翻建。过厅耳房两侧有平顶廊通二进院，梅花方柱。二进院后罩房五间，前出廊，硬山顶，清水脊合瓦屋面，檐下双层方椽，前檐已改为现代装修。后罩房两侧耳房各一间，硬山顶，过垄脊合瓦屋面，前檐已改为现代装修。东厢房三间，硬山顶，清水脊合瓦屋面，前檐已改为现代装修。西厢房三间，已翻建为红机砖建筑。

大门

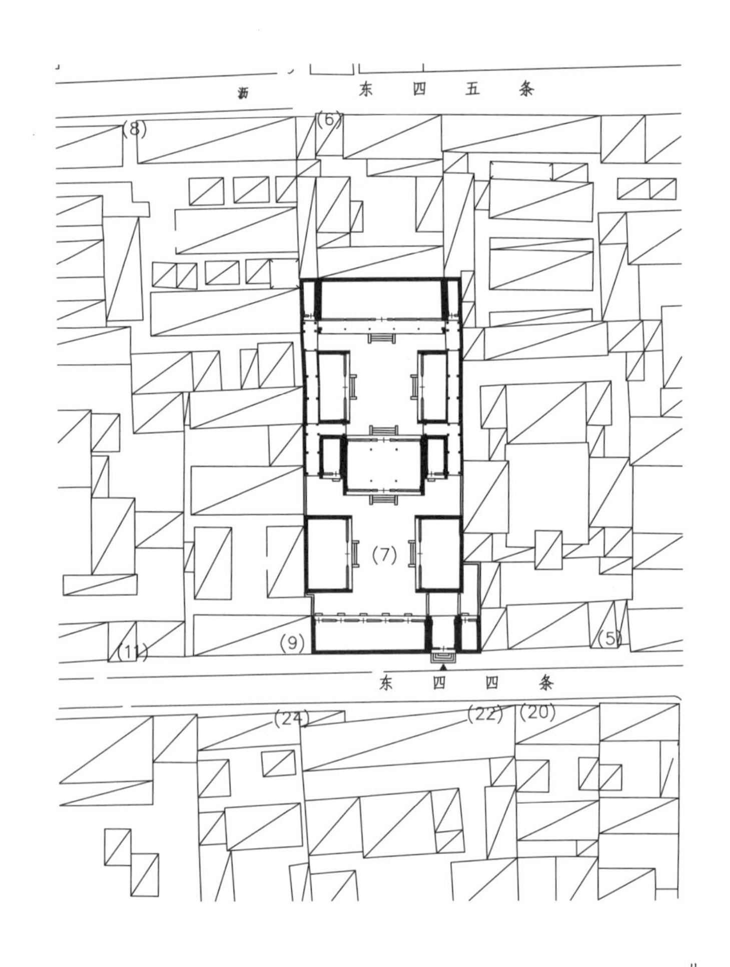

东四四条 7号

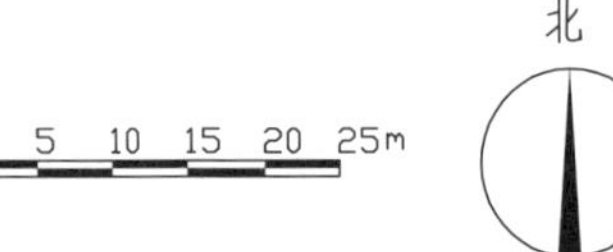

平顶游廊

院落外景

二进院东厢房

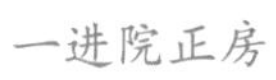

一进院正房

二进院正房

东四四条13号

位于东城区东四街道，民国时期建筑，现为居民院。

该院坐北朝南，三进院落。院落东南隅开如意大门一间，硬山顶，清水脊合瓦屋面，戗檐砖雕“万事如意”图案，门头砖雕三交六碗菱花图案，梅花形门簪两枚，红漆板门两扇，方形门墩一对，后檐柱间饰卧蚕步步锦棂心倒挂楣子。门内迎门硬山一字影壁一座，瓦顶损毁，形制不详，方砖硬影壁心。大门东侧门房一间，西侧倒座房五间，均为硬山顶，清水脊合瓦屋面，前檐已改为现代装修，后檐为封后檐形式。一进院正房七间，明间辟为二门，硬山顶，清水脊合瓦屋面，檐下双层方椽，梅花形门簪四枚，方形门墩一对，门内可见民国花砖墁地，两侧有拱券门通次、梢间，后出四檩卷棚抱厦一间。次间、梢间屋面局部已改为机瓦屋面，前檐已改为现代装修。二进院正房三间，前后廊，硬山顶，清水脊合瓦屋面，前檐已改为现代装修，明间前出垂带踏跺四级。正房两侧原有耳房，现已拆除或改建。三进院正房三间，硬山顶，清水脊合瓦屋面，前檐已改为现代装修。另在三进院正房与二进院正房之间有二层小楼相互连通，屋面已翻建。

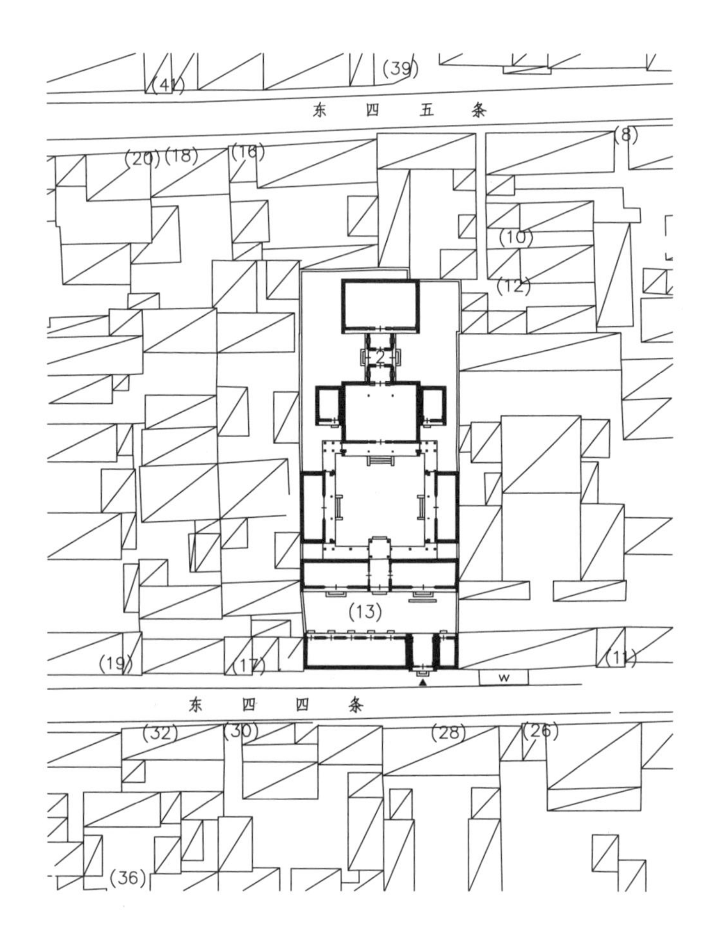

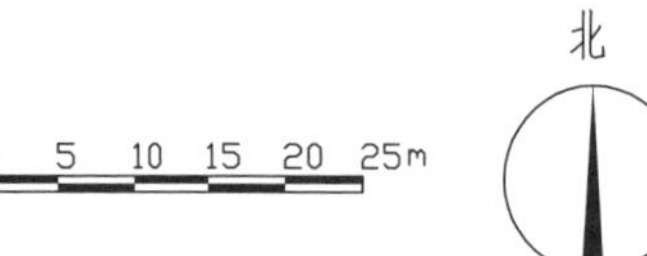

东四四条13号

如意大门

门头砖雕

一进院过厅

三进院二层小楼

戗檐砖雕

二进院东厢房

二进院正房

三进院正房

硬山一字影壁

东四四条43号

位于东城区东四街道，清代晚期建筑，现为单位使用。

该院坐北朝南，两进院落。院落东南隅开金柱大门一间，硬山顶，清水脊合瓦屋面，前檐柱间饰雕花雀替，木构架绘箍头彩画。大门东侧门房一间，西侧倒座房三间，均为硬山顶，鞍子脊合瓦屋面，前檐已改为现代装修，后檐为封后檐形式。一进院北侧有四檩廊罩式垂花门一座，过垄脊筒瓦屋面，檐柱间饰倒挂楣子，木构架绘苏式彩画。垂花门两侧接看面墙，过垄脊筒瓦顶。二进院正房三间，前出廊，硬山顶，清水脊合瓦屋面，檐下双层方椽，柱间饰倒挂楣子与坐凳楣子，木构架绘苏式彩画，前檐装修已改为新做仿古式样，明间前出垂带踏跺四级。正房两侧耳房各一间，硬山顶，鞍子脊合瓦屋面，前檐装修已改为新做仿古式样。东西厢房各三间，硬山顶，清水脊合瓦屋面，前檐装修已改为新做仿古式样，后檐为封后檐形式。

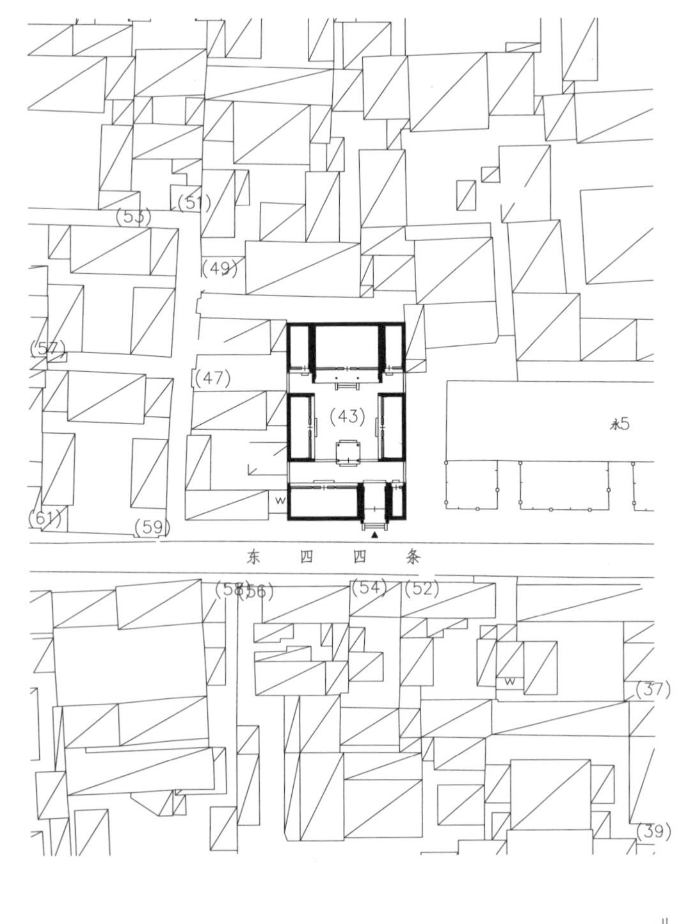

东四四条43号

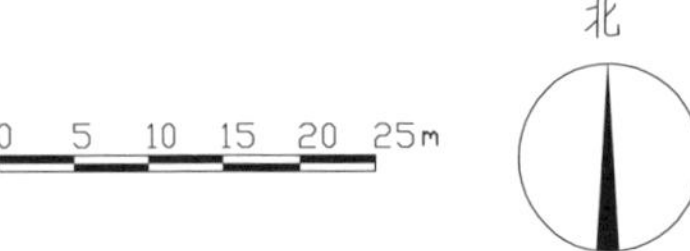

金柱大门

雕花雀替

院落外景

二进院西厢房

四檩廊罩式垂花门

二进院正房

东四四条77号

位于东城区东四街道，清代晚期建筑，现为单位使用。

该院坐北朝南，三进院落。院落东南隅开大门一间，硬山顶，清水脊合瓦屋面，戗檐砖雕狮子图案，因门板已改造，原大门形式不详。大门西侧倒座房四间，前出廊，硬山顶，过垄脊合瓦屋面，前檐已改为现代装修，后檐为鸡嗉檐封后檐形式。一进院北侧有五檩单卷棚垂花门一座，悬山顶，清水脊合瓦屋面，垂莲柱头，垂柱间安装镂雕花罩，折柱间安装镂雕花板，梅花形门簪两枚，方形门墩一对，前出垂带踏跺。垂花门两侧接看面墙，过垄脊筒瓦顶。二进院过厅三间，前后廊，硬山顶，过垄脊合瓦屋面，前檐已改为现代装修，明间前出垂带踏跺。过厅两侧耳房各一间，硬山顶，过垄脊合瓦屋面，前檐已改为现代装修。东

大门

垂花门

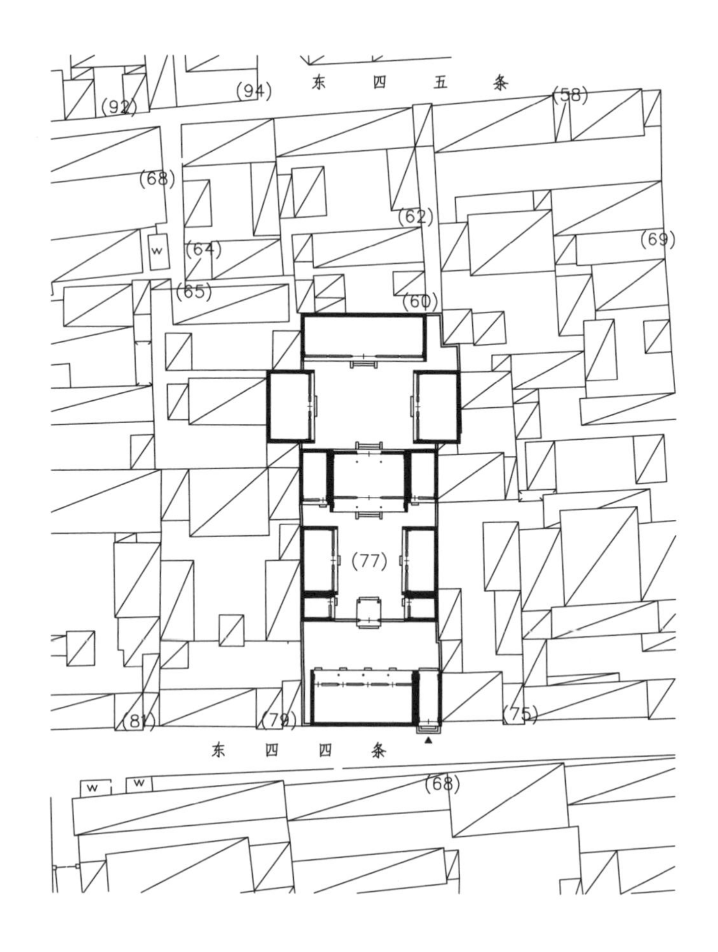

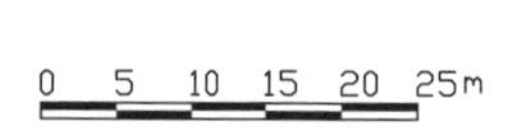

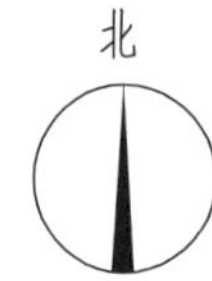

东四四条77号

垂花门门墩

西厢房各三间，硬山顶，过垄脊合瓦屋面，前檐已改为现代装修。厢房南侧厢耳房各一间，硬山顶，过垄脊合瓦屋面，前檐已改为现代装修。三进院后罩房五间，前出廊，硬山顶，过垄脊合瓦屋面，前檐已改为现代装修。东西厢房各三间，均已翻建。

二进院西房

三进院北房

二进院北房

东四四条79号

位于东城区东四街道，民国时期建筑，现为居民院。

该院坐北朝南，三进院落。院落东南隅开如意大门一间，硬山顶，清水脊合瓦屋面，脊饰花盘子，博缝头砖雕“万事如意”图案，戗檐砖雕花卉图案，门头套花瓦装饰，门楣砖雕“暗八仙”、花卉、丁字锦图案，象鼻枭整块砖雕“葫芦（福禄）”图案；梅花形门簪两枚，红漆板门两扇，门钹一对，门包叶一副，方形门墩一对，大门后檐柱间饰倒挂楣子。大门东侧门房一间，西侧倒座房四间，前檐已改为现代装修。一进院北侧垂花门一座，清水脊合瓦屋面，脊饰花盘子，方形垂柱头，折柱间饰雕花花板，垂柱间饰雕花雀替。垂花门两侧接看面墙，看面墙局

如意大门

门头砖雕局部

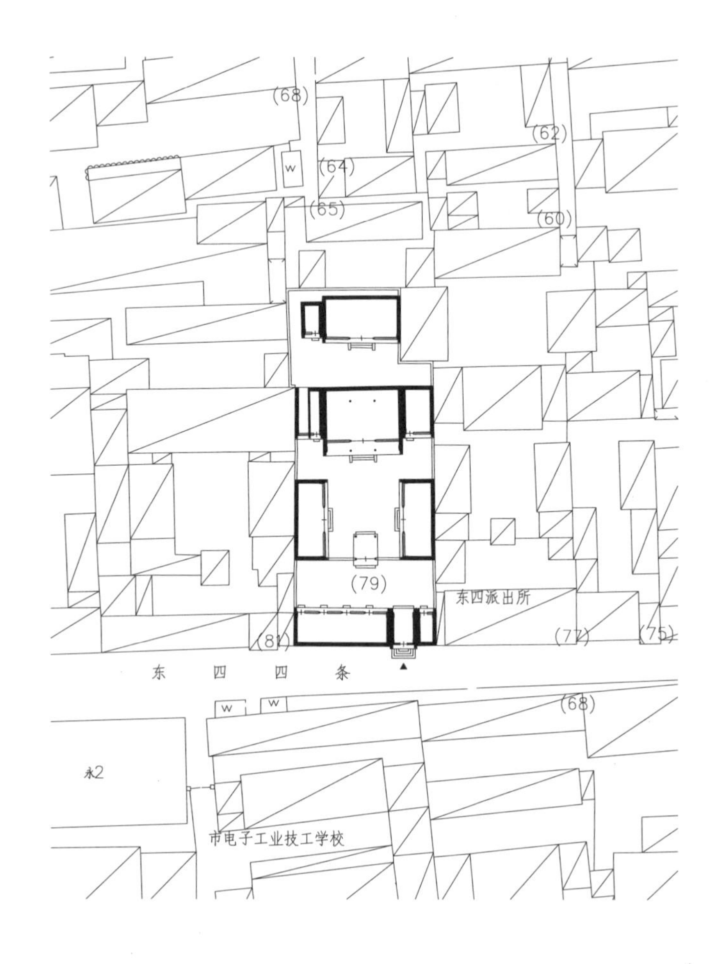

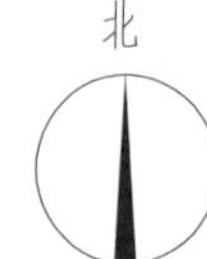

东四四条79号

大门方形门墩

大门戗檐砖雕

部保存有砖雕。二进院正房三间，前后廊，硬山顶，清水脊合瓦屋面，脊饰花盘子，戗檐饰砖雕，前檐已改为现代装修，后檐为老檐出形式。正房东西耳房各一间，硬山顶，合瓦屋面，前檐已改为现代装修。西耳房西侧半间辟为过道，可通三进院，前后檐均饰有步步锦棂心倒挂楣子。东西厢房各三间，硬山顶，过垄脊合瓦屋面，前檐已改为现代装修。三进院北房三间，硬山顶，清水脊合瓦屋面，脊饰花盘子，前檐已改为现代装修。北房西侧耳房一间，硬山顶，过垄脊合瓦屋面，前檐已改为现代装修。

二进院正房

二进院正房西耳房过廊

垂花门

一进院看面墙砖雕

二进院西厢房

东四四条81号

位于东城区东四街道，民国时期建筑，现为居民院。

该院坐北朝南，三进院落。院落东南隅开广亮大门一间，硬山顶，清水脊合瓦屋面，脊饰花盘子，戗檐及墀头处砖雕花卉图案，檐下施苏式彩画及箍头彩画，前檐柱间饰有雀替，梅花形门簪四枚，红漆板门两扇，门钹一对，门包叶一副，六角形门墩一对；大门象眼处装饰有砖雕。大门东侧门房一间，硬山顶，过垄脊合瓦屋面。西侧倒座房四间，已改为机瓦屋面。倒座房西侧另接平顶房三间。一进院北侧原有垂花门及看面墙，现已无存。二进院正房七间，前后廊，硬山顶，清水脊合瓦屋面，脊饰花盘子，檐下施苏式彩画及箍头彩画，除明间部分保存原始

广亮大门

大门戗檐、墀头砖雕

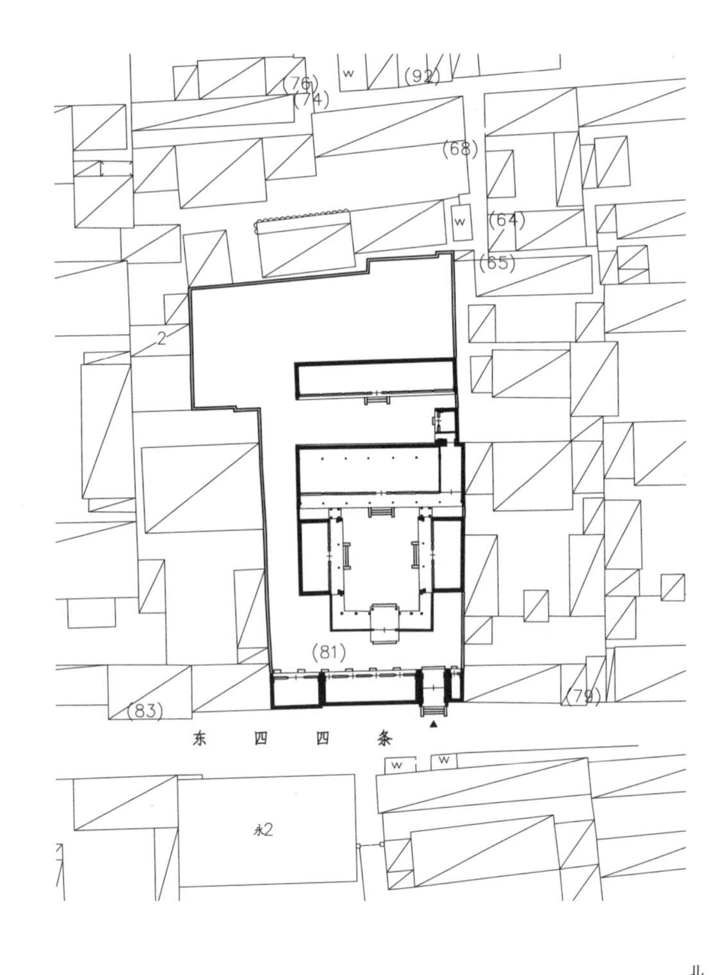

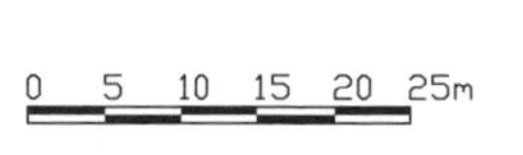

东四四条81号

门墩

装修，各间装修均已改为现代门窗。正房东尽间辟为过道，可通三进院，前后檐保存部分隔扇装修，卧蚕步步锦棂心。东西厢房各三间，硬山顶，过垄脊合瓦屋面，前檐已改为现代装修。三进院正房七间，已改为机瓦屋面，前檐已改为现代装修。东侧平顶厢房两间，前檐已改为现代装修。三进院后还有较大空间，但现存建筑均为新建。

一进院正房

二进院正房彩画

三进院东侧平顶厢房

二进院西厢房

东四四条83号

位于东城区东四街道，清代建筑。该院原为明、清两代宝泉局东作厂，现为居民院。

该院坐北朝南，分东西两路。院落东南隅开大门一座，为三间一启门形式，硬山顶，过垄脊合瓦屋面，披水排山，檐下施苏式彩画及箍头彩画，素面走马板，梅花形门簪四枚，红漆板门两扇，门钹一对，门包叶一副，门枕石一对。门内迎门一字影壁一座，方砖硬影壁心。大门西侧倒座房十三间，前出廊，硬山顶，过垄脊，已改为机瓦屋面，前檐已改为现代装修，后檐为封后檐形式。一进院北房十三间，明间辟为过厅，前后出廊，硬山顶，过垄脊合瓦屋面，披水排山，前后檐均已改为

大门

门内影壁

一进院正房

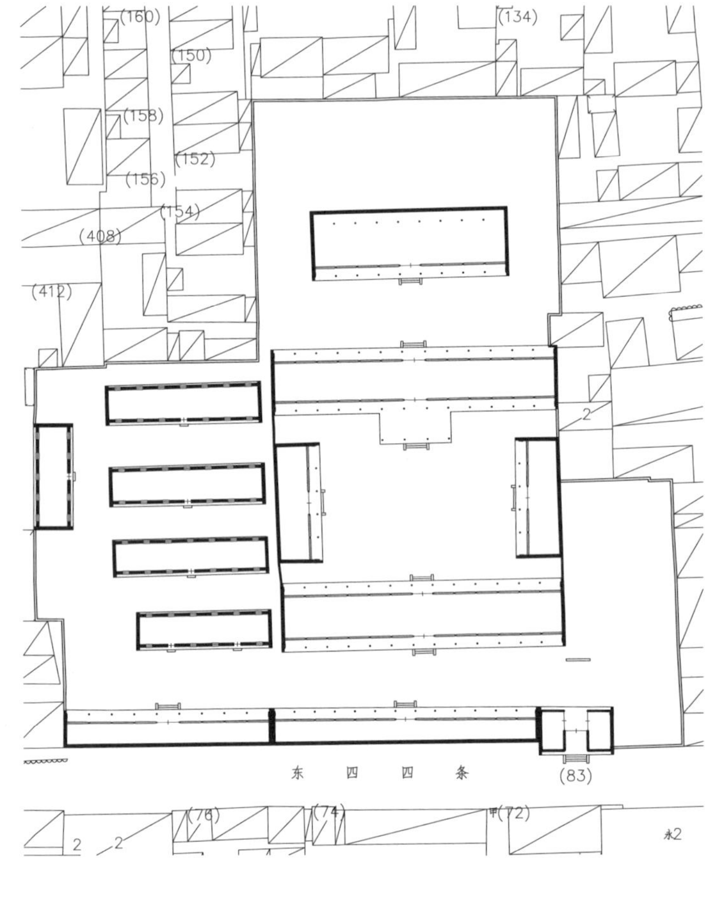

东四四条83号

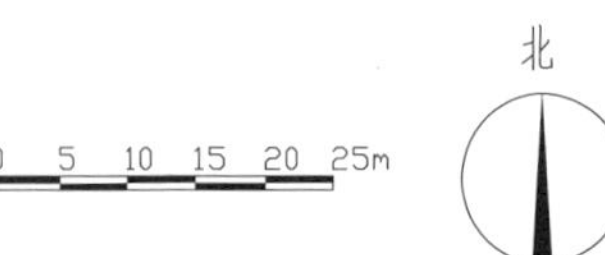

现代装修。二进院北房十三间，前后出廊，硬山顶，过垄脊合瓦屋面，披水排山，明间辟为过厅，前带抱厦三间，硬山顶，过垄脊合瓦屋面，披水排山，前檐已改为现代装修。东西厢房各五间，前出廊，硬山顶，过垄脊合瓦屋面，前檐已改为现代装修。三进院北房九间，前后廊，硬山顶，过垄脊合瓦屋面，前檐已改为现代装修。西路北房四排，其中第一排为六间，其余三排为七间，均为硬山顶，合瓦屋面，前檐均已改为现代装修。院落西侧另有平顶西房五间。

二进院正房及抱厦

三进院正房

二进院西厢房

西路四排房南二

东四四条85号

位于东城区东四街道，清代至民国时期建筑，现为居民院。

该院坐北朝南，东西两路，三进院落。院落东南隅开大门一间，原为广亮大门形式，现改为如意大门形式，清水脊合瓦屋面，脊饰花盘子，墀头、戗檐及门头均装饰有精美砖雕；檐下绘箍头彩画，朱漆板门两扇，门联曰“敷天笋福，寰海镜清”，门钹一对，门包叶一副，圆形门墩一对，前出如意踏跺五级。大门两侧有上马石。大门内东墙开门与门房相通，后檐柱间饰步步锦棂心倒挂楣子。门内迎门有一字影壁一座，筒瓦屋面，大门内两侧有屏门，铁制仿筒瓦屋面。大门东侧门房两间，西侧倒座房十二间，均为硬山顶，鞍子脊合瓦屋面，檐下施箍头彩

如意大门

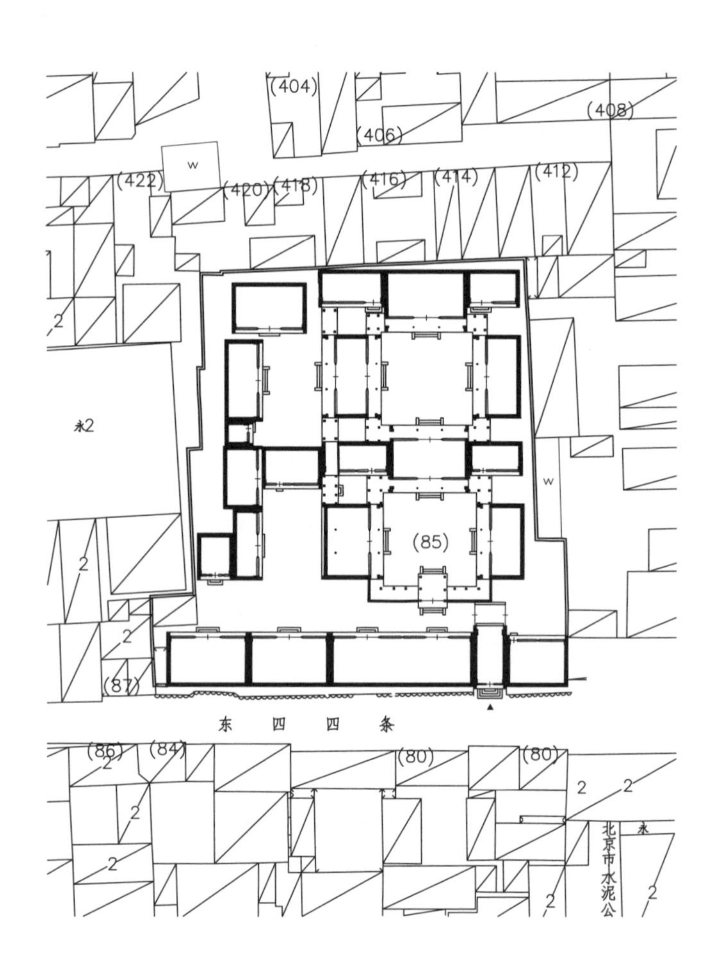

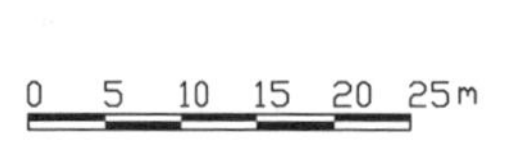

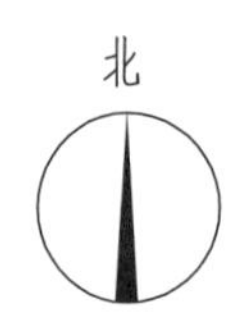

东四四条85号

拴马桩

旗杆石

画，前檐仅保留一小部分原始装修，其余已改为现代装修，后檐墙内嵌拴马桩。倒座房最西侧一间，原开有门，现已封堵，在其西侧另开有旁门一间，西洋式平券门，门上装饰有三角山花，现已封堵。东路一进院北侧有一殿一卷式垂花门一座，现已改为机瓦屋面，檐下施苏式彩画及箍头彩画，梅花形门簪两枚；垂花门两侧接看面墙。二进院正房三间，前后出廊，硬山顶，过垄脊合瓦屋面，披水排山，檐下施箍头彩画，前檐已改为现代装修。正房东西耳房各两间，硬山顶，过垄脊合瓦屋面，其中西耳房西侧半间辟为过道，可通三进院。东厢房三间，前出廊，西厢房三间，前后廊，均为硬山顶，过垄脊筒瓦屋面，披水排山。西厢房檐下施苏式彩画及箍头彩画，前檐已改为现代装修。院内各房有抄手游廊相连。三进院正房三间，前出廊，硬山顶，过垄脊筒瓦屋面，披水排山，前檐已改为现代装修。正房东西耳房各两间，硬山顶，过垄脊合瓦屋面。东厢房三间，前出廊，西厢房三间，前后出廊，均为硬山顶，过垄脊筒瓦屋面，披水排山。西厢房檐下施苏式彩画及箍头彩画，前檐均已改为现代装修，院内各房有抄手游廊相连。

西路一进院西侧有北房一间，硬山顶，过垄脊合瓦屋面，披水排山。二进院北房两间，平顶，为后期添建。西厢房三间，过垄脊合瓦屋面。西厢房北侧另有西房三间，硬山顶，过垄脊合瓦屋面，明间建有气窗。三进院正房三间，硬山顶，过垄脊合瓦屋面。西厢房三间，硬山顶，过垄脊合瓦屋面，南侧耳房一间。院内各间房屋前檐均已改为现代装修。

垂花门彩画

大门象眼砖雕

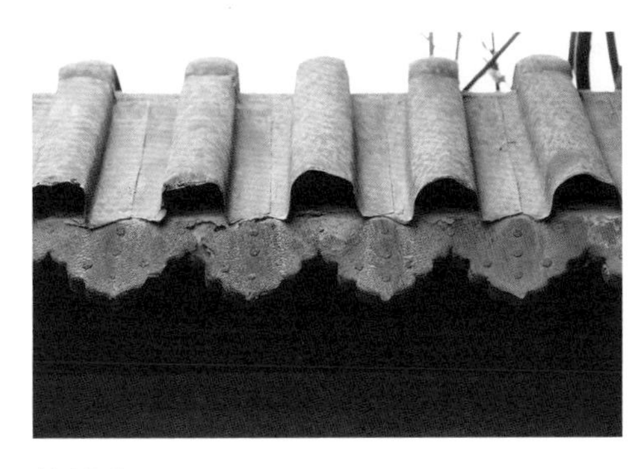
铁滴水

旁门

西侧屏门

垂花门

东路三进院正房

东路二进院东厢房

西路二进院东厢房北侧平顶游廊

东路二进院西厢房彩画

西路三进院正房

东路二进院西厢房北侧游廊

东四五条85号

位于东城区东四街道，民国时期建筑，该院原为商人焦家住宅，现为居民院。

该院坐北朝南，三进院落。院落东南隅开如意大门一间，硬山顶，清水脊合瓦屋面，脊饰花盘子，门头海棠池素面栏板装饰，梅花形门簪两枚，红漆板门两扇，门包叶一副。大门东侧门房一间，西侧倒座房四间，均为硬山顶，过垄脊合瓦屋面，前檐已改为现代装修。一进院内原有二门，现已拆除。二进院正房五间为过厅，前后出廊，硬山顶，过垄脊合瓦屋面，前檐已改为现代装修。东西厢房各三间，前出廊，硬山顶，过垄脊合瓦屋面，前檐已改为现代装修。三进院后罩房五间，前出廊，硬山顶，过垄脊合瓦屋面，前檐已改为现代装修。

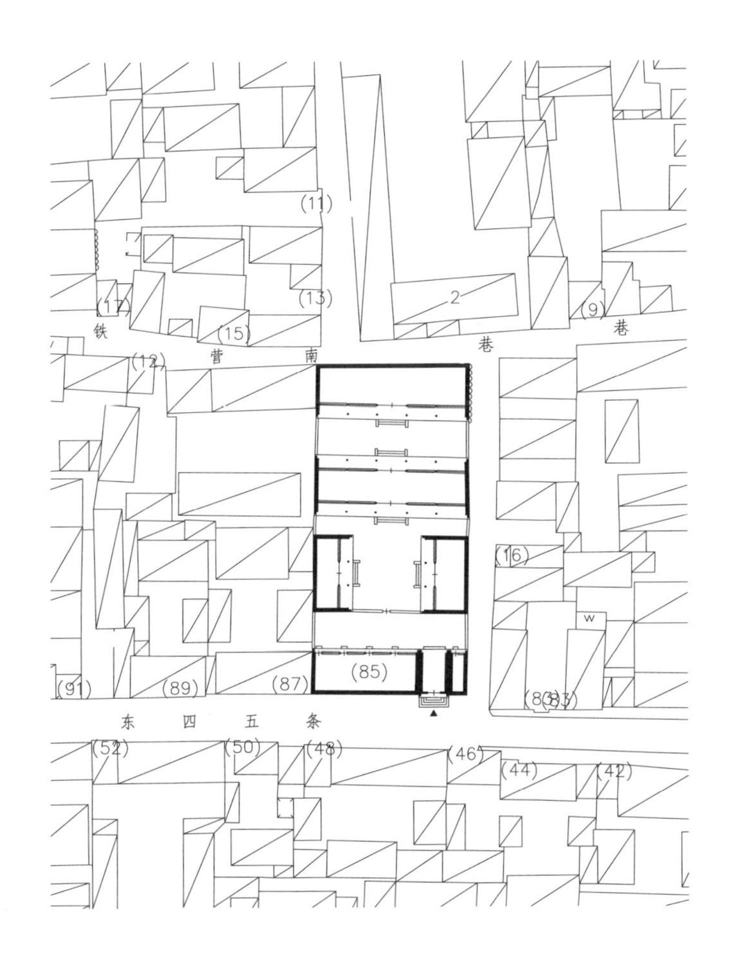

东四五条85号

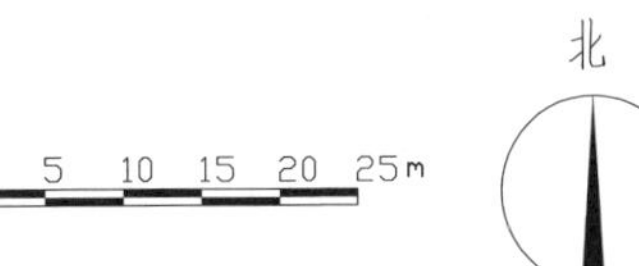

如意大门

大门博缝头砖雕

倒座房

二进院西厢房

三进院后罩房

二进院正房

东四五条91号

位于东城区东四街道，民国时期建筑，现为居民院。

该院坐北朝南，两进院落。院落东南隅开蛮子大门一间，硬山顶，过垄脊筒瓦屋面，披水排山，素面走马板，红漆板门两扇，两侧带余塞板。大门西侧倒座房四间，为原址翻改建。二进院正房五间半，前出廊，硬山顶，过垄脊合瓦屋面，前檐已改为现代装修。南房五间半为过厅，前出廊，硬山顶，过垄脊合瓦屋面，前檐已改为现代装修。东西厢房各三间，前出廊，硬山顶，过垄脊合瓦屋面，部分改为机瓦屋面，前檐已改为现代装修。二进院内各房彼此相连，呈口字形。

蛮子大门

二进院南房

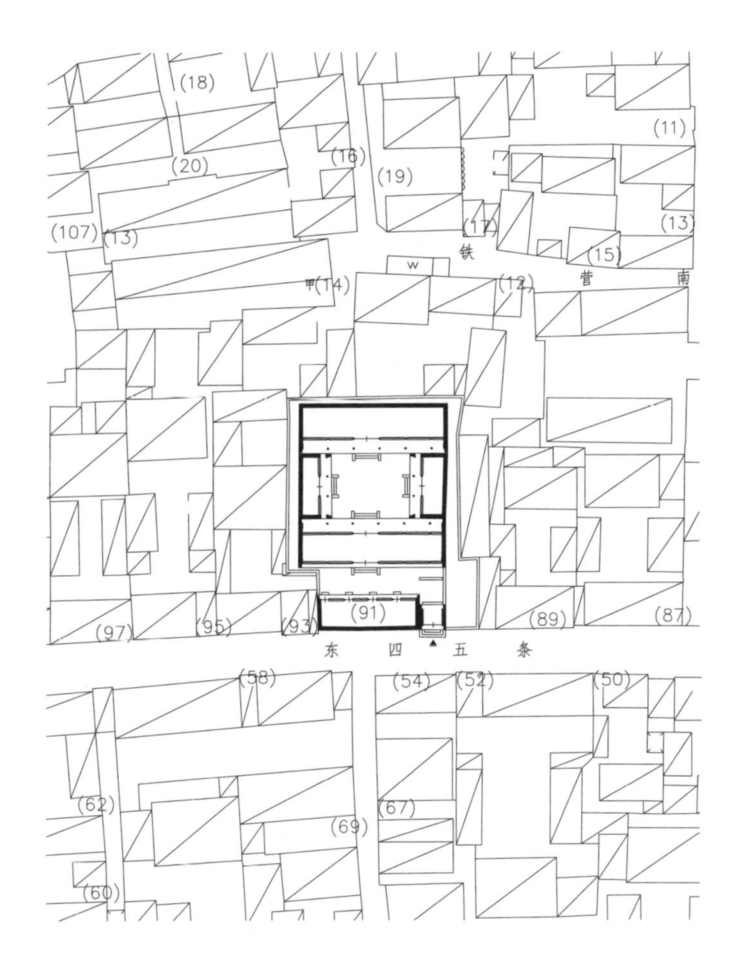

东四五条91号

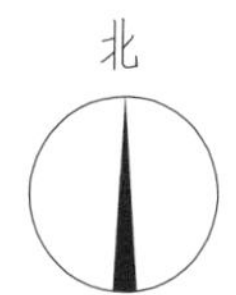

二进院正房

东四五条129号

位于东城区东四街道，民国时期建筑，现为居民院。

该院坐北朝南，两进院落。院落东南隅开金柱大门一间，硬山顶，过垄脊合瓦屋面，檐下施箍头彩画，前檐柱间饰彩色雕花雀替，素面走马板，梅花形门簪两枚，红漆板门两扇，门钹一对，两侧带余塞板，圆形门墩一对。大门后檐柱间饰步步锦棂心倒挂楣子。门内迎门座山影壁一座，套沙锅套花瓦装饰，抹灰软影壁心，砖砌撞头。大门西侧倒座房三间半，硬山顶，过垄脊合瓦屋面，前檐东侧第二间做夹门窗装修，其余各间下为槛墙、上为支摘窗，保存部分十字方格棂心。一进院内原有二门，现已拆除。二进院正房四间，前出廊，平顶屋面，前檐饰素面木挂檐板，西侧第二间做夹门窗装修，其余各间下为槛墙、上为支摘窗，棂心后改。正房西侧平顶耳房一间，前檐已改为现代装修。东西厢房各三间，平顶屋面，前檐饰素面木挂檐板，前檐明间夹门窗，次间下为槛墙、上为支摘窗（部分已改），夹杆条玻璃屉棂心。

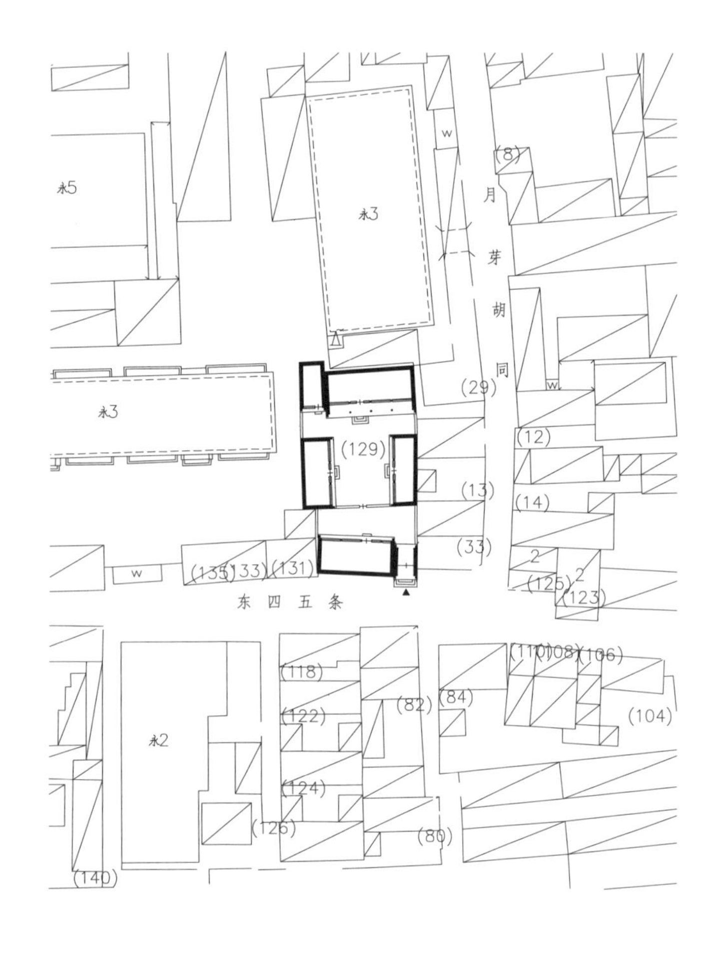

东四五条129号

金柱大门

大门圆形门墩

倒座房

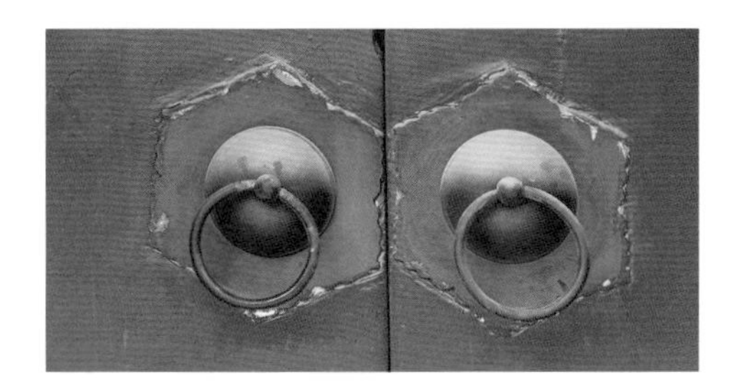

门钹

正房

东厢房

东四六条3号

位于东城区东四街道，民国时期建筑，现为居民院。

该院坐北朝南，两进院落。原有大门一间，清水脊合瓦屋面，脊饰花盘子，现已封堵。倒座房五间，鞍子脊合瓦屋面，其东梢间现辟半间为门道，红漆板门两扇，前檐已改为现代装修。一进院正房五间，明间辟为过道，硬山顶，合瓦屋面，前檐已改为现代装修。二进院正房三间，前出廊，硬山顶，清水脊合瓦屋面，脊饰花盘子，前檐已改为现代装修。正房两侧耳房各两间，硬山顶，合瓦屋面，前檐已改为现代装修。东西厢房各三间，硬山顶，鞍子脊合瓦屋面，前檐已改为现代装修。

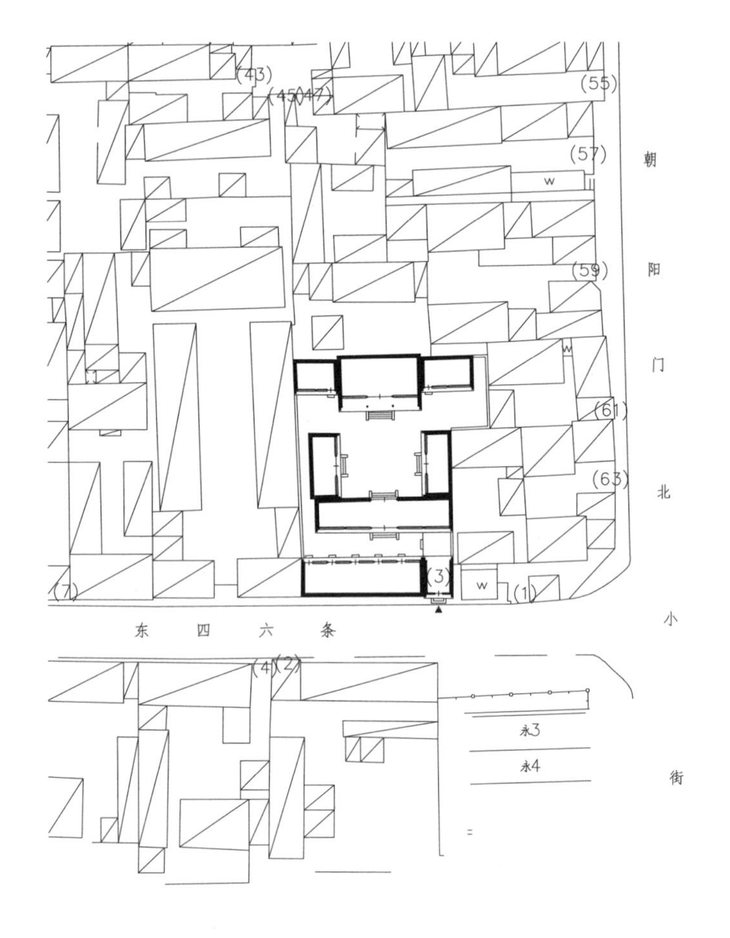

东四六条3号

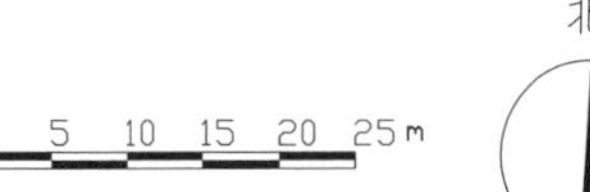

倒座房

二进院西厢房

一进院正房

二进院正房

东四六条13号、石桥东巷18号

位于东城区东四街道，清代晚期建筑，现为居民院。

该院坐北朝南，三进院落。院落东南隅开如意大门一间，硬山顶，清水脊合瓦屋面，脊饰花盘子，门头套沙锅套花瓦装饰，梅花形门簪两枚，板门两扇，门包叶一副，前出踏跺三级。大门东侧门房一间，西侧倒座房五间，已改为机瓦屋面，墙体改红机砖砌筑，前檐已改为现代装修。一进院北侧有一殿式垂花门一座，筒瓦屋面，檐下施苏式彩画，垂莲柱头，梅花形门簪两枚，双扇板门遗失，两侧带余塞板，后檐折柱间饰花板，现已遗失。二进院正房三间，前出廊，硬山顶，清水脊合瓦屋面，脊饰花盘子，前檐已改为现代装修。正房两侧耳房各两间，硬山

如意大门

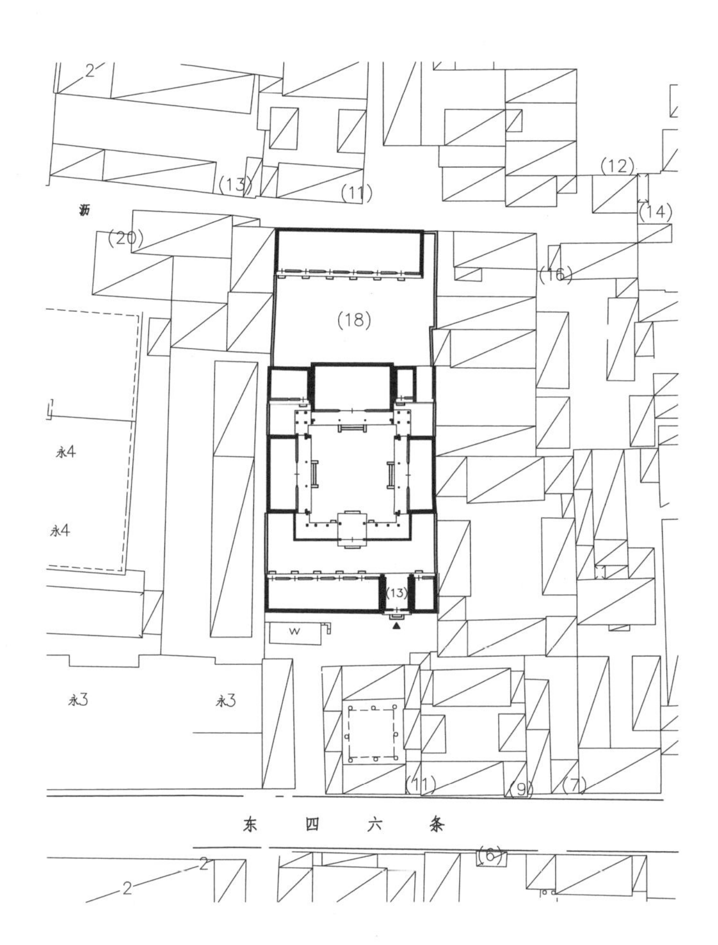

大门方形门墩

东四六条13号、石桥东巷18号 0 5 10 15 20 25m

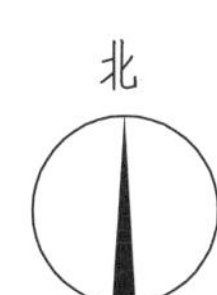

顶，合瓦屋面，其东耳房东侧一间辟为门道，已改为机瓦屋面，前檐均已改为现代装修。东西厢房各三间，前出廊，硬山顶，过垄脊合瓦屋面，前檐已改为现代装修。院内各房与垂花门间原有游廊相连，现已拆除。三进院需从石桥东巷18号进入，后罩房六间，已改为机瓦屋面。

垂花门

二进院正房东耳房

二进院东厢房

东四六条19号

位于东城区东四街道，民国时期建筑，现为居民院。

该院坐北朝南，一进院落。院落东南隅开如意大门一间，硬山顶，清水脊合瓦屋面，脊饰花盘子，戗檐及博缝头装饰精美砖雕，门头雕花栏板装饰，红漆板门两扇，门联曰“忠厚传家久，诗书继世长”。门钹一对，方形门墩一对，雕刻素面海棠池图案。大门西侧倒座房四间，硬山顶，鞍子脊合瓦屋面，前檐已改为现代装修，后檐为冰盘檐封后檐形式。院内正房三间，前出廊，硬山顶，清水脊合瓦屋面，前檐已改为现代装修。正房两侧耳房各一间，现东耳房已拆改。东厢房三间，已翻建。西厢房三间，硬山顶，鞍子脊合瓦屋面，前檐已改为现代装修。

如意大门

大门栏板砖雕

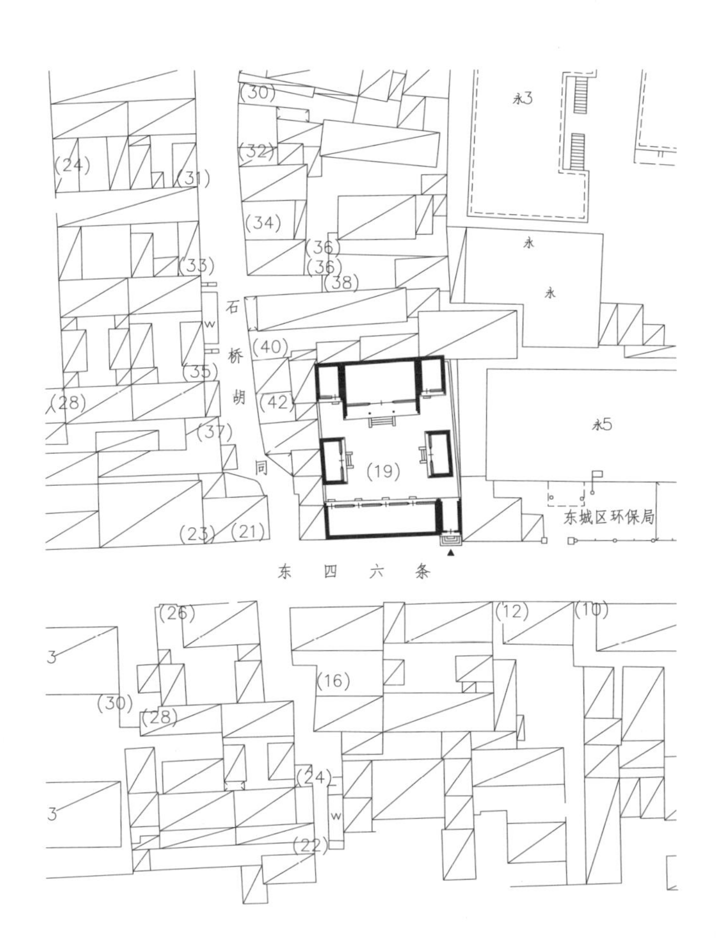

东四六条19号

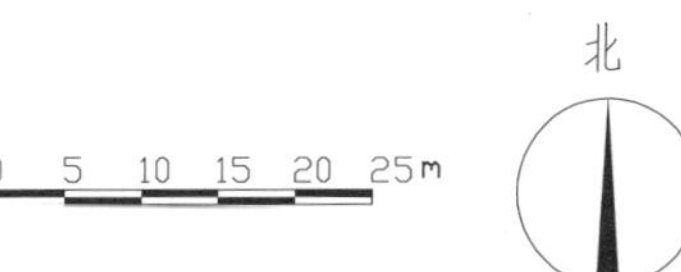

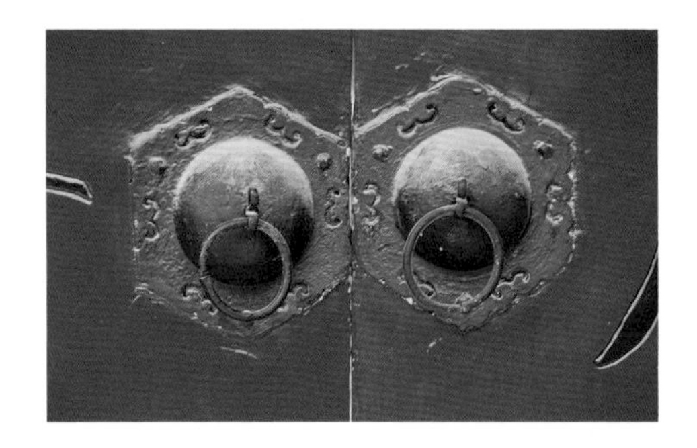

门钹

大门戗檐雕花

大门方形门墩

正房

东四六条55号

位于东城区东四街道，清代晚期建筑。新中国成立后著名爱国人士"七君子"之一沙千里先生曾寓居于此。1986年，由东城区人民政府公布为东城区文物保护单位。

沙千里（1901—1982年），原名重远，曾用名仲渊，原籍江苏苏州，上海人。青年时期的他积极要求进步，探索救国救民的道路，曾主编《青年之友》杂志。抗战期间他曾积极参加中国共产党领导的抗日救亡运动。解放战争期间，沙千里筹建了救国会的上海组织，积极推动民主运动。新中国成立后，他先后担任贸易部副部长、商业部副部长、地方工业部部长、轻工业部部长、中华全国工商业联合会秘书长等职。1982年，因病在北京逝世。

原广亮大门

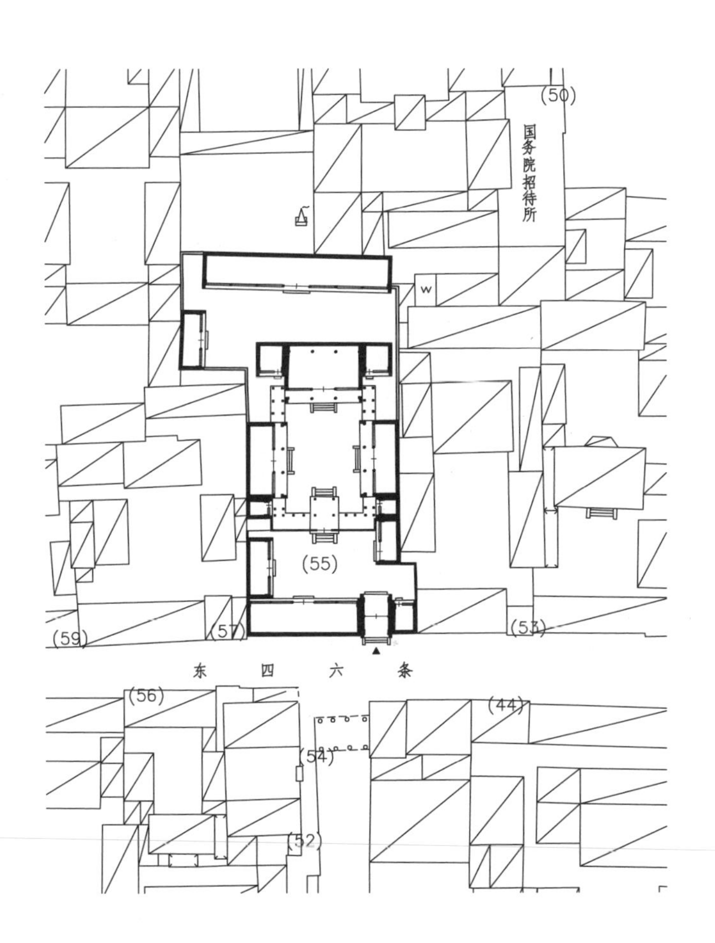

现大门

东四六条 55号

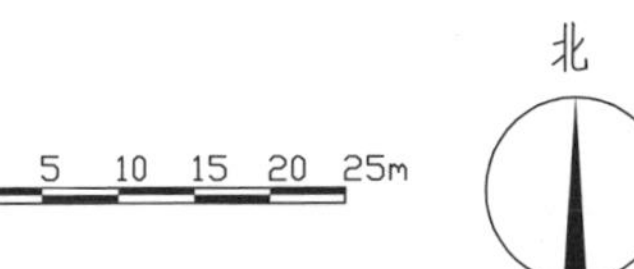

该院坐北朝南，三进院落。院落东南隅开广亮大门一间，硬山顶，原为清水脊合瓦屋面，现改为调大脊筒瓦屋面。门内迎门一字影壁一座。大门东侧门房一间，西侧倒座房五间，原为硬山顶，清水脊合瓦屋面，现已翻建。一进院东厢房两间，西厢房三间，均为硬山顶，过垄脊合瓦屋面，前檐已改为现代装修。一进院北侧有一殿一卷式垂花门一座，悬山顶，前卷为清水脊筒瓦屋面，后卷为卷棚顶筒瓦屋面，方形垂柱头，垂柱间饰雀替，方形门墩一对；垂花门后檐屏门四扇。垂花门两侧接看面墙。二进院正房三间，前后廊，硬山顶，清水脊合瓦屋面，前檐明间夹门窗，次间下为槛墙、上为支摘窗，盘长如意棂心，明间前出垂带踏跺四级。正房两侧耳房各一间，硬山顶，过垄脊合瓦屋面。东西厢房各三间，前出廊，硬山顶，原为清水脊合瓦屋面，现改为过垄脊合瓦屋面，披水排山，前檐明间原为隔扇及风门，次间下为槛墙、上为支摘窗，灯笼锦棂心。厢房南侧各带厢耳房一间。四周的抄手游廊，廊柱间带倒挂楣子、坐凳楣子。三进院有后罩房七间，西侧有厢房三间，建筑均为清水脊合瓦屋面，前檐已改为现代装修。

一字影壁

垂花门、游廊及西厢房

垂花门

二进院正房廊心墙砖雕

二进院正房

东四六条61号

位于东城区东四街道，民国时期建筑，现为居民院。

该院坐北朝南，一进院落。院落东南隅开如意大门一间，硬山顶，清水脊合瓦屋面，脊饰花盘子，戗檐砖雕花卉图案，栏板雕刻博古图案，望柱雕刻花卉图案，门楣雕刻花卉图案，梅花形门簪两枚，红漆板门两扇，门钹一对，门包叶一副，方形门墩一对，前出如意踏跺三级。大门内象眼雕刻博古图案，后檐柱间饰步步锦棂心倒挂楣子及透雕花牙子。大门西侧倒座房四间，硬山顶，过垄脊合瓦屋面，前檐已改为现代装修。正房三间，前出廊，硬山顶，鞍子脊合瓦屋面，博缝头砖雕“万事如意”图案，前檐已改为现代装修。正房东侧耳房一间，已改为机瓦屋面，前檐已改为现代装修。东西厢房各三间，硬山顶，鞍子脊合瓦屋面，前檐已改为现代装修。

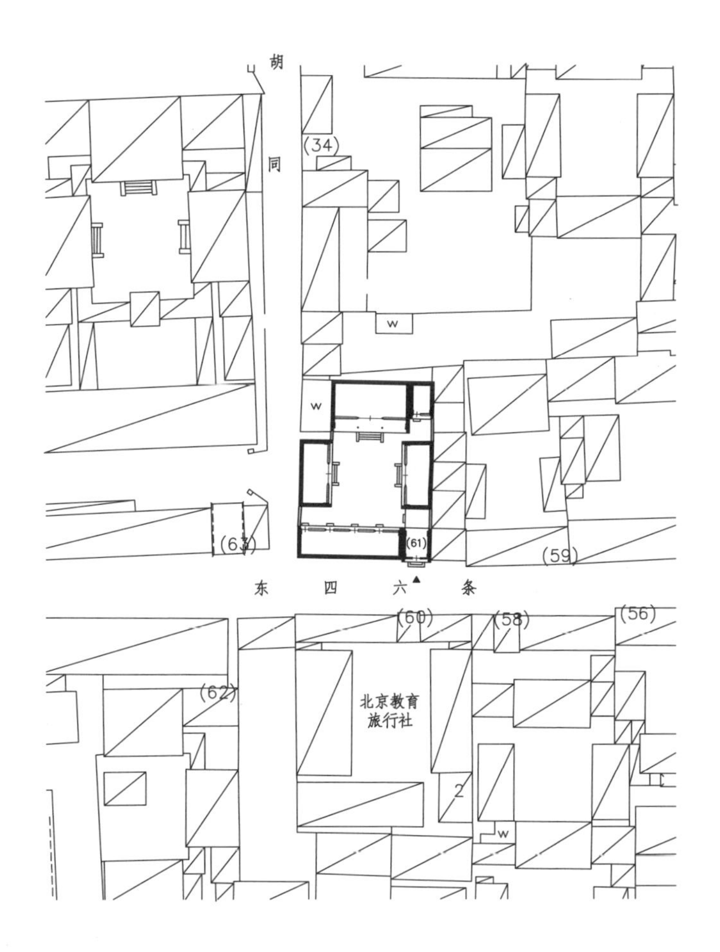

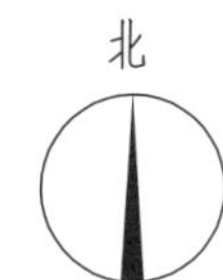

东四六条 61号

如意大门

门钹

门头装饰

大门西侧戗檐砖雕

正房

大门方形门墩

大门象眼雕刻

东厢房

崇礼住宅（东四六条63号、65号）

位于东城区东四街道，清代晚期建筑。该院建于清光绪年间，原为大学士崇礼宅邸，现为单位宿舍。1988年，由国务院公布为全国重点文物保护单位。

崇礼（？—1907年），字受之，汉军正白旗人。咸丰七年（1857年）入朝为官，先后任清漪园苑丞，内务府大臣，粤海关监督，内阁学士，刑部尚书兼步军统领等职，光绪二十六年（1900年）被授予东阁大学士转文渊阁大学士，光绪三十三年（1907年）卒。崇礼任粤海关总督时，大肆搜刮，积财无数，极有富名。回京后又大建宅邸，屋宇华丽，是官宅中除王府外的佼佼者。东院及花园原为崇礼居所，西宅先后为崇礼弟兄和崇礼之侄、江宁织造存恒所居。此宅建成不久，逢八国联军入侵，即为洋兵所据，民国后又几度转手。1935年，二十九军军长宋哲元部下师长刘汝明买下这所宅院后，又重新修葺。抗日战争时期，该处又为伪新民会会长张燕卿（清末大学士张之洞之子）所购。

该院坐北朝南，占地面积9858平方米，分东中西三路院，东、西两路为住宅区，中路为花园。

东路，现为63号，四进院落，院落东南隅开广亮大门一间，硬山

东路广亮大门

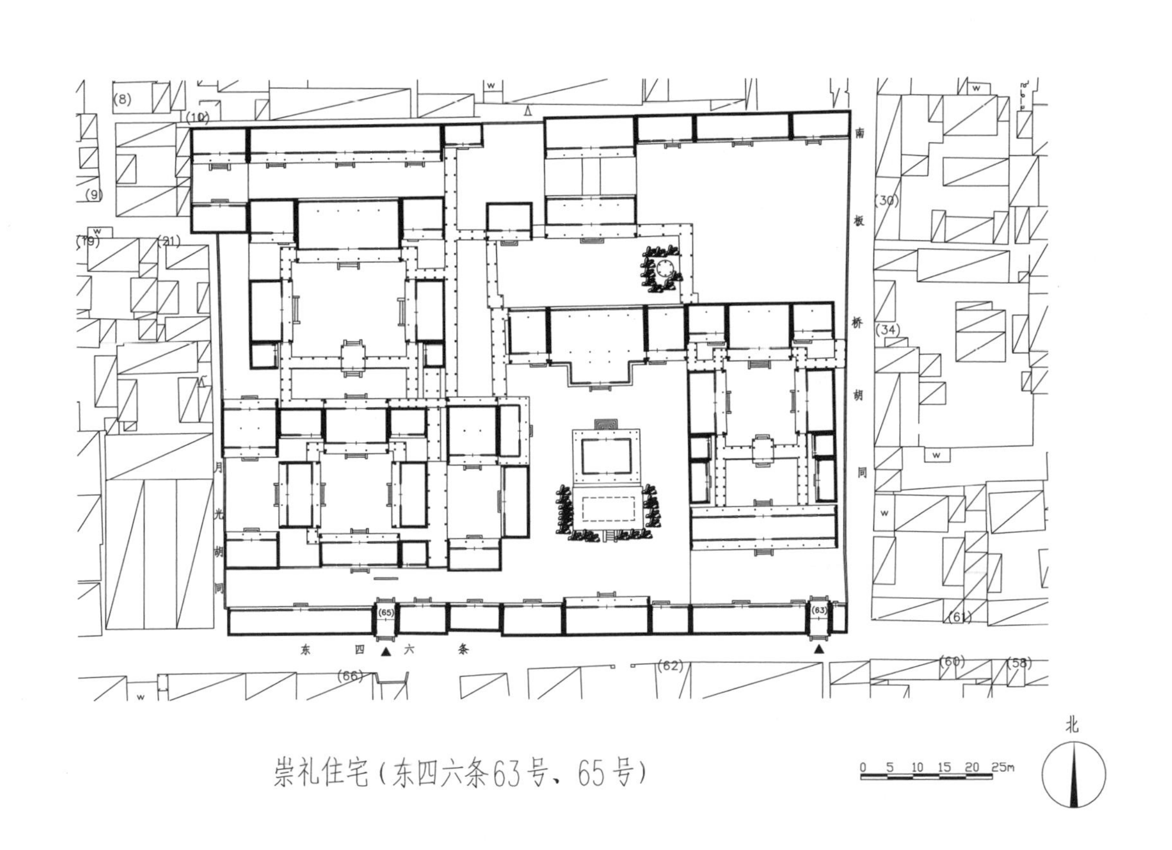

崇礼住宅（东四六条63号、65号）

东路大门圆形门墩

顶，清水脊合瓦屋面。梅花形门簪四枚，现存两枚，红漆板门两扇，两侧带余塞板，圆形门墩一对。大门东侧门房一间，西侧倒座房六间，均为硬山顶，清水脊合瓦屋面；后檐为鸡嗉檐封后檐形式，开灯笼锦与步步锦棂心方窗共七个。一进院过厅九间，前后出廊，硬山顶，过垄脊合瓦屋面，铃铛排山；前檐柱间饰卧蚕步步锦倒挂楣子；明间辟为过道，六角井嵌玻璃棂心夹门窗装修，上带卧蚕步步锦棂心横披窗，其余各间下为槛墙，上为十字方格棂心窗；明间前后各出垂带踏跺三级。二进院东西配房各三间，硬山顶，过垄脊合瓦屋面。东、西配房前建有四檩卷棚游廊，筒瓦屋面，现已改为住房。二进院北侧一殿一卷式垂花门一座，前卷为清水脊筒瓦屋面，后卷为过垄脊筒瓦屋面，垂花门

东路一进院过厅

东路大门东侧门房

东路二进院垂花门看面墙砖雕

东路三进院正房

柱头与花板装饰现已遗失，梅花形门簪四枚，方形门墩一对，前后均出如意踏跺三级。垂花门两侧接看面墙，筒瓦屋面，冰盘檐，连接处装饰有精美砖雕，做方砖硬心影壁形式。三进院正房三间，前后廊，硬山顶，过垄脊合瓦屋面，铃铛排山；前檐明间为灯笼锦嵌菱形棂心隔扇及风门，上带卧蚕步步锦棂心横披窗，次间已改为现代装修；明间前出垂带踏跺三级。正房东西两侧耳房各两间，前后廊，硬山顶，过垄脊合瓦屋面，前檐为工字卧蚕步步锦棂心门窗。东西厢房各三间，前出廊，硬山顶，过垄脊合瓦屋面，铃铛排山，前檐明间为五抹隔扇及风门，灯笼锦嵌菱形棂心，上带卧蚕步步锦棂心横披窗，次间已改为现代装修；明间前出垂带踏跺三级。东西厢房南侧耳房各一间，其中北半间开门，硬山顶，过垄脊合瓦屋面，装修不详。院内各房有四檩卷棚抄手游廊相连，筒瓦屋面，柱间饰坐凳楣子、墙上开冰裂纹什锦窗。四进院后罩房十一间，中间五间，两侧各三间，均为硬山顶，清水脊合瓦屋面，前檐已改为现代装修。

中路，共三进院落。原大门面阔五间，硬山顶，过垄脊合瓦屋面，披水排

东路二进院垂花门

东路三进院窝角廊

东路三进院正房明间装修

东路三进院东厢房

中路原大门

山，现已封堵改成住房。大门东侧倒座房两间，硬山顶，过垄脊合瓦屋面；西侧三间，硬山顶，清水脊合瓦屋面；前檐均已改为现代装修。一进院原为一座花园，门内迎门为一座水池，池边堆砌叠石，假山上植松柏，现水池已填平。水池后建有敞轩三间，有回廊围绕，歇山顶，六檩卷棚筒瓦屋面，明、次间除保留灯笼锦棂心横披窗外，其余已改为现代装修；明间前出后砌水泥踏跺七级。敞轩北侧大戏台五间，过垄脊合瓦屋面，铃铛排山；明、次间前出悬山顶六檩卷棚抱厦三间，铃铛排山；檐下施箍头彩画，前檐明间为夹门窗，其余各间已改为现代装修；戏台背立面接平顶廊，饰素面木挂檐板，已改为现代装修。戏台东西两侧耳房各两间，硬山顶，过垄脊合瓦屋面，铃铛排山；檐下施箍头彩画，前后檐均已改为现代装修。西房五间，歇山顶，过垄脊合瓦屋面，铃铛排山。二进院有正房五间，前出廊，硬山顶，过垄脊合瓦屋面，铃铛排山，前檐明间为五抹隔扇及风门，次间下为槛墙、上为十字方格棂心窗，明间前出踏跺四级。正房西侧北房三间，前出廊，硬山顶，过垄脊合瓦屋面，前檐明间为五抹隔扇及风门，次间为十字方格棂心窗，明间前出踏跺四级。院落东侧有叠石假山一座，上建圆形攒尖顶凉亭一座。院内东西两侧有游廊，筒瓦屋面，已改为现代装修。三进院原正房五间，硬山顶，过垄脊筒瓦屋面，披水排山，前檐已改为现代装修。该房原为祠堂。堂前原有一牌坊门，现仅存门枕石一对。

西路，现为65号，五进院落。院落东南隅开广亮大门一间，硬山顶，清水脊合瓦屋面，脊饰花盘子；前檐柱间饰蕃草纹雀替，梅花形门簪四枚，红漆板门两扇，两侧带余塞板，圆形门墩一对，前出踏跺三级。大门外八字影壁一座，过垄脊筒瓦屋面，下饰两层砖檐，硬影壁心，两侧采用砖砌撞头。门内迎门一字影壁一座，硬山顶，过垄脊筒瓦屋面，下饰冰盘砖檐，硬影壁心，中心雕刻有匾额式图案，今已毁坏。大门东侧门房三间，已改为机瓦屋面，前檐已改为现代装修，后檐为菱角檐封后檐形式，开灯笼锦棂心方窗三个。大门西侧倒座房九间，硬山顶，清水脊合瓦屋面，前檐已改为现代装修，后檐为

中路一进院正房

中路一进院东房侧立面

中路一进院正房东侧耳房

中路戏台横披窗装修

中路二进院西侧北房

中路戏台

中路二进院正房

西路广亮大门

鸡嗉檐封后檐形式，开灯笼锦棂心方窗九个。二进院原有南房五间，前出廊，硬山顶，过垄脊合瓦屋面，为过厅形式，现改建为九间。二进院有正房三间，为过厅，前后出廊，硬山顶，过垄脊合瓦屋面。前檐明间为五抹隔扇及风门，次间为十字方格棂心窗；明间前出垂带踏跺三级。正房东西耳房各两间，硬山顶，过垄脊合瓦屋面，披水排山，前檐已改为现代装修；东耳房东间辟为门道，柱间饰套方十字方格棂心倒挂楣子，穿插当也作雕花图案。东厢房三间，前出廊，硬山顶，过垄脊合瓦屋面，前檐明间为隔扇及风门，次间为十字方格棂心窗；明间前出垂带踏跺三级。西厢房三间，前后出廊，为过厅形式，可通西侧跨院；前檐装修形式同东厢房，后檐已改为现代装修。院内各房有四檩卷棚抄手游廊相连，筒瓦屋面，廊柱间饰卧蚕步步锦棂心倒挂楣子。二进院东西两侧各有一跨院，东跨院北房三间，两卷勾连搭形式，过垄脊合瓦屋面，前檐已改为现代装修。南房三间，前出廊，过垄脊合瓦屋面，现装修已推出，明间为隔扇及风门，次间为十字方格棂心窗。东房三间，硬山顶，过垄脊合瓦屋面，前檐已改为现代装修。东跨院与主院间有平顶廊相连，饰素面木挂檐板。西跨院内北房三间，为两卷勾连搭形式，过垄脊合瓦屋面，前檐已改为现代装修。南房三间，前出廊，硬山顶，过垄脊合瓦屋面，前檐已改为现代装修。三进院北侧有一殿一卷式垂花门一座，现已被封堵。四进院正房五间，前后廊，硬山顶，过垄脊合瓦屋面，铃铛排山。前檐明间为十字方格棂心夹门窗，次、梢间为金线如意棂心窗；明间前出垂带踏跺四级。正房东西耳房各两间，前出廊，硬山顶，过垄脊合瓦屋面，前檐为金线如意棂心门窗。东西厢房各三间，硬山顶，过垄脊合瓦屋面，披水排山；前檐明间为隔扇及风门，次间为十字方格棂心窗。东西厢房南侧耳房各一间，硬山顶，过垄脊合瓦屋面。院内各房有四檩卷棚抄手游廊相连，筒瓦屋面，墙上开冰裂纹的什锦窗。五进院后罩房十二间，前出廊，硬山顶，清水脊合瓦屋面，明间及东西两侧第二间开门；前檐各门为隔扇及风门形式，裙板雕刻“五蝠捧寿”图案，其余各间为金线如意棂心窗。后罩房东侧耳房三间，硬山顶，清水脊合瓦屋面，前檐已改为现代装修。五进院西侧带一跨院，北房三间，前出廊，硬山顶，过垄脊合瓦屋面，铃铛排山，装修现已推出，已改为现代门窗。南房三间，硬山顶，过垄脊合瓦屋面，前檐已改为现代装修。

西路大门圆形门墩

西路一进院一字影壁

西路二进院东跨院南房

西路大门前八字影壁

西路二进院西厢房

西路二进院正房

西路五进院西跨院北房

西路五进院后罩房局部装修

西路三进院垂花门背立面

西路四进院正房

隔扇门裙板与绦环板装饰

西路四进院正房东侧耳房

西路四进院西厢房

东四六条77号

位于东城区东四街道，清代晚期建筑，现为居民院。

该院坐北朝南，一进院落。院落东南隅开如意大门一间，硬山顶，清水脊合瓦屋面，脊饰花盘子，红漆板门两扇，梅花形门簪两枚，门内象眼装饰刻花图案，后檐柱间饰步步锦棂心倒挂楣子及透雕花牙子。大门西侧倒座房四间，硬山顶，鞍子脊合瓦屋面，前檐已改为现代装修。正房三间，硬山顶，清水脊合瓦屋面，脊饰花盘子，前檐已改为现代装修。正房东西耳房各一间，硬山顶，已改为机瓦屋面，前檐已改为现代装修。东西厢房各三间，硬山顶，过垄脊合瓦屋面，东厢房已改为机瓦屋面，前檐均已改为现代装修。

如意大门

大门后檐倒挂楣子

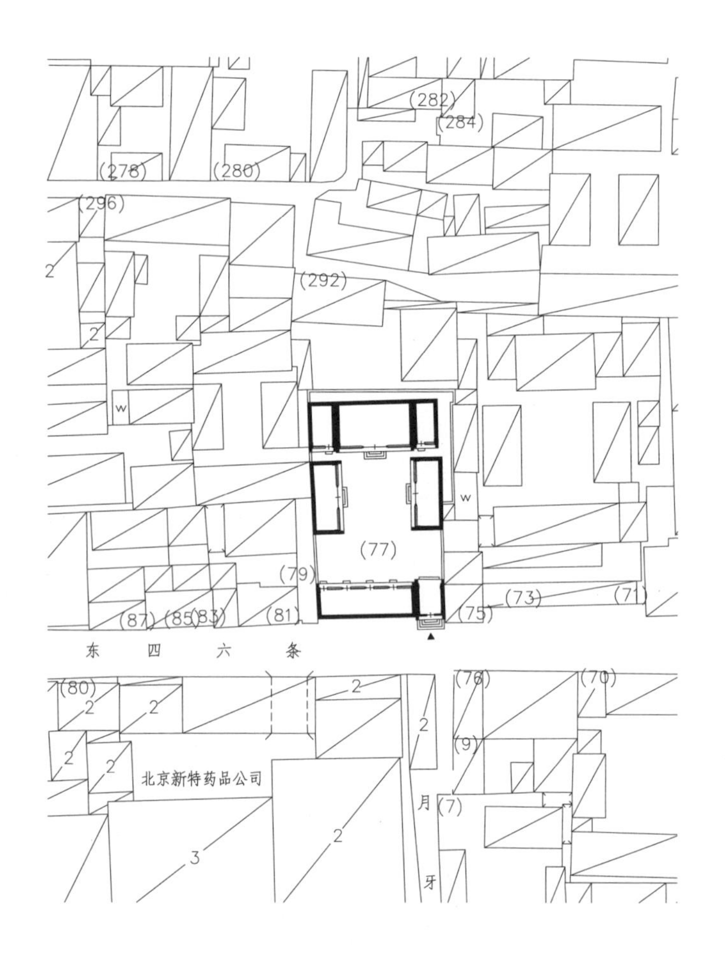

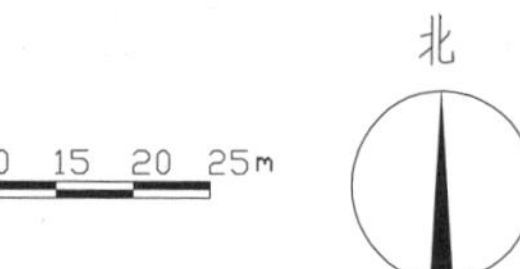

东四六条77号

倒座房

西厢房

象眼砖雕

正房

东四六条22号

位于东城区东四街道，民国时期建筑，现为居民院。

该院坐南朝北，两进院落。院落东北隅开平顶小门楼一座，东向，门头套沙锅套花瓦装饰，梅花形门簪两枚，红漆板门两扇。一进院东侧南房两间，硬山顶，合瓦屋面，西侧间辟门，前檐已改为现代装修。二进院北房三间，硬山顶，鞍子脊合瓦屋面，明间辟为门道，前檐已改为现代装修。北房东西耳房各一间，现已翻建。南房三间，硬山顶，鞍子脊合瓦屋面，前檐已改为现代装修。南房东西耳房各一间，硬山顶，鞍子脊合瓦屋面，前檐已改为现代装修。东西厢房各两间，硬山顶，鞍子脊合瓦屋面，其东厢房已改为机瓦屋面，前檐均已改为现代装修。

大门

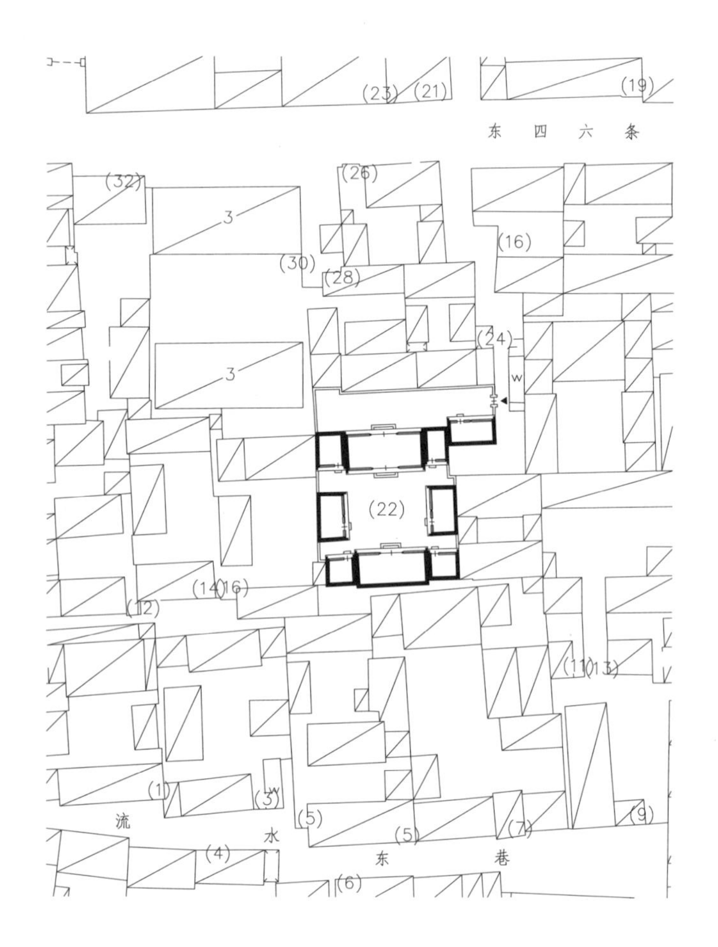

东四六条22号

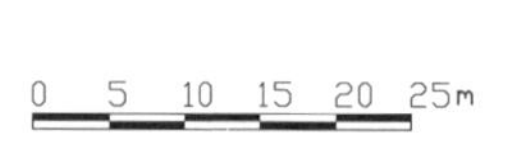

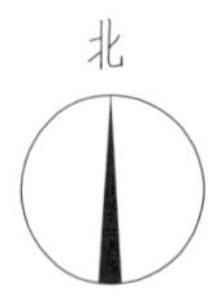

门道

东四六条42号

位于东城区东四街道，民国时期建筑，现为居民院。

该院坐南朝北，两进院落。院落西北隅开如意大门一间，硬山顶，清水脊合瓦屋面，戗檐、栏板及柱子均雕刻花卉图案，门楣雕刻“万不断”图案，梅花形门簪两枚，红漆板门两扇，方形门墩一对；大门后檐柱间饰步步锦棂心倒挂楣子。门内迎门一字影壁一座，筒瓦屋面，方砖硬影壁心。大门东侧门房一间，已改为机瓦屋面；再东接北房三间，硬山顶，清水脊合瓦屋面，前檐已改为现代装修。一进院南房三间，硬山顶，合瓦屋面，前檐已改为现代装修。二进院南房七间，硬山顶，过垄脊合瓦屋面，前檐已改为现代装修。东厢房三间，硬山顶，过垄脊合瓦屋面，前檐已改为现代装修。西厢房一间半，硬山顶，过垄脊合瓦屋面，前檐已改为现代装修。二进院南房前还有古树两株，均为枣树。

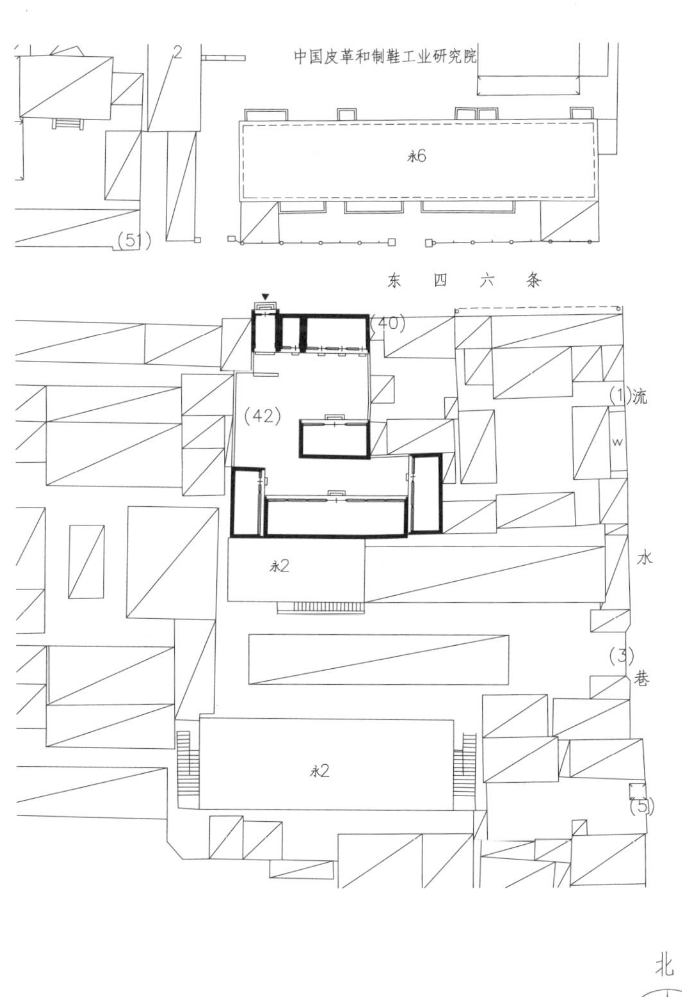

东四六条42号

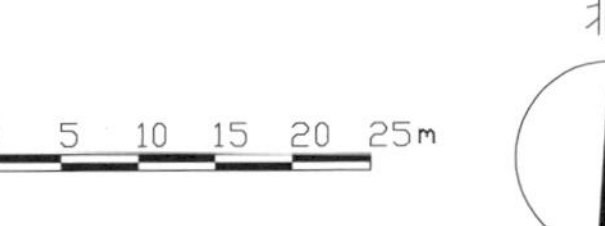

如意大门

大门戗檐砖雕

二进院东厢房

象鼻枭砖雕

一进院北房

一进院南房

二进院南房

东四六条44号

位于东城区东四街道，民国时期建筑，现为居民院。

该院坐南朝北，两进院落，东带跨院一座。院落西北隅开西洋式门楼一座，拱券门形式，红漆板门两扇。大门东侧北房七间，东侧再接顺山北房三间，顺山北房东耳房一间，均已改为机瓦屋面，前檐已改为现代装修。一进院西侧勾连搭房一栋，面阔二间，坐北朝南，墙体已改为红机砖砌筑，前檐已改为现代装修。二进院北房三间，两卷勾连搭形式，前出廊，硬山顶，过垄脊合瓦屋面，前檐已改为现代装修。北房西耳房两间，两卷勾连搭形式，硬山顶，过垄脊合瓦屋面，前檐已改为现代装修。南房三间，两卷勾连搭形式，硬山顶，过垄脊合瓦屋面，前檐已改为现代装修，南房西侧平顶耳房两间，两卷勾连搭形式，前檐已改为现代装修。东房三间，民国平顶建筑，前檐已改为现代装修。西房三间，勾连搭建筑，过垄脊合瓦屋面，前檐已改为现代装修。西房北侧平顶耳房两间，两卷勾连搭建筑，前檐已改为现代装修。南房与东房间为一砖砌建筑，平顶，辟一门通东跨院。东跨院内北侧有二层楼阁式建筑一栋，面阔五间，前出廊，过垄脊筒瓦屋面，柱间饰倒挂楣子，前檐已改为现代装修。西侧为二层楼房一栋，面阔十间，两侧做楼体通二层，一层东西第三间辟门，新式装修。

大门外景

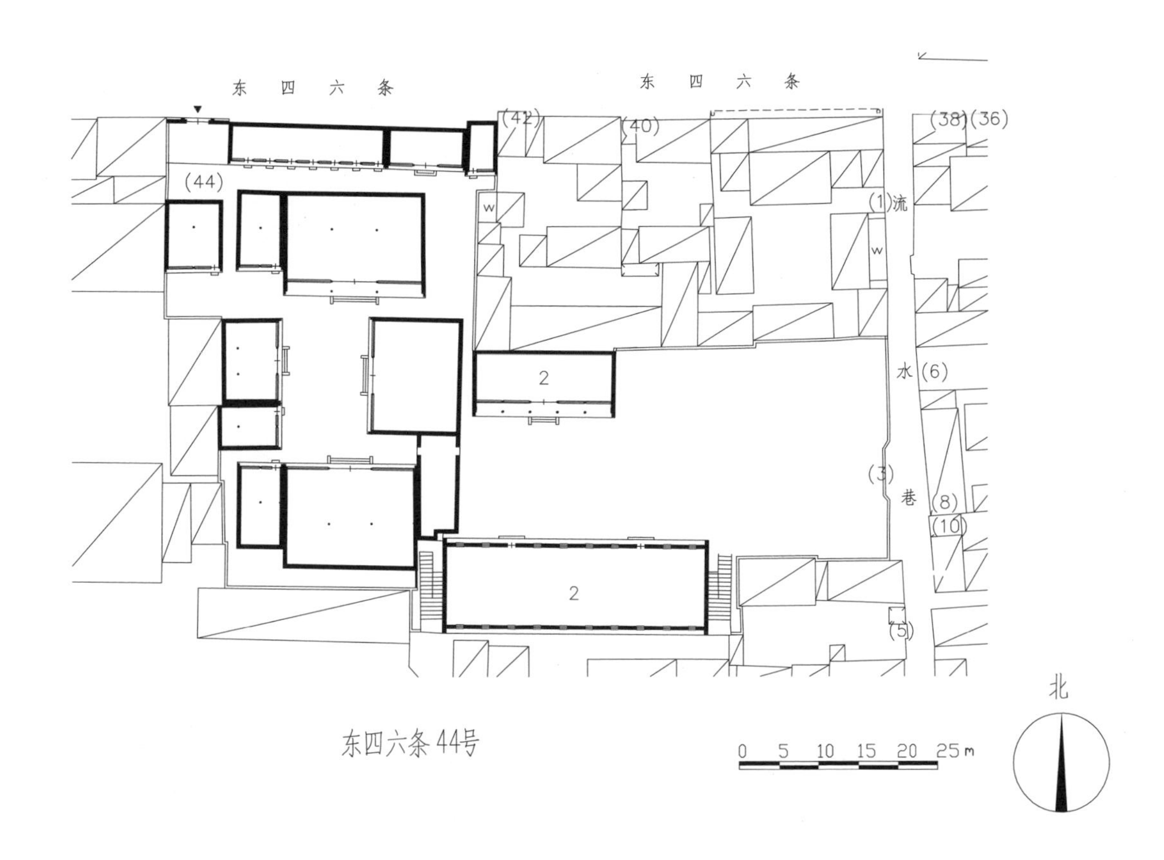

东四六条44号

二进院北房西耳房

二进院南房屋面

东跨院北侧楼阁式建筑一层

东跨院南侧二层楼房一层入口

二进院南房背立面

二进院西厢房北山墙

东四六条58号、铁营北巷26号

位于东城区东四街道，清代晚期建筑，现为居民院。

该院坐南朝北，三进院落。院落东南隅开如意大门一间，清水脊合瓦屋面，脊饰花盘子，戗檐装饰精美砖雕，红漆板门两扇，梅花形门簪两枚，方形门墩一对，大门后檐柱间饰工字步步锦棂心倒挂楣子。大门西侧门房一间，东侧北房四间，均为硬山顶，过垄脊合瓦屋面，前檐已改为现代装修。二进院北房三间，硬山顶，过垄脊合瓦屋面，前檐已改为现代装修。正房东侧耳房一间，硬山顶，过垄脊合瓦屋面，前檐已改为现代装修。正房西侧耳房两间，硬山顶，过垄脊合瓦屋面，其西侧间辟为门道，象眼饰线刻图案，前檐已改为现代装修。东西厢房各三间，

大门外景

如意大门

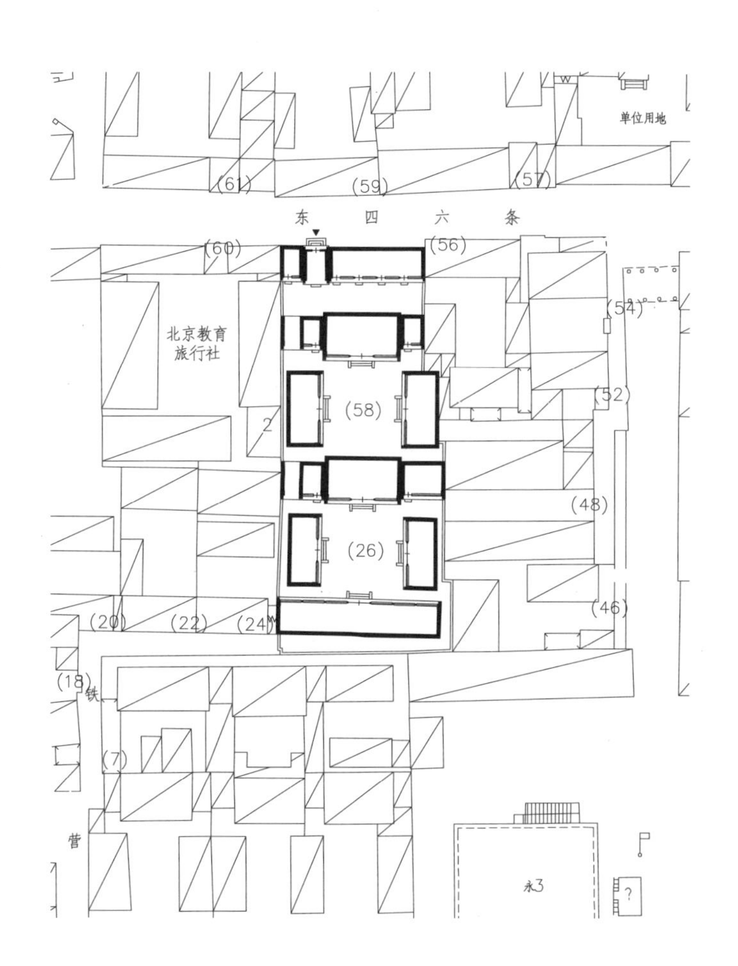

东四六条58号、铁营北巷26号

硬山顶，过垄脊合瓦屋面，前檐已改为现代装修。三进院现需从铁营北巷26号进入，北房三间，东侧耳房一间，均已改为机瓦屋面，前檐已改为现代装修。南房五间，已翻建。东西厢房各三间，已改为机瓦屋面，前檐已改为现代装修。

二进院东厢房

二进院北房西耳房

大门后檐倒挂楣子

三进院南房

二进院北房西耳房过道象眼雕刻

二进院北房

东四七条15号

位于东城区东四街道，民国时期建筑，现为居民院。

该院坐北朝南，一进院落。院落东南隅开如意大门一间，硬山顶，清水脊合瓦屋面，脊饰花盘子，红漆板门两扇，门内抹灰软心囚门子做法，后檐柱间饰步步锦棂心倒挂楣子。大门西侧倒座房三间，已改机瓦屋面，前檐已改为现代装修。正房三间，前出廊，硬山顶，清水脊合瓦屋面，脊饰花盘子，前檐已改为现代装修。东西厢房各三间，硬山顶，过垄脊合瓦屋面，前檐已改为现代装修。

如意大门

大门后檐倒挂楣子

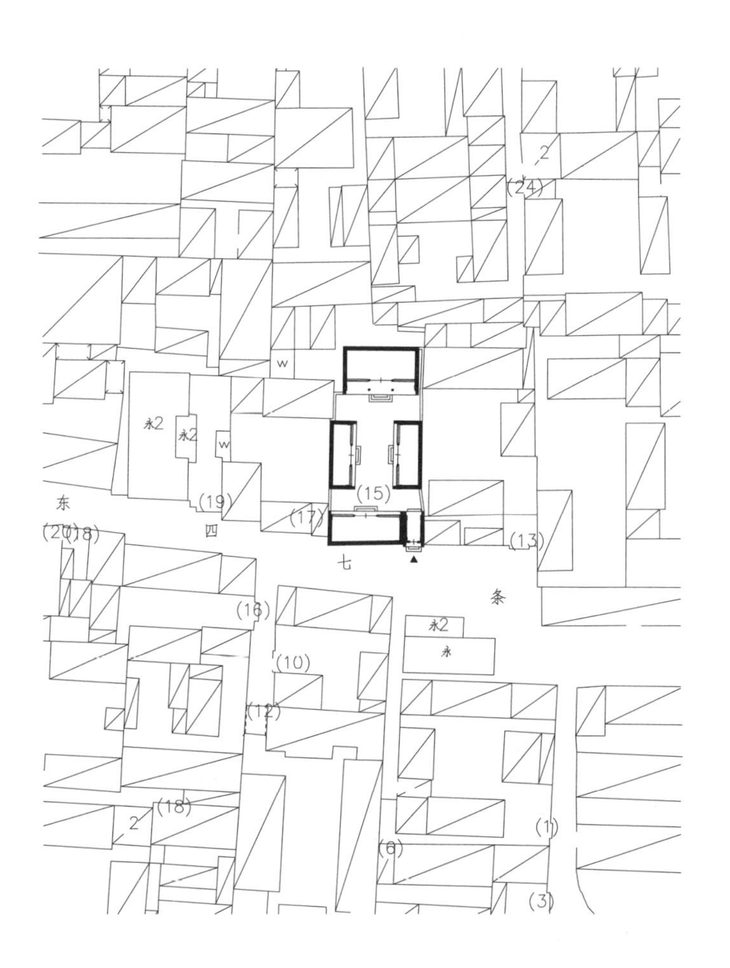

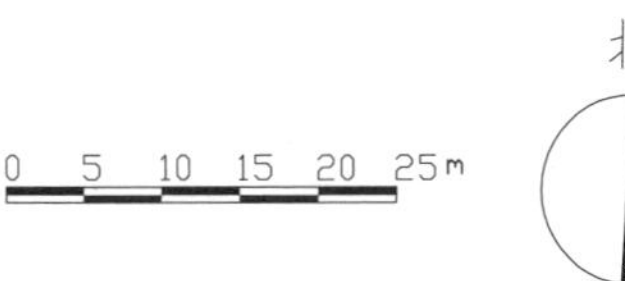

东四七条15号

倒座房

正房

西厢房

东四七条61号

位于东城区东四街道，清代晚期建筑，现为居民院。

该院坐北朝南，三进院落。院落东南隅开广亮大门一间，硬山顶，清水脊合瓦屋面，脊饰花盘子，圆形门簪四枚，雕刻花卉图案，红漆板门两扇。大门东西倒座房共五间，东侧两间，硬山顶，清水脊合瓦屋面；西侧三间，已改为机瓦屋面。一进院西厢房三间，前出廊，硬山顶，过垄脊合瓦屋面，山墙已翻为红机砖砌筑，前檐已改为现代装修。一进院北侧垂花门一座，悬山顶，已改为机瓦屋面，梅花形门簪四枚，两扇板门已遗失，两侧带余塞板，门墩一对，前出如意踏跺四级。二进院正房三间，前后廊，硬山顶，已改为机瓦屋面，前檐已改为现代装修。正房东西耳房各两间，硬山顶，已改为机瓦屋面，前檐均已改为现

广亮大门

门簪

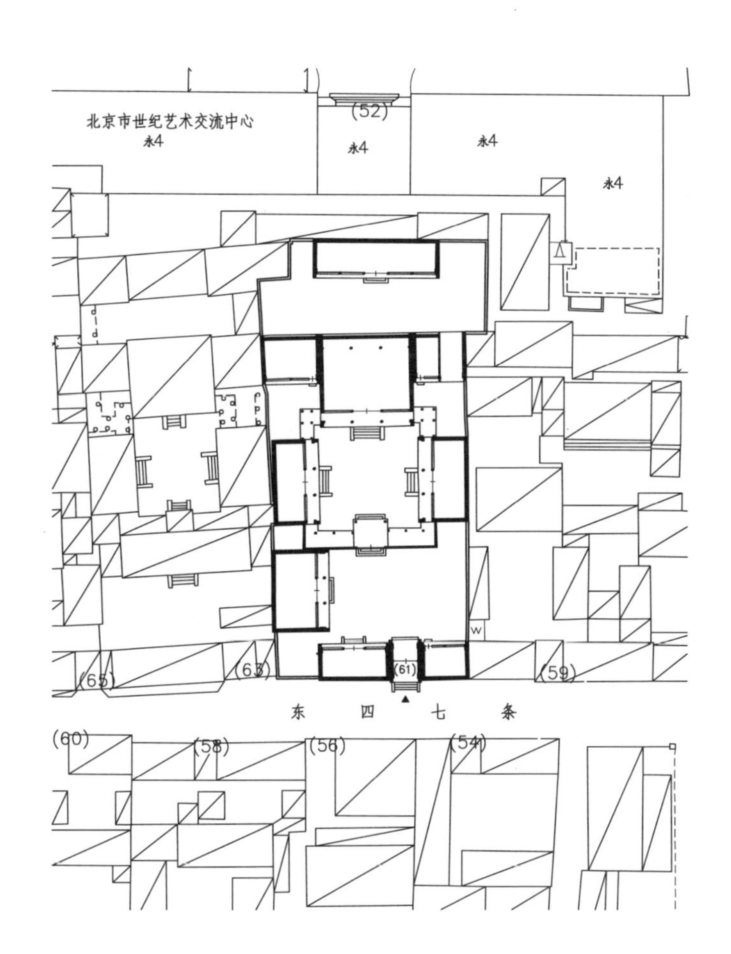

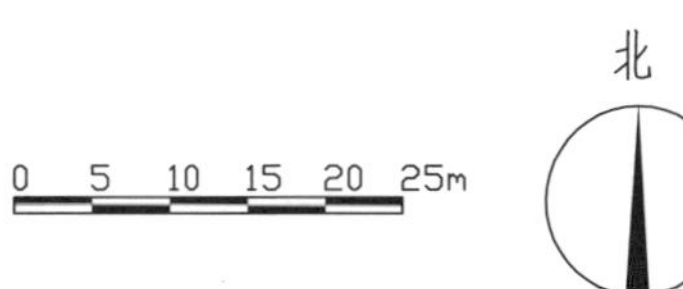

东四七条 61号

代装修。东耳房东侧间辟为门道，檐下施箍头彩画，柱间饰步步锦棂心倒挂楣子与坐凳楣子。东西厢房各三间，前出廊，已改为机瓦屋面，前檐已改为现代装修。院内各房与垂花门间有游廊相连，已改机瓦屋面，方柱，柱间饰步步锦棂心倒挂楣子。三进院后罩房五间，已改为机瓦屋面，前檐已改为现代装修。

一进院西房

垂花门

二进院正房

二进院正房东耳房

垂花门方形门墩

耳房过道间后檐倒挂楣子局部

耳房过道间箍头彩画

东四七条63号

位于东城区东四街道，清代晚期建筑，现为居民院。

该院坐北朝南，三进院落。院落东南隅开广亮大门一间，已改机瓦屋面，戗檐饰精美砖雕；素面走马板，梅花形门簪四枚，红漆板门两扇，两侧带余塞板，门钹一对，圆形门墩一对，檐下施箍头彩画，檐柱间饰雕花雀替。门内迎门一字影壁一座，过垄脊筒瓦屋面，方砖硬影壁心。大门后两侧各有砖砌传统平顶屏门一座，门头套沙锅套花瓦装饰，其东侧屏门已封堵。大门东侧门房一间，西侧倒座房五间，均已改为机瓦屋面，前檐已改为现代装修。一进院正房五间，硬山顶，已改为机瓦屋面，明间辟为门道，前檐已改为现代装修。正房东西耳房各一间，硬

广亮大门

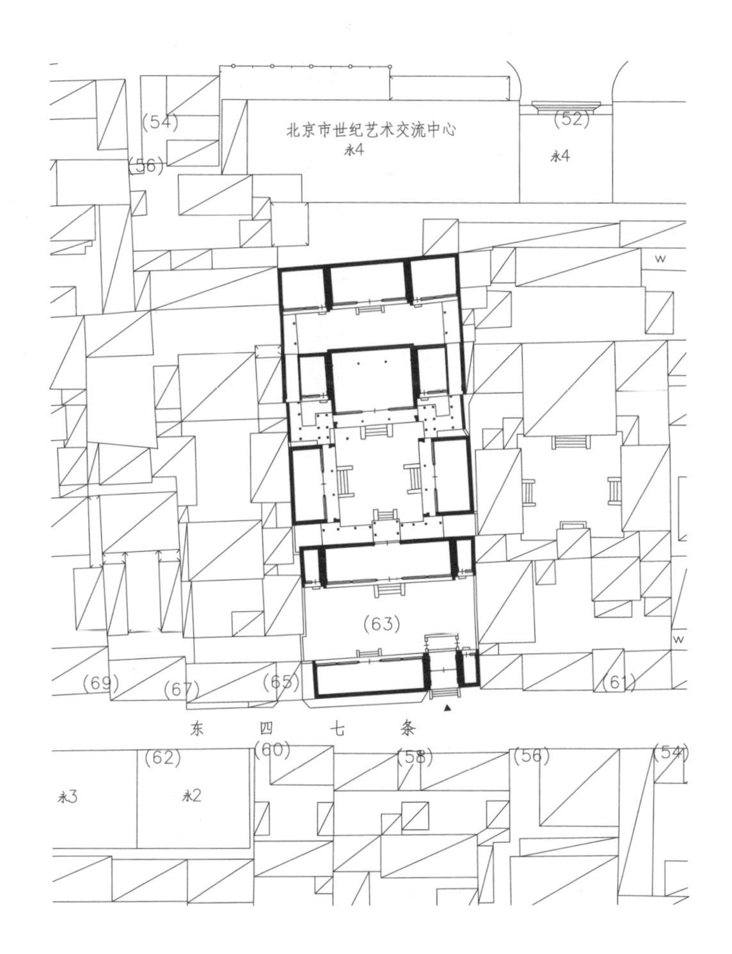

东四七条63号

大门圆形门墩

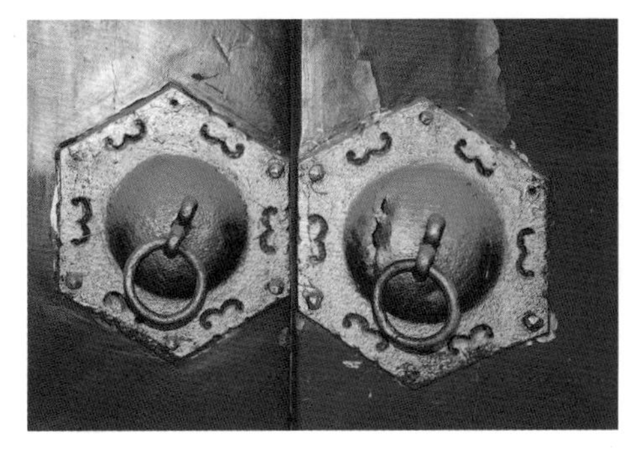

门钹

山顶，已改为机瓦屋面，前檐已改为现代装修。二进院正房三间，前后廊，硬山顶，合瓦屋面，铃铛排山，檐下施箍头彩画，前檐已改为现代装修，明间出垂带踏跺五级。正房东西耳房各两间，硬山顶，合瓦屋面，前檐已改为现代装修；东西耳房外侧间均辟为门道。东西厢房各三间，前出廊，硬山顶，过垄脊合瓦屋面，铃铛排山，前檐已改为现代装修。院内各房有四檩卷棚游廊相连，筒瓦屋面，柱间饰步步锦棂心倒挂楣子。三进院后罩房三间，硬山顶，清水脊合瓦屋面，前檐已改为现代装修。后罩房东西耳房各两间，硬山顶，清水脊合瓦屋面，前檐已改为现代装修。院内两侧原有游廊，现已拆除。

大门戗檐砖雕

雀替与箍头彩画

二进院正房

二进院正房西侧游廊

二进院东厢房

三进院后罩房

东四七条65号

位于东城区东四街道，民国时期建筑，现为居民院。

该院坐北朝南，四进院落。院落东南隅开如意大门一间，硬山顶，清水脊合瓦屋面，脊饰花盘子，梅花形门簪两枚，绘“吉祥”字样，红漆板门两扇，门包叶一副。大门西侧西倒座房三间，硬山顶，清水脊合瓦屋面，脊饰花盘子，后檐为老檐出形式，前檐已改为现代装修。一进院北侧有二门一座，机瓦屋面，门板已失。二进院正房三间，前后廊，硬山顶，清水脊合瓦屋面，金柱存有局部装修。正房东侧耳房一间，硬山顶，合瓦屋面，其西侧半间辟为门道，柱间饰卧蚕步步锦棂心倒挂楣子。三进院正房三间，前出廊，硬山顶，清水脊合瓦屋面，戗檐装饰精

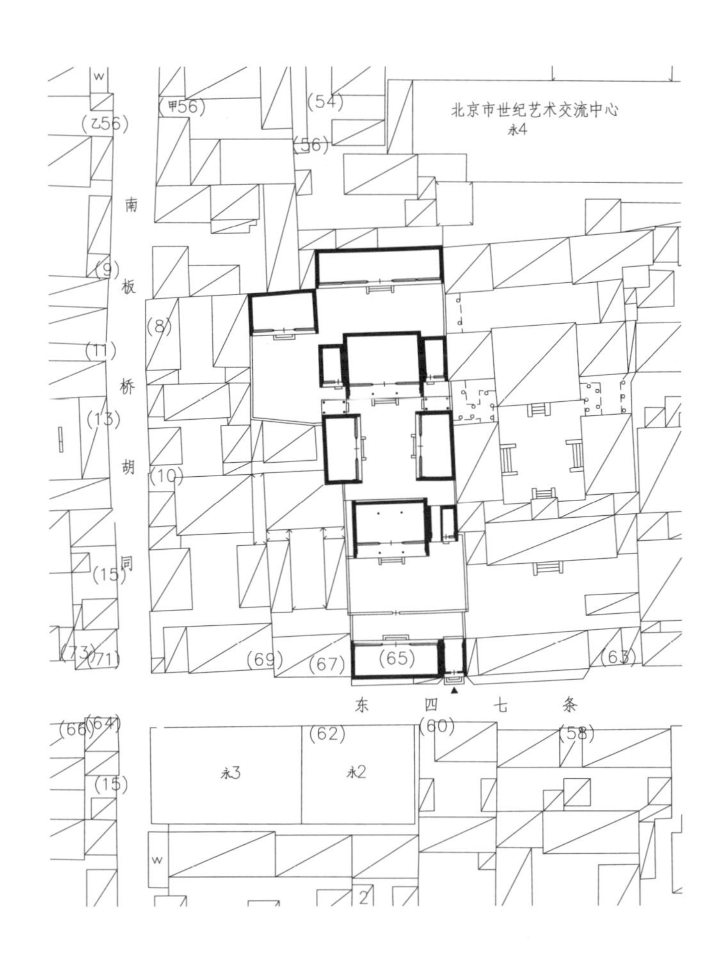

东四七条65号

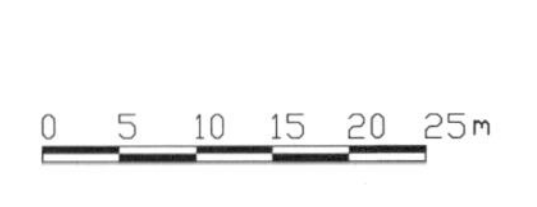

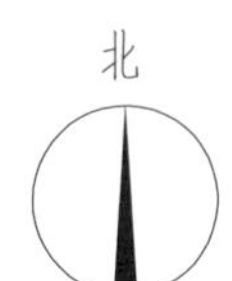

如意大门

美砖雕，前檐存卧蚕步步锦棂心横披窗。正房东西耳房各一间，硬山顶，合瓦屋面，前檐已改为现代装修。东厢房三间，已改为机瓦屋面，前檐已改为现代装修。西厢房三间，硬山顶，过垄脊合瓦屋面，北接平顶廊，前檐已改为现代装修。四进院后罩房五间，已改为机瓦屋面，前檐已改为现代装修。四进院西侧带一跨院，北房三间，硬山顶，过垄脊合瓦屋面，前檐已改为现代装修。

二进院正房东侧过道

二门

正房戗檐砖雕

二进院正房

三进院西厢房北侧平顶廊

三进院正房

三进院西厢房

三进院西跨院北房

三进院正房西耳房

东四七条69号

位于东城区东四街道，民国时期建筑，现为居民院。

该院坐北朝南，一进院落。院落东南隅开窄大门半间，如意门形式装修，硬山顶，清水脊合瓦屋面，门楣雕花装饰，红漆板门两扇，门钹一对，方形门墩一对，门内原为花砖地面；大门后檐柱间饰步步锦棂心倒挂楣子。大门西侧倒座房三间，倒座房西耳房一间，均为合瓦屋面，后檐为老檐出形式。正房三间，前后廊，硬山顶，鞍子脊合瓦屋面，前檐已改为现代装修。正房西侧耳房一间，已改为机瓦屋面，前檐已改为现代装修。东西厢房各三间，硬山顶，过垄脊合瓦屋面，前檐均已改为现代装修。

窄大门

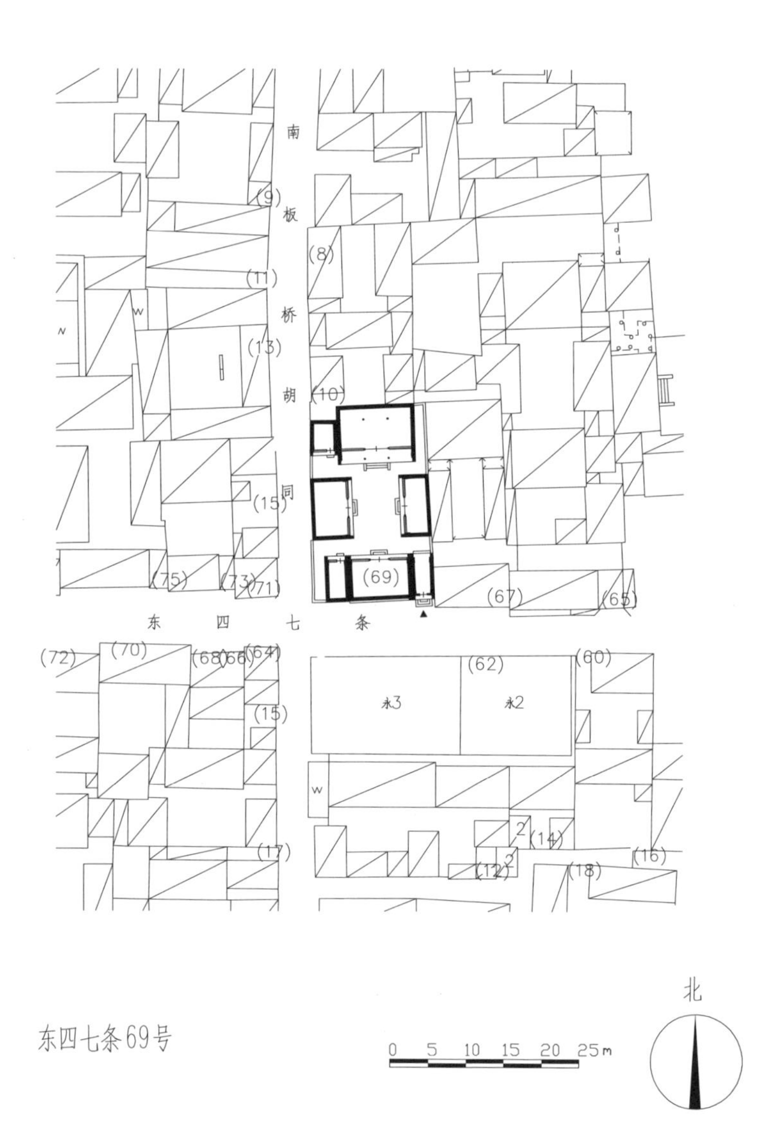

东四七条69号

大门方形门墩

大门后檐倒挂楣子

东厢房

倒座房

正房

东四七条77号、79号

位于东城区东四街道，清代晚期至民国时期建筑。原为清辅国公载灿府，现为居民院。

清同治五年（1866年），愉郡王后裔载灿承袭辅国公，最初住在龙头井的愉郡王府。清同治十年（1871年），将载灿的府第赏给贝勒载滢居住，另将东四七条官房赏给载灿居住。20世纪20年代，该院被阎锡山重金所购，成为阎锡山在北京的别馆。抗战时期该院一度成为日军的高级会社。东四七条79号曾一度成为山西大学的临时校舍。新中国成立后，此院被一分为二，77号成为北京市城建第五公司宿舍，79号成为八一电影制片厂的干部宿舍。

该院坐北朝南，分东西两组建筑，77号为原办公区域，79号为原生活区域。

77号，现存两进院落，带西跨院。原在院落西南隅开大门一间，现已毁，后改随墙门一座。倒座房八间，现已翻建。一进院正房三间，建于高大台基之上，歇山顶，过垄脊筒瓦屋面，铃铛排山；明间吞廊，前出抱厦三间，卷棚顶筒瓦屋面，抱厦前排采用梅花方柱；主体建筑木构架均施以彩画，除天花以上还部分保存以外，露明部分已全部损毁；前檐已改为现代装修，明间前出垂带踏跺五级。正房东西耳房各两间，建

79号金柱大门

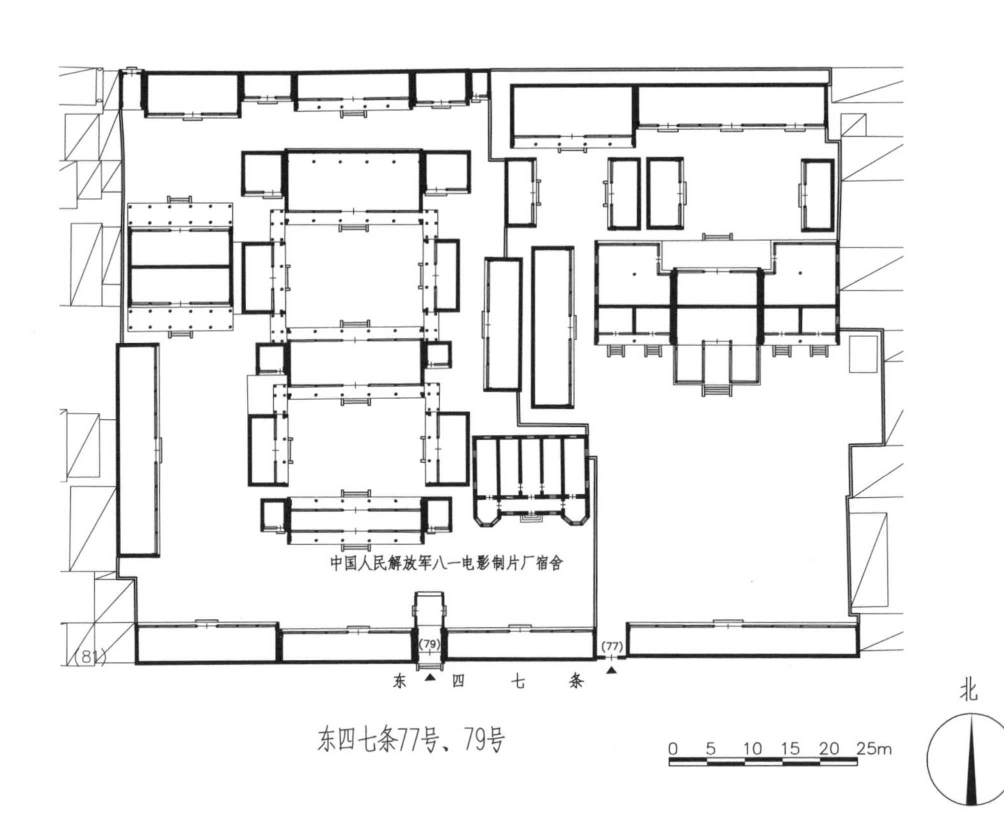

东四七条77号、79号

于高大台基之上，前出廊，硬山顶，过垄脊筒瓦屋面；西耳房已改为机瓦屋面，前檐已改为现代装修。耳房与二进院房屋形成勾连搭建筑形式。现一进院正中有20世纪60年代所建二层楼房一栋。二进院南房三间，建于高大台基之上，与一进院正房互为前后坡，歇山顶，过垄脊筒瓦屋面，铃铛排山；木构架均施以彩画，除天花以上还部分保存以外，露明部分已全部损毁；前檐已改为现代装修，明间前出垂带踏跺三级。南房东西耳房各两间，建于高大台基之上，两卷勾连搭形式，均为硬山顶，过垄脊灰筒瓦屋面，前檐已改为现代装修。东西厢房各三间，硬山顶，原为过垄脊合瓦屋面，现已改为机瓦屋面，前檐已改为现代装修。后罩房九间，硬山顶，原为过垄脊合瓦屋面，现已改为机瓦屋面，前檐已改为现代装修。西跨院正房五间，硬山顶，原为过垄脊合瓦屋面，现已改为机瓦屋面，前檐已改为现代装修。东西厢房各三间，硬山顶，原为过垄脊合瓦屋面，现已改为机瓦屋面，前檐已改为现代装修。

79号，分东、中、西三路。中路共四进院，院落东南隅开金柱大门一间，硬山顶，清水脊合瓦屋面；戗檐饰高浮雕狮子图案，博缝头砖雕“万事如意”图案；木构五架梁，梁架施苏式彩画，柱间带砖雕雀替；六角形门簪四枚，上书“福禄吉祥”字样；红漆板门两扇，圆形门墩一对，前出垂带踏跺三级。大门内迎门大式青砖一字影壁一座，硬山顶，灰筒瓦顶，砖檐为冰盘檐做法，檐下饰连珠雕饰，砖博缝；普通砖下碱，素面软影壁心，两侧带撞头。门内两侧原建有屏门一道，现已损毁。大门西侧倒座房六间，清水脊合瓦屋面，前檐已改为现代装修。一进院正房五间，明间辟为穿堂门，前后出廊，硬山顶，清水脊筒瓦屋面；前后檐明间隔扇门四扇，步步锦棂心；次间、梢间下为槛墙，上为支摘窗，玻璃屉子、步步锦棂心；明间前后各出垂带踏跺二级。正房东西耳房各一间，硬山顶，过垄脊筒瓦屋面，前檐已改为现代装修。二进院正房五间，明间为穿堂门，前后出廊，硬山顶，过垄脊筒瓦屋面，铃铛排山；戗檐高浮雕狮

79号大门花盘子

79号大门梁架彩画

79号大门雀替、门簪

79号大门内一字影壁

79号正房明间隔扇门

子图案，梁架施箍头彩画，廊心墙饰花卉砖雕，前后檐明间隔扇门四扇，步步锦棂心；次、梢间下为槛墙，上为支摘窗，玻璃屉子、步步锦棂心；明间前后各带垂带踏跺三级。正房东西耳房各一间，硬山顶，过垄脊筒瓦屋面，前檐已改为现代装修。东西厢房各三间，前出廊，硬山顶，过垄脊合瓦屋面，铃铛排山，梁架施苏式彩画，前檐已改为现代装修。院内各房有游廊相连。三进院正房五间，前后廊，硬山顶，过垄脊筒瓦屋面，铃铛排山，戗檐高浮雕狮子图案，梁架施箍头彩画，廊心墙饰花卉砖雕，前檐为槛窗、风门，明间前出垂带踏跺三级。正房东西耳房各两间，硬山顶，过垄脊筒瓦屋面，前檐已改为现代装修。东西厢房各三间，前出廊，硬山顶，过垄脊筒瓦屋面，铃铛排山；梁架施苏式彩画，前檐已改为现代装修。四进院正房五间，前出廊，硬山顶，清水脊合瓦屋面；前檐槛窗、风门，明间前出垂带踏跺三级。正房东西耳房各三间，硬山顶，过垄脊合瓦屋面，前檐已改为现代装修。

东路共两进院落。一进院南房七间，硬山顶，清水脊合瓦屋面，前檐已改为现代装修。庭院正中建有西式建筑一座，平面呈不规则的U字形。二进院东房五间，硬山顶，原为过垄脊合瓦屋面，现已改为机瓦屋面，前檐已改为现代装修。

西路共两进院落。一进院正房五间，两卷勾连搭形式，均为硬山顶，过垄脊合瓦屋面，铃铛排山，前后各接平顶廊；前后檐均已改为现代装修，明间前后各出垂带踏跺三级。西厢房九间，硬山顶，过垄脊灰梗瓦屋面，前檐已改为现代装修。厢耳房一间，已翻建。二进院正房五间，硬山顶，过垄脊合瓦屋面，前檐已改为现代装修。正房西耳房一间，硬山顶，过垄脊合瓦屋面，前檐已改为现代装修。

79号厢房披水脊

79号正房廊心墙砖雕

77号倒座房花盘子

79号东路洋券窗

77号正房西耳房山面

东四七条83号

位于东城区东四街道，民国时期建筑，现为居民院。

该院坐北朝南，三进院落。院落东南隅开金柱大门一间，硬山顶，鞍子脊合瓦屋面，梅花形门簪四枚，红漆板门两扇，两侧带余塞板，方形门墩一对，门内后檐柱间饰工字卧蚕步步锦棂心倒挂楣子。大门东侧倒座房两间，硬山顶，已改为机瓦屋面；西侧倒座房四间，硬山顶，鞍子脊合瓦屋面；前檐均已改为现代装修。一进院北侧垂花门一座，已改为机瓦屋面，雕花门簪两枚，双扇门板已失，门内两侧饰盘长如意棂心倒挂楣子。二进院正房三间，前后廊，硬山顶，清水脊合瓦屋面，前檐已改为现代装修。正房东侧耳房一间，为西洋式平顶建筑，东半间辟为

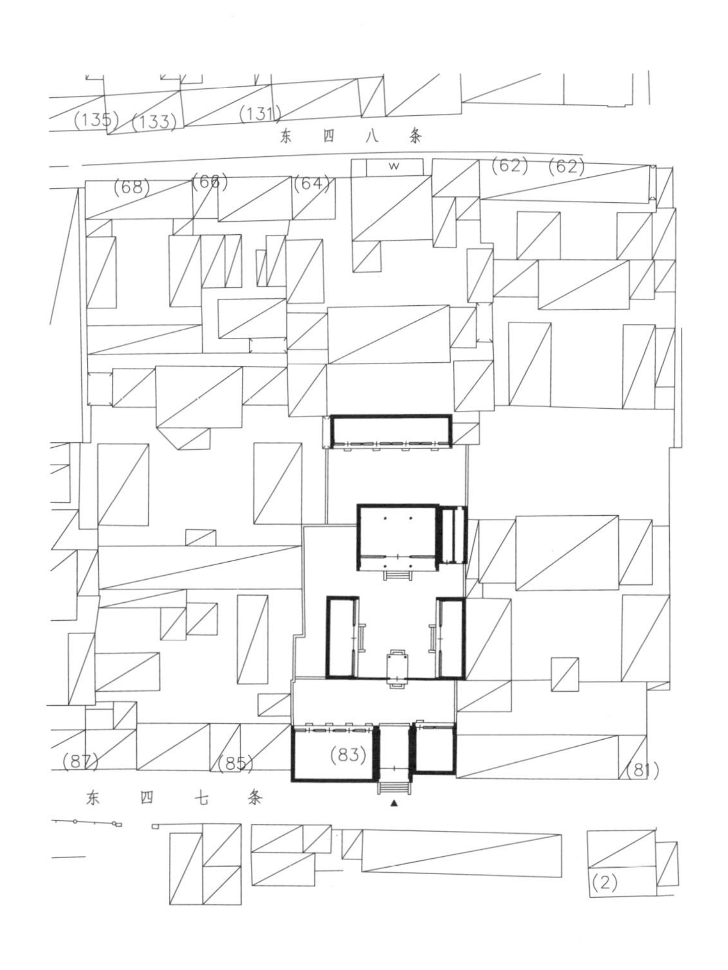

金柱大门

东四七条83号

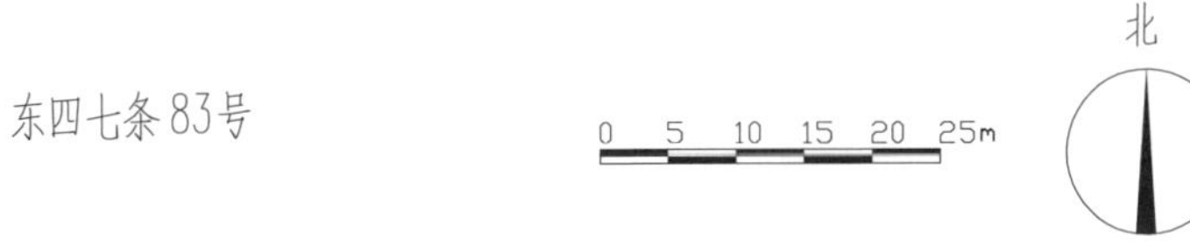

门道，拱券门装修。东厢房三间，硬山顶，清水脊合瓦屋面，前檐已改为现代装修。西厢房三间，硬山顶，鞍子脊合瓦屋面，博缝头装饰砖雕，前檐已改为现代装修。三进院有后罩房四间，已改为机瓦屋面。

东厢房

二进院正房

垂花门

倒座房

垂花门内装修

二进院正房东侧平顶门道

二进院后罩房

东四七条85号

位于东城区东四街道，民国时期建筑，现为居民院。

该院坐北朝南，两进院落。院落东南隅开如意大门一间，硬山顶，清水脊合瓦屋面，脊饰花盘子，戗檐及博缝头砖雕精美花卉图案，门头套沙锅套花瓦装饰，梅花形门簪两枚，红漆板门两扇。大门东侧门房两间，西侧倒座房三间，均为硬山顶，鞍子脊合瓦屋面，前檐已改为现代装修。一进院正房七间，硬山顶，鞍子脊合瓦屋面，明间辟为门道，前檐已改为现代装修。二进院正房三间，前后廊，硬山顶，鞍子脊合瓦屋面，前檐已改为现代装修。正房两侧耳房各两间，硬山顶，鞍子脊合瓦屋面，前檐已改为现代装修。东西厢房各三间，前出廊，均为硬山顶，西厢房为皮条脊合瓦屋面，东厢房已改为机瓦屋面，前檐均已改为现代装修。

如意大门

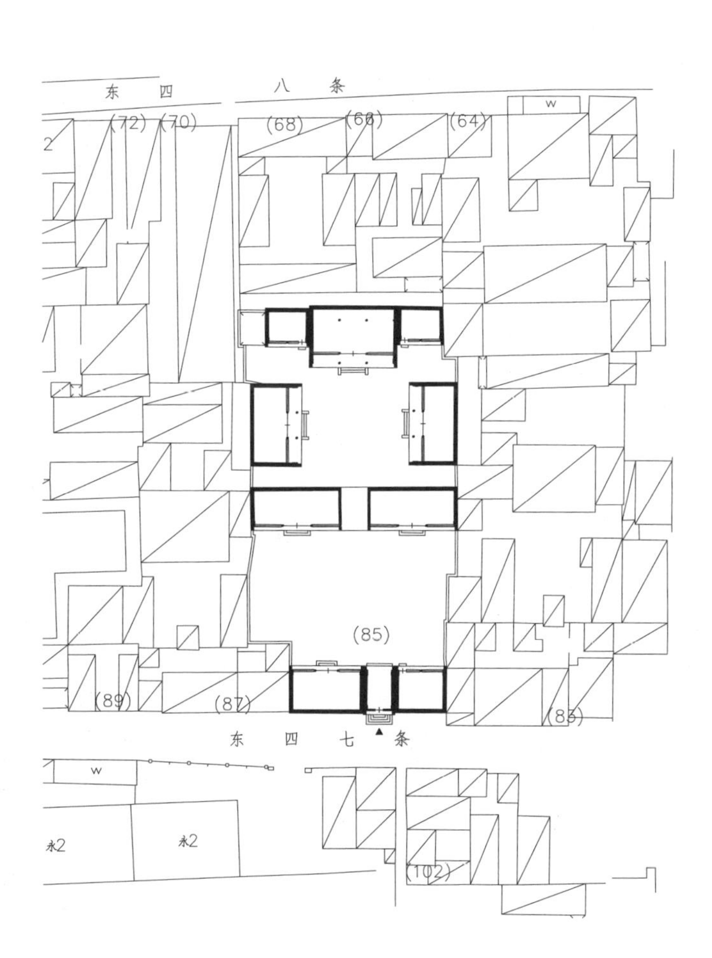

大门博缝头砖雕

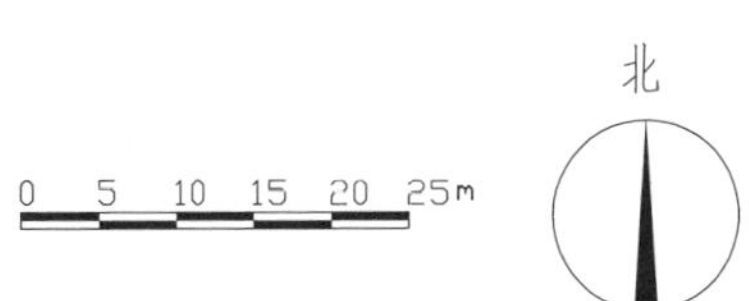

东四七条85号

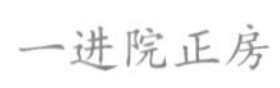

一进院正房

二进院正房

二进院西厢房

东四七条92号

位于东城区东四街道，民国时期建筑，现为居民院。

该院坐南朝北，一进院落。院落西北隅开窄大门半间，与北房连为一体，硬山顶，清水脊合瓦屋面，脊饰花盘子，戗檐及博缝头装饰精美砖雕，墀头饰花篮砖雕，蛮子门形式，上饰走马板，红漆板门两扇，两侧带余塞板，门钹一对，门包叶一副，方形门墩一对；走马板内侧施风景彩画，后檐柱间饰盘长如意棂心倒挂楣子，传统方砖地面。北房三间，前出廊，硬山顶，清水脊合瓦屋面，脊饰花盘子，前檐明间为夹门窗，次间下为槛墙，上为支摘窗，棂心已改动，上饰步步锦棂心横披窗。南房三间，硬山顶，鞍子脊合瓦屋面，已翻建。东西厢房各两间，均为硬山顶，东厢房为原址翻建，西厢房为过垄脊合瓦屋面，前檐已改为现代装修。

大门

大门博缝头砖雕

大门戗檐砖雕

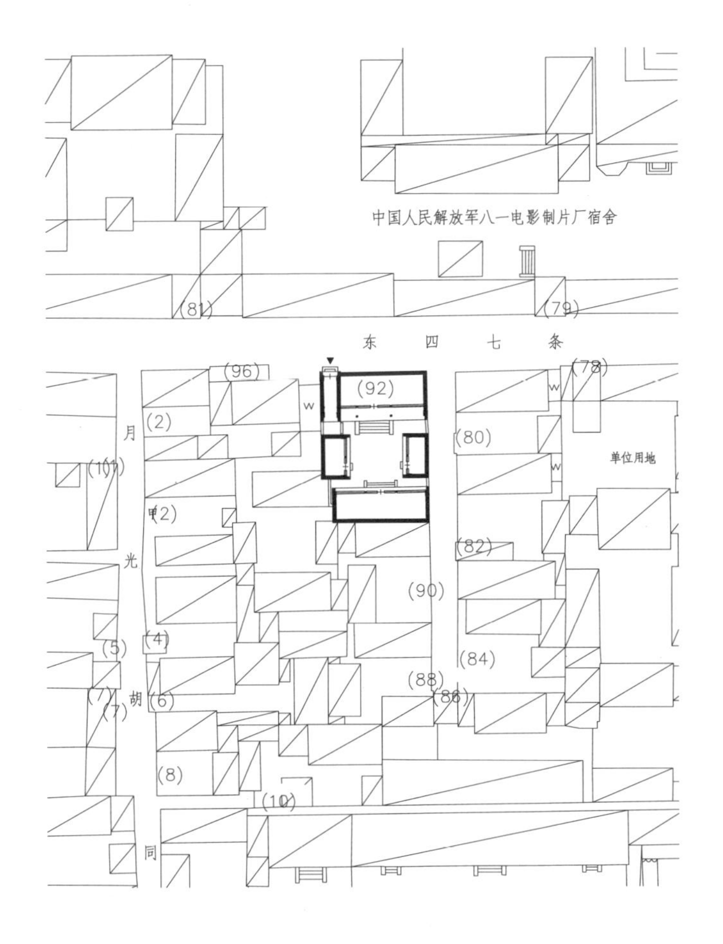

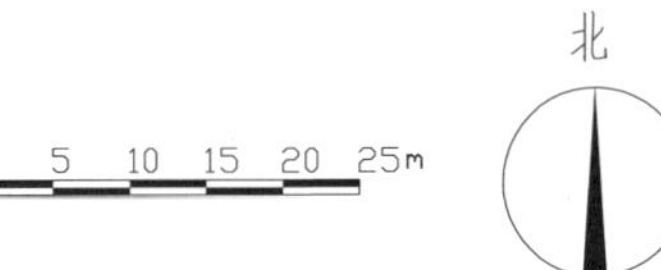

东四七条92号

大门后檐倒挂楣子

北房

北房横披窗装修

北房箍头彩画

走马板背面彩画

西厢房

东四八条19号

位于东城区东四街道，民国时期建筑，现为居民院。

该院坐北朝南，三进院落。院落的东南隅开蛮子大门一间，硬山顶，清水脊合瓦屋面，脊饰花盘子，梅花形门簪两枚，红漆板门两扇，门包叶一副，两侧带余塞板，方形门墩一对，前出如意踏跺五级，门内原有方砖墁地。大门东侧门房一间，西侧倒座房六间，均为硬山顶，合瓦屋面，前檐已改为现代装修。一进院内原有二门一座，现已拆除。二进院正房三间，前后廊，硬山顶，清水脊合瓦屋面，脊饰花盘子，前檐已改为现代装修。东西厢房各三间，前出廊，硬山顶，清水脊合瓦屋面，脊饰花盘子，前檐已改为现代装修。院内各房原有游廊相连，现已拆改。三进院后罩房四间，已改为机瓦屋面，前檐已改为现代装修。

蛮子大门

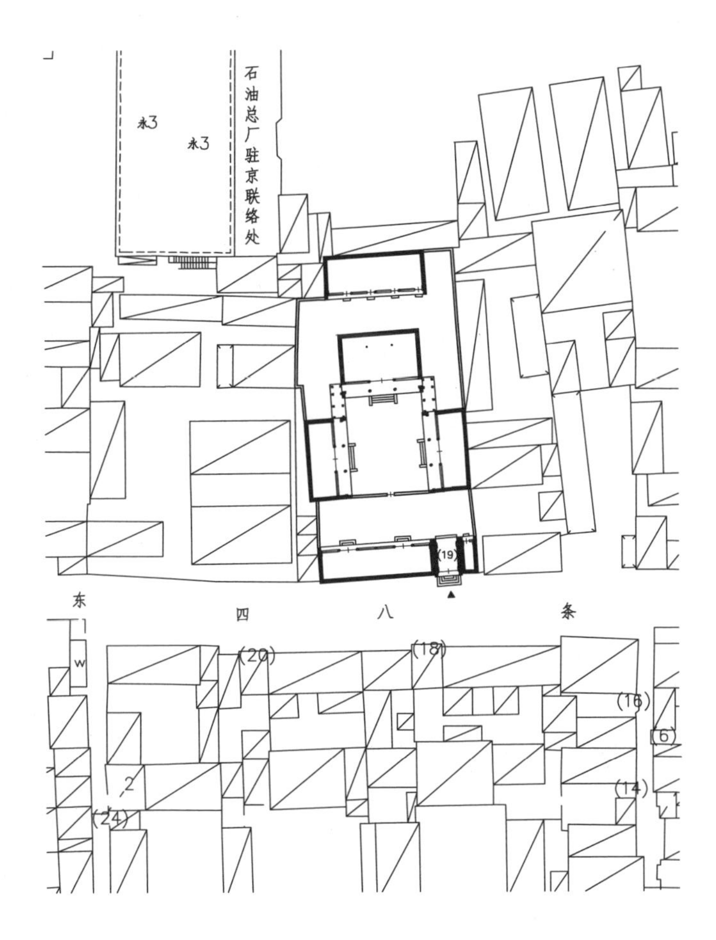

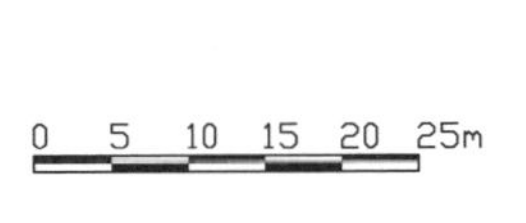

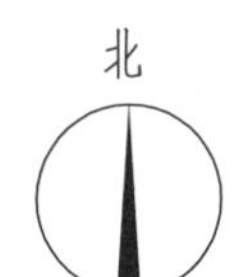

东四八条19号

大门方形门墩

二进院正房

二进院东厢房

二进院西厢房

东四八条25号

位于东城区东四街道，民国时期建筑，现为居民院。

该院坐北朝南，一进院落。院落东南隅开大门一间，硬山顶，清水脊合瓦屋面，脊饰花盘子，门头套沙锅套花瓦装饰，现已封堵。大门西侧倒座房四间，硬山顶，鞍子脊合瓦屋面，东侧第二间现辟为门道，红漆板门两扇，门钹一对，方形门墩一对，前檐已改为现代装修。正房三间，硬山顶，过垄脊合瓦屋面，前檐已改为现代装修。正房东西耳房各两间，硬山顶，过垄脊合瓦屋面，前檐已改为现代装修。东西厢房各三间，硬山顶，鞍子脊合瓦屋面，前檐已改为现代装修。

大门

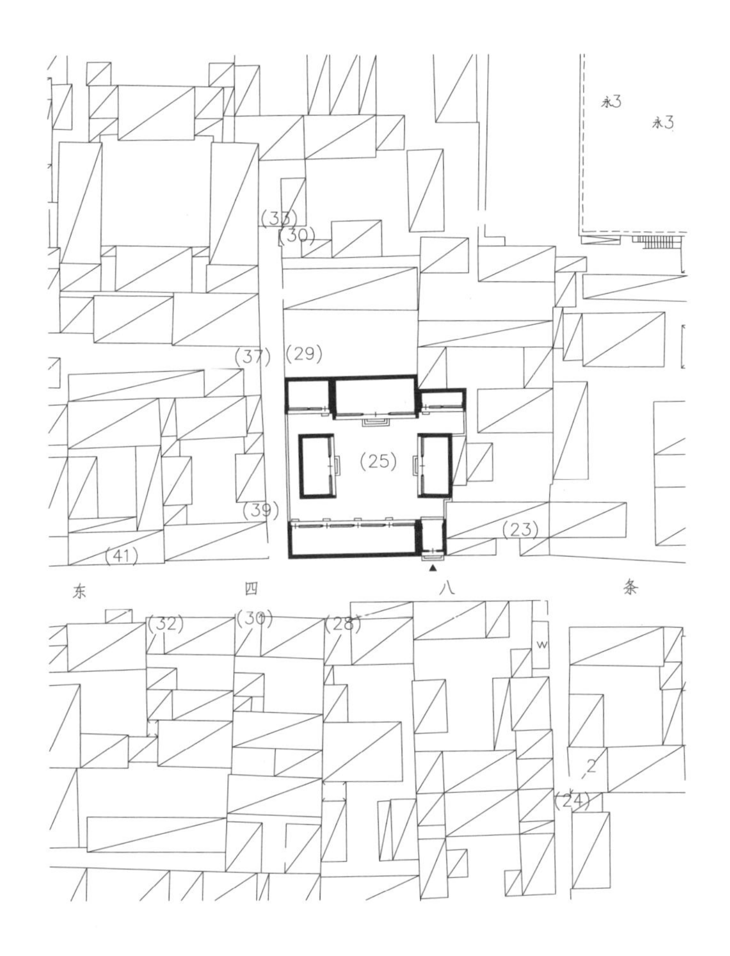

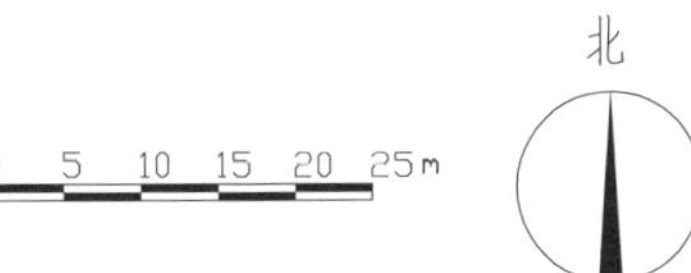

东四八条25号

大门方形门墩

原大门

西厢房

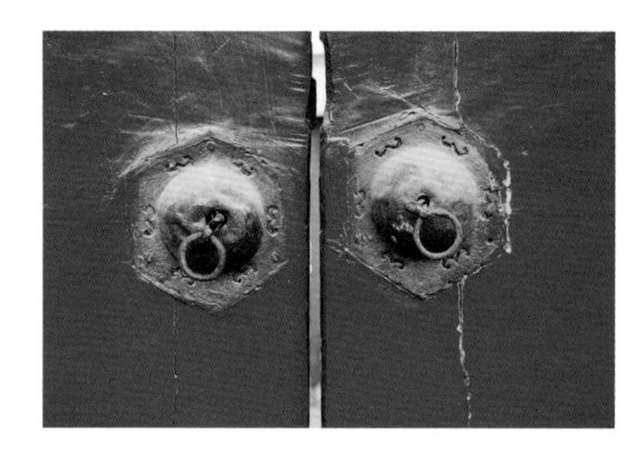

门钹

倒座房

正房

东四八条41号

位于东城区东四街道，民国时期建筑，现为居民院。

该院坐北朝南，一进院落。南房三间，西洋式建筑，明间开拱券门，上饰半圆形走马板，方壁柱，红漆板门两扇，两侧带余塞板；次间为拱券窗装修，局部改为现代装修；大门前出垂带踏跺三级，门内檐下饰素面挂檐板，后檐柱间饰菱形套棂心倒挂楣子。正房三间，硬山顶，清水脊合瓦屋面，前檐已改为现代装修。东西厢房各三间，现被遮挡，装修不详。

大门外景

正房

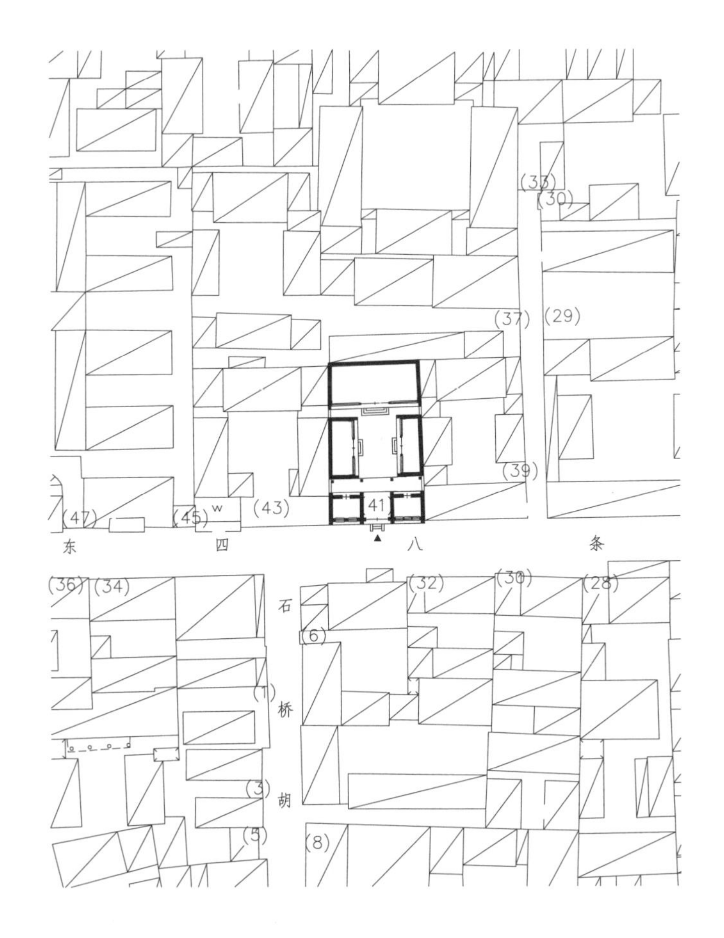

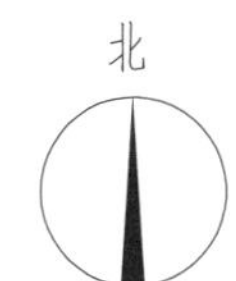

东四八条41号

东四八条43号

位于东城区东四街道，民国时期建筑，现为居民院。

该院坐北朝南，一进院落。院落东南隅开小门楼一座，硬山顶，清水脊筒瓦屋面，梅花形门簪两枚，红漆板门两扇，门联曰："忠厚传家久，诗书继世长"，门包叶一副，方形门墩一对，前出如意踏跺三级。大门西侧原有倒座房，现已拆改。正房三间，硬山顶，清水脊合瓦屋面，前檐已改为现代装修。正房东西耳房各一间，硬山顶，合瓦屋面，前檐已改为现代装修。东西厢房各三间，硬山顶，过垄脊合瓦屋面，前檐已改为现代装修。

大门

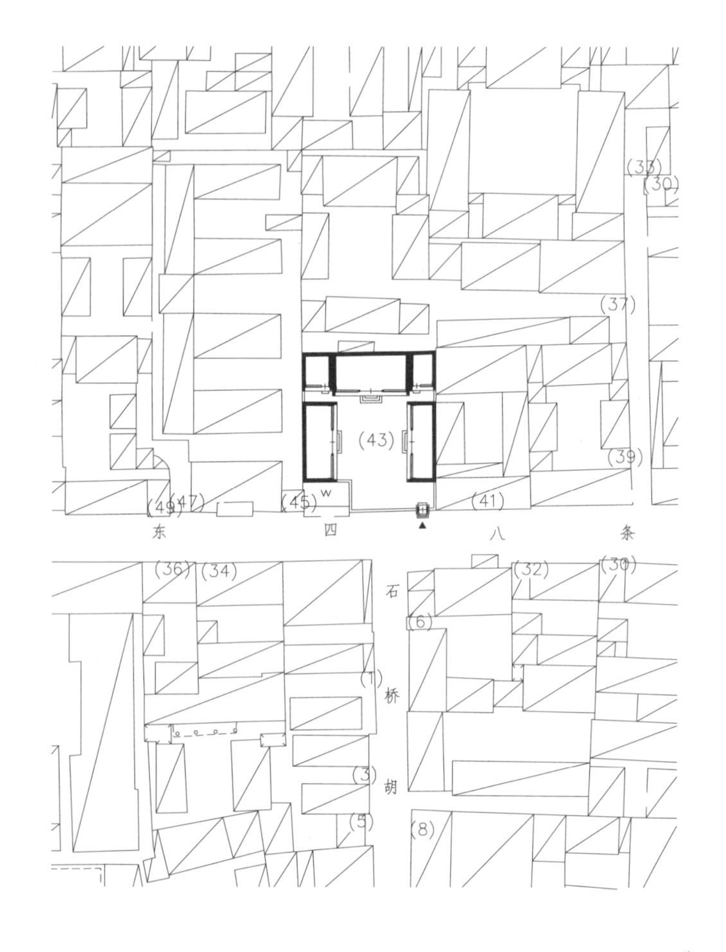

东四八条43号

正房

东厢房

东四八条47号、49号

位于东城区东四街道，民国时期建筑，现为居民院。

该院坐北朝南，两进院落。院落东南隅开大门一间，现已翻建。大门西侧倒座房三间，已翻建。一进院正房三间，前出廊，硬山顶，过垄脊合瓦屋面，前檐明间隔扇及风门，次间下为槛墙、上为支摘窗，棂心后改，明间前出踏跺三级。正房两侧耳房各一间，其东耳房辟为门道，硬山顶，合瓦屋面，前檐已改为现代装修。二进院正房三间，前出廊，硬山顶，清水脊合瓦屋面，前檐已改为现代装修。 东西厢房各三间，均为原址翻建。

一进院正房

二进院正房

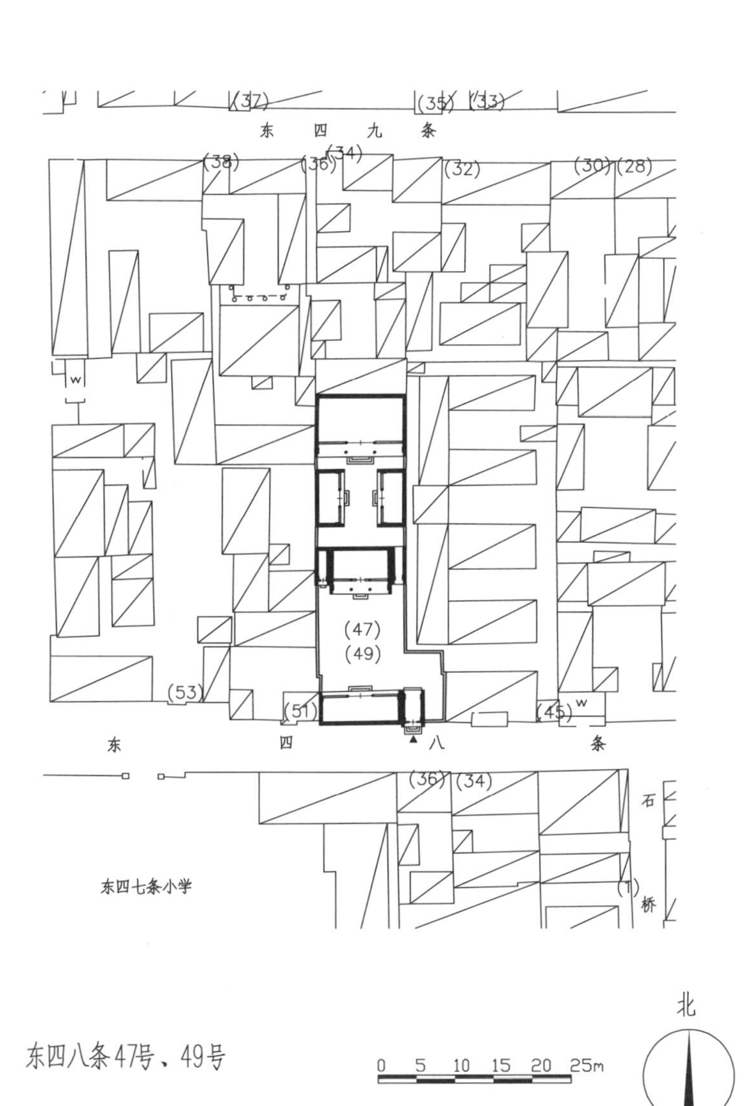

东四八条47号、49号

二进院东厢房

东四八条63号

位于东城区东四街道，民国时期建筑，现为居民院。

该院坐北朝南，两进院落。院落东南隅开如意大门一间，硬山顶，清水脊合瓦屋面，脊饰花盘子，梅花形门簪两枚，红漆包铁门两扇，上饰“万不断”纹样，方形门墩一对。大门西侧倒座房三间，已改为机瓦屋面，前檐已改为现代装修。一进院正房三间，硬山顶，合瓦屋面，前檐已改为现代装修。正房东西耳房各一间，硬山顶，现其西耳房已拆除，东耳房已改为机瓦屋面。二进院正房三间，硬山顶，扁担脊合瓦屋面，前檐已改为现代装修。正房东西耳房各一间，硬山顶，合瓦屋面，前檐已改为现代装修。东西厢房各三间，硬山顶，已改为机瓦屋面，前檐已改为现代装修。

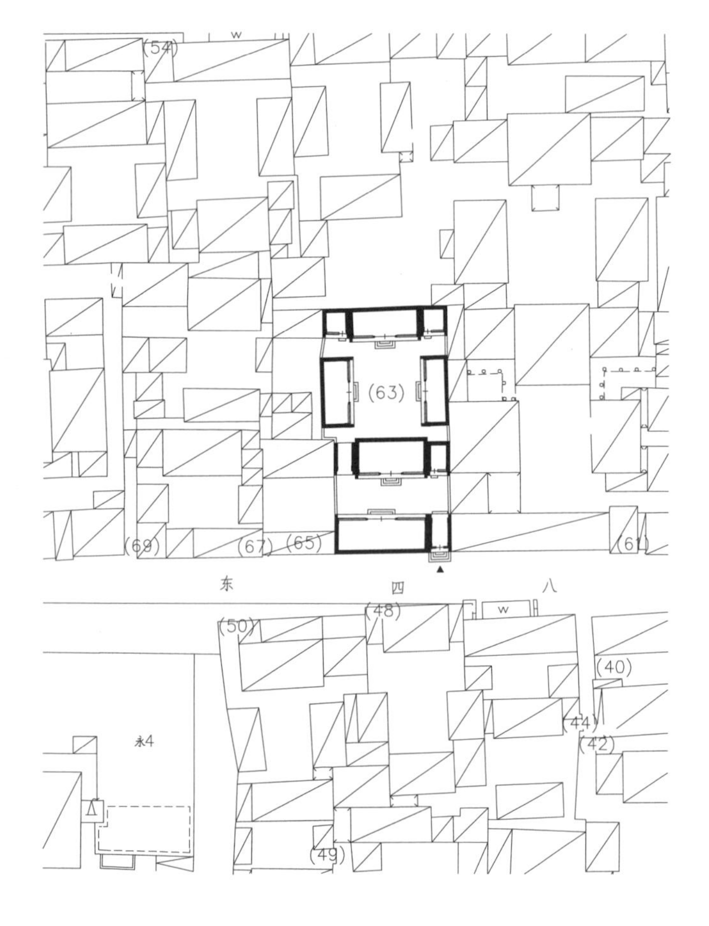

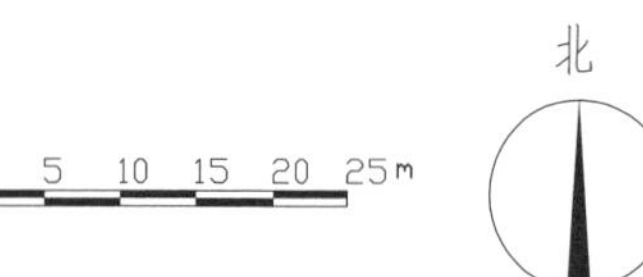

东四八条63号

如意大门

大门门墩残迹

倒座房

二进院东厢房

一进院正房

二进院正房

二进院正房西耳房

东四八条71号

位于东四街道，清代晚期建筑。原为清内务府帘子库官员住宅，新中国成立以后，成为著名教育家、作家叶圣陶先生的寓所。现仍为其家属居住。1984年，由东城区人民政府公布为东城区文物保护单位。

叶圣陶（1894—1988年），原名叶绍钧，字秉臣，笔名叶陶、圣陶等，江苏苏州人，中国现代著名作家、教育家。初为学校教员，1919年加入北京大学新潮社，从事白话文学创作。五四运动时期，与茅盾、郑振铎等人发起创立“文学研究会”。抗战时期先后参与创立“文艺界反帝抗日大联盟”与“文艺界抗敌后援会”。新中国成立后历任教育部部长、全国文联委员、第六届政协副主席、民进中央主席等职。代表作有《春宴琐谭》《倪焕之》《我与四川》《夜》等。

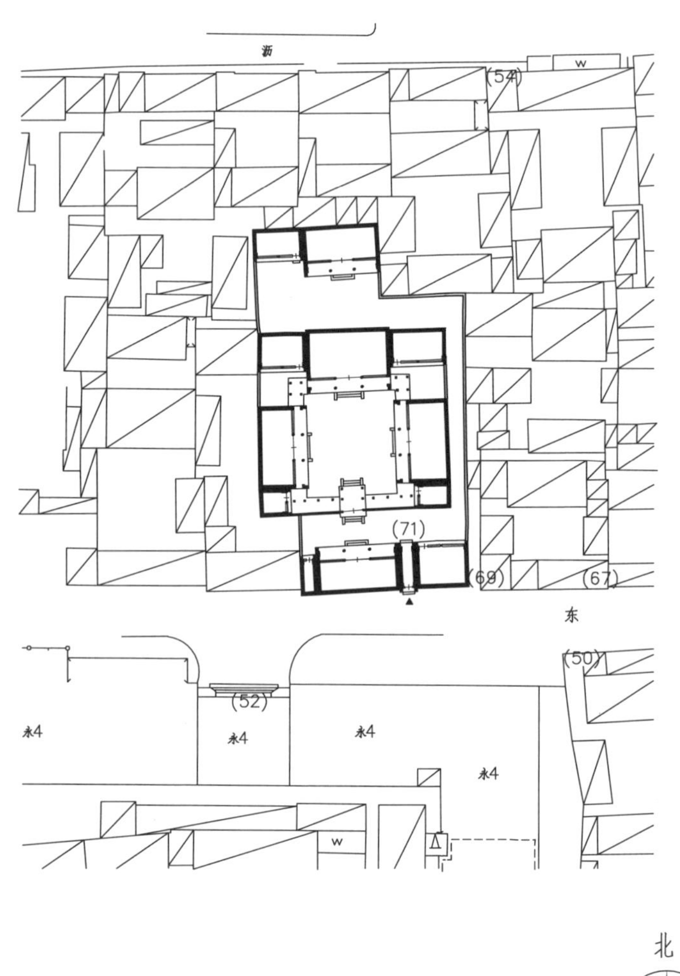

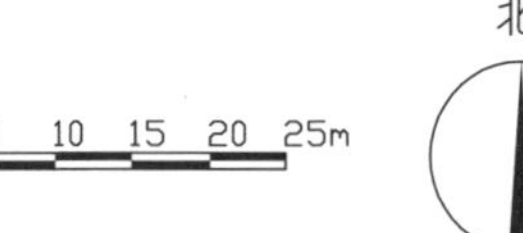

大门

倒座房

坐凳楣子

该院坐北朝南，三进院落。院落东南隅开窄大门半间，如意门形式装修，硬山顶，清水脊合瓦屋面，脊饰花盘子，博缝头雕刻“万事如意”图案，戗檐砖雕狮子图案，墀头雕刻花卉图案，门头栏板砖雕葫芦图案，门楣雕刻“万不断”纹样，象鼻枭雕刻花卉图案，梅花形门簪两枚，红漆板门两扇，门包叶一副，方形门墩一对。门内迎门一字影壁一座。大门东侧门房两间，硬山顶，过垄脊合瓦屋面，前檐已改为现代装修。大门西侧倒座房三间，前出廊，硬山顶，过垄脊合瓦屋面，前檐已改为现代装修。一进院北侧有一殿一卷式垂花门一座，悬山顶，前卷为清水脊筒瓦屋面，后卷为卷棚顶筒瓦屋面；方形垂柱头，素面走马板，梅花形门簪两枚，红漆板门两扇，两侧带余塞板，方形门墩一对，前出垂带踏跺三级。垂花门两侧接看面墙，硬山筒瓦顶，方砖硬影壁心做法。二进院正房三间，前出廊，硬山顶，清水脊合瓦屋面，檐柱间饰步步锦棂心坐凳楣子，前檐已改为现代装修；明间前出垂带踏跺三级。正房东西耳房各两间，已翻建。东西厢房各三间，前出廊，硬山顶，清水脊合瓦屋面，檐柱间饰步步锦棂心坐凳楣子，前檐已改为现代装修；明间前出垂带踏跺二级。厢房南侧厢耳房各一间，硬山顶。二进院各房有抄手游廊相连，廊柱间饰步步锦棂心坐凳楣子，廊墙上开什锦窗。一进院东侧有过道直通三进院，院内后罩房三间，前出廊，硬山顶，清水脊合瓦屋面。后罩房西侧耳房两间，已改为机瓦屋面。

二进院正房

垂花门

游廊及什锦窗

二进院西厢房

东四八条77号

位于东城区东四街道，清代晚期至民国时期建筑，现为居民院。

该院坐北朝南，四进院落。院落东南隅开广亮大门一间，硬山顶，清水脊合瓦屋面，脊饰花盘子，博缝头砖雕花卉图案，前后戗檐均装饰精美砖雕，素面走马板，梅花形门簪四枚，红漆板门两扇，圆形门墩一对，门内梁架施箍头彩画。大门西侧倒座房七间，硬山顶，过垄脊合瓦屋面，前檐已改为现代装修。一进院北侧原有垂花门一座，现已拆除。二进院正房五间，硬山顶，过垄脊合瓦屋面，披水排山，前檐已改为现代装修。正房东西两侧原有耳房，现已拆改。西厢房三间，硬山顶，已改为机瓦屋面，前檐已改为现代装修。院内原有游廊，已拆除。三进院

广亮大门

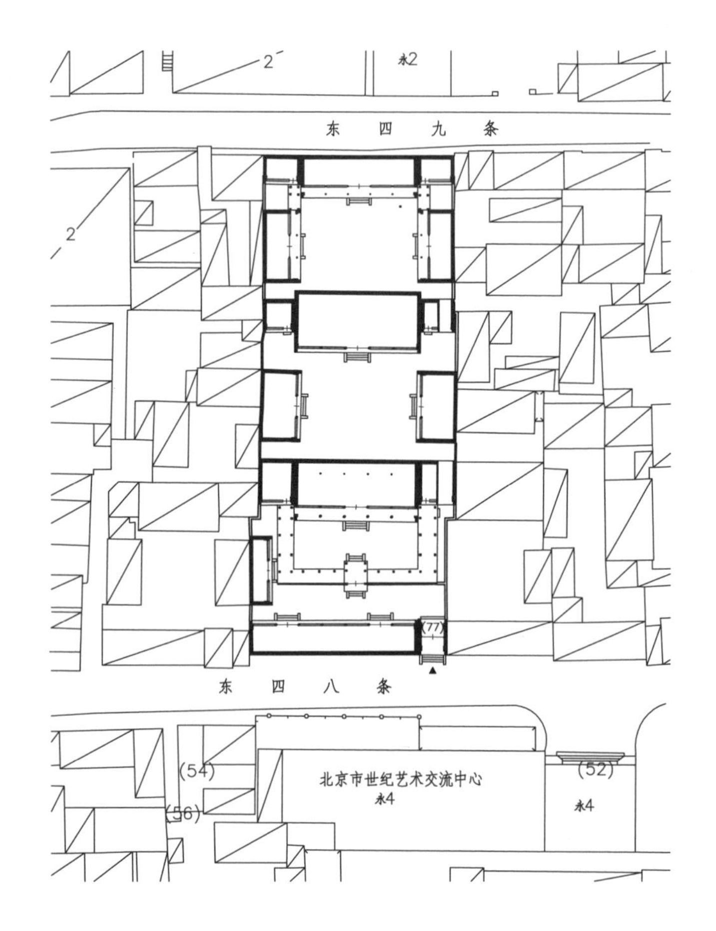

东四八条77号

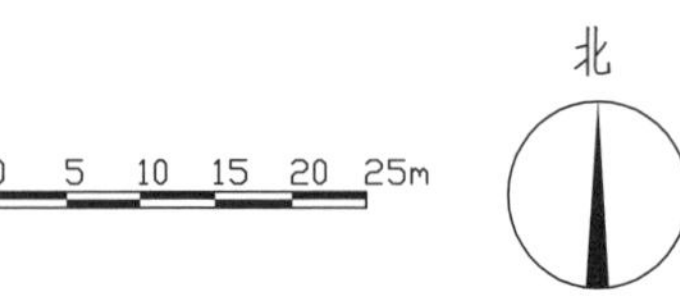

大门圆形门墩

大门箍头彩画

正房五间，硬山顶，过垄脊合瓦屋面，前檐已改为现代装修。正房东侧耳房一间，现已拆改。正房西侧平顶房一间，檐下木挂檐板，前檐已改为现代装修。东西厢房各三间，硬山顶，过垄脊合瓦屋面，前檐已改为现代装修。四进院已拆改。

大门戗檐砖雕

倒座房

一进院北房

二进院西厢房

二进院正房西侧平顶房及窝角廊

二进院正房

东四八条79号

位于东城区东四街道，民国时期建筑，现为居民院。

该院坐北朝南，一进院落。院落东南隅开大门一间，清水脊合瓦屋面，脊饰花盘子，博缝头装饰砖雕，现已封堵。大门东侧门房一间，硬山顶，过垄脊合瓦屋面；西侧倒座房五间，已改为机瓦屋面，前檐已改为现代装修。现于倒座房西侧间开便门，红漆板门两扇。正房三间，硬山顶，过垄脊合瓦屋面，披水排山，前檐已改为现代装修。正房东西耳房各两间，过垄脊合瓦屋面，前檐已改为现代装修。东西厢房各三间，硬山顶，已改为机瓦屋面，前檐已改为现代装修。

原大门及倒座房

正房

东厢房

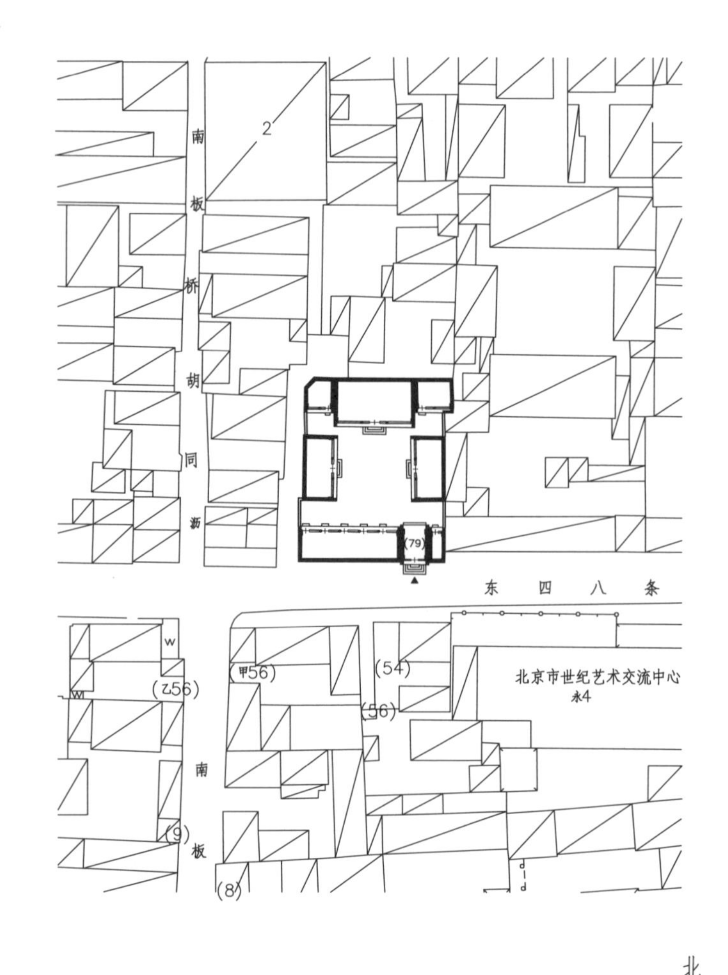

东四八条79号

东四八条121号

位于东城区东四街道，清代晚期建筑，现为居民院。

该院坐北朝南，一进院落。院落东南隅开如意大门一间，硬山顶，过垄脊合瓦屋面，梅花形门簪两枚，板门两扇，圆形门墩一对，门内后檐柱间饰卧蚕步步锦棂心倒挂楣子。门内迎门座山影壁一座，清水脊筒瓦屋面，脊饰花盘子，硬影壁心，砖砌撞头。大门西侧倒座房三间，硬山顶，过垄脊合瓦屋面，前檐已改为现代装修。倒座房西侧耳房一间，已翻建。正房三间，硬山顶，清水脊合瓦屋面，前檐已改为现代装修。正房东西耳房各一间，其中西耳房为合瓦新式房屋，东耳房按原制新建。东西厢房各三间，硬山顶，鞍子脊合瓦屋面，前檐已改为现代装修。

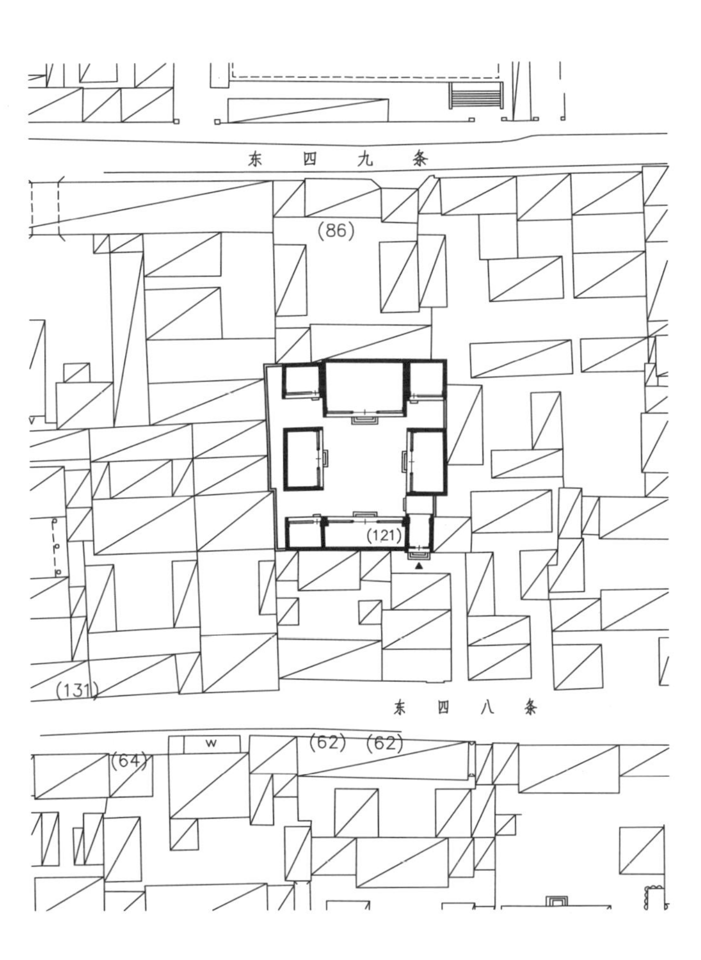

东四八条121号

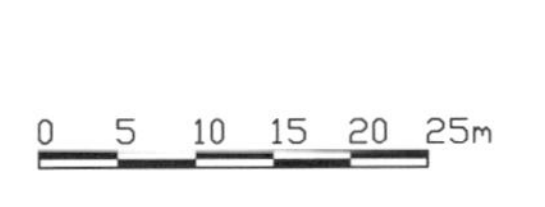

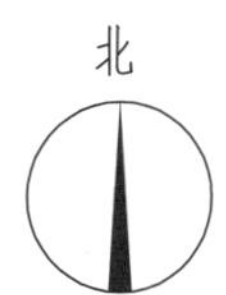

如意大门

座山影壁

正房

东四八条125号

位于东城区东四街道，民国时期建筑，现为居民院。

该院坐北朝南，一进院落。院落东南隅开蛮子大门一间，硬山顶，过垄脊合瓦屋面，梅花形门簪两枚，红漆板门两扇，两侧带余塞板，方形门墩一对，前出踏跺三级。大门西侧倒座房三间，硬山顶，过垄脊合瓦屋面，前檐明间夹门窗，棂心已改，次间下为槛墙、上为支摘窗，菱形套棂心；后檐为老檐出形式，开砖套方窗三扇。正房三间，硬山顶，过垄脊合瓦屋面，前檐明间夹门窗，圆角长方框嵌玻璃棂心，次间下为槛墙、上为支摘窗，棂心已改。正房东西耳房各一间，硬山顶，合瓦屋面，前檐已改为现代装修。东西厢房各一间，传统平顶房，已改为机瓦屋面，饰如意头木挂檐板，前檐已改为现代装修。

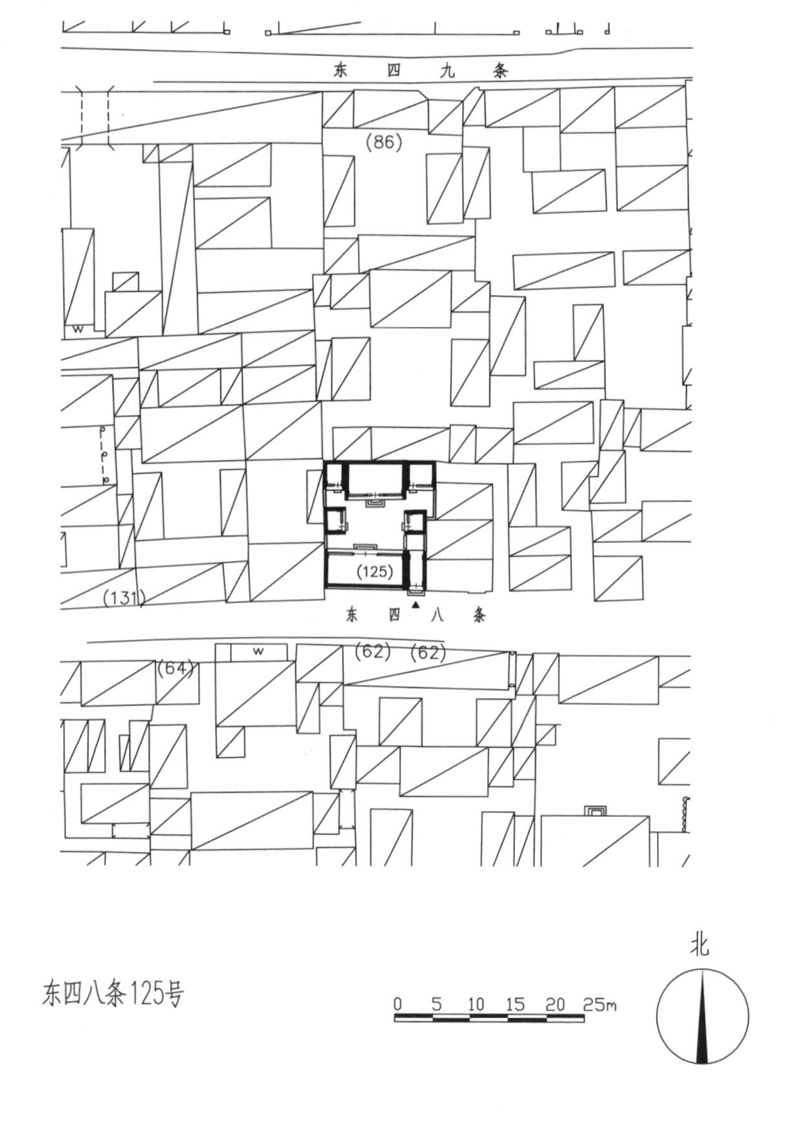

东四八条125号

倒座房装修

大门及倒座房

大门方形门墩

西厢房

正房

东四八条18号

位于东城区东四街道，清代晚期建筑，现为居民院。

该院坐南朝北，两进院落。院落西北隅开广亮大门一间，硬山顶，清水脊合瓦屋面，脊饰花盘子，饰走马板，梅花形门簪四枚，红漆板门两扇，两侧带余塞板，方形门墩一对，前出垂带踏跺六级；门内后檐柱间饰卧蚕步步锦棂心倒挂楣子。大门东侧北房五间，西侧北房两间，硬山顶，清水脊合瓦屋面，脊饰花盘子，前檐已改为现代装修。一进院原有二门一座，现已拆除，仅存方形门墩一对。二进院北房三间，前出廊，硬山顶，清水脊合瓦屋面，脊饰花盘子，前檐已改为现代装修。北房东西耳房各两间，硬山顶，清水脊合瓦屋面，脊饰花盘子，前檐已改为现代装修。南房三间，前出廊，硬山顶，清水脊合瓦屋面，脊饰花盘子，前檐已改为现代装修。南房东西耳房各两间，硬山顶，合瓦屋面，前檐已改为现代装修。东西厢房各三间，前出廊，清水脊合瓦屋面，脊饰花盘子，前檐已改为现代装修。院内各房原有游廊相连，现已无存。

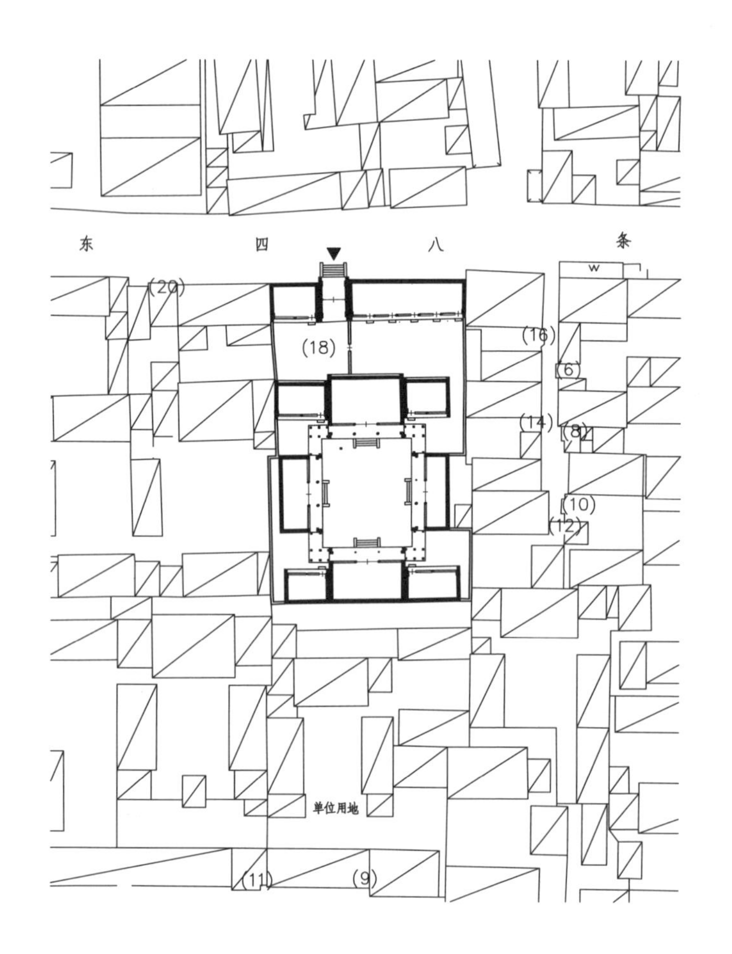

东四八条18号

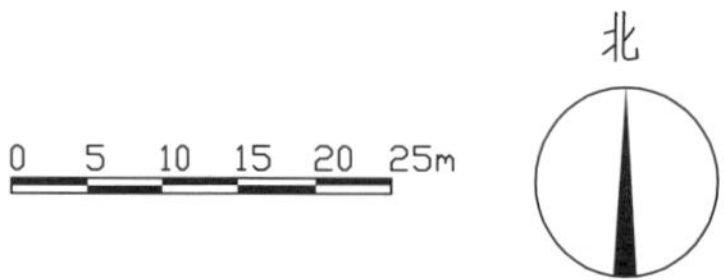

广亮大门

大门后檐倒挂楣子

二进院东厢房

二进院北房

原二门处方形门墩

二进院西厢房

二进院南房

二进院北房东耳房

东四八条20号

位于东城区东四街道，民国时期建筑，现为居民院。

该院坐南朝北，两进院落带西跨院。院落西北隅开金柱大门一间，硬山顶，已为机瓦屋面，檐柱间饰雕花雀替，素面走马板，梅花形门簪两枚，红漆板门两扇，两侧带余塞板，方形门墩一对，前出垂带踏跺五级；门内后檐柱间饰卧蚕步步锦棂心倒挂楣子。大门东侧北房三间，硬山顶，已改为机瓦屋面，前檐已改为现代装修。二进院北房三间，硬山顶，清水脊合瓦屋面，墙体丝缝砌法，前檐已改为现代装修。北房东西耳房各一间，硬山顶，过垄脊合瓦屋面，前檐已改为现代装修；西耳辟为门道，与一进院连通；后檐柱间饰步步锦棂心倒挂楣子。南房三间，硬山顶，清水脊合瓦屋面，脊饰花盘子，前檐已改为现代装修。南房西侧耳房一间，已翻建。西跨院南房三间，硬山顶，灰梗瓦屋面，前檐已改为现代装修。南房东西耳房各一间，已拆改。东厢房三间，硬山顶，灰梗瓦屋面，前檐已改为现代装修。西厢房三间，已改为机瓦屋面，前檐已改为现代装修。主院与跨院间有二门相连，门头套沙锅套花瓦装饰。

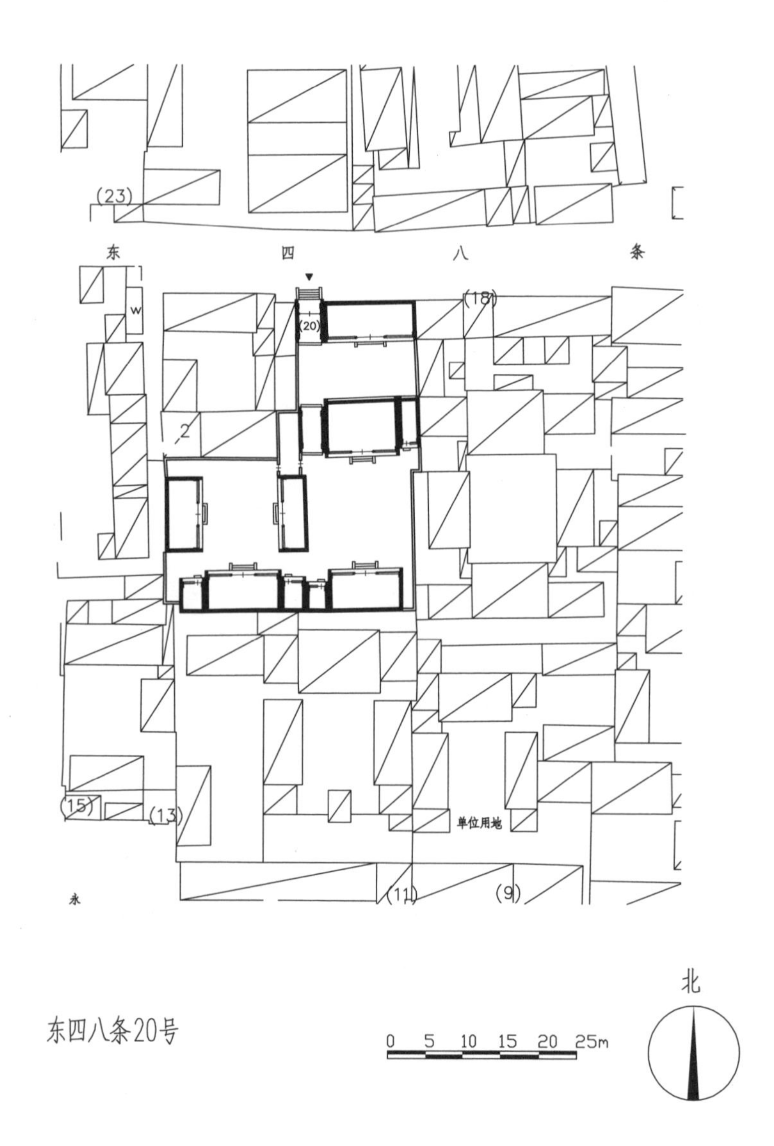

东四八条20号

金柱大门

大门方形门墩

一进院北房

一进院北房西侧门道

西跨院东厢房山墙

西跨院二门

西跨院南房

流水巷11号

位于东城区东四街道，清代晚期建筑，现为居民院。

该院坐北朝南，一进院落。院落东南隅开如意大门一间，东向，硬山顶，清水脊合瓦屋面，脊饰花盘子，戗檐砖雕精美花卉图案，栏板、门楣、象鼻枭均雕刻精美吉祥图案，梅花形门簪两枚，红漆板门两扇，方形门墩一对；门内后檐柱间饰盘长如意棂心倒挂楣子。正房三间，前出廊，清水脊合瓦屋面，脊饰花盘子，前檐已改为现代装修。正房东西耳房各两间，硬山顶，过垄脊合瓦屋面，前檐已改为现代装修。东厢房两间，硬山顶，鞍子脊合瓦屋面，前檐已改为现代装修。西厢房三间，硬山顶，鞍子脊合瓦屋面，前檐已改为现代装修。

如意大门

栏板砖雕局部

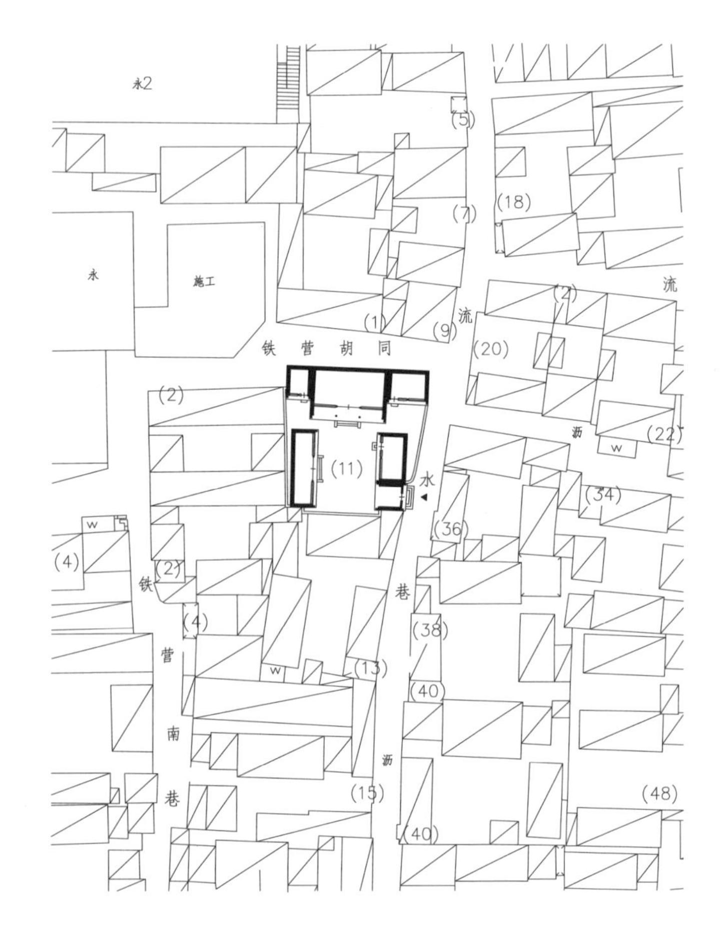

流水巷11号

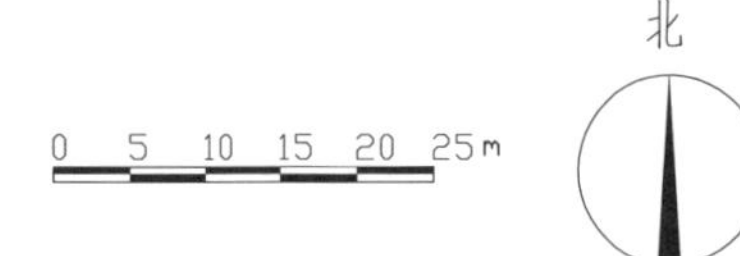

大门戗檐砖雕

大门后檐倒挂楣子

西厢房

正房

流水巷40号

位于东城区东四街道，民国时期建筑，现为居民院。

该院坐北朝南，一进院落。院落西南隅开便门一间，西向，红漆板门两扇。正房三间，前出廊，硬山顶，合瓦屋面，前檐已改为现代装修。正房东西耳房各一间，硬山顶，已改为机瓦屋面，前檐已改为现代装修。东西厢房各三间，硬山顶，已改为机瓦屋面，墙体改红机砖砌筑，前檐已改为现代装修。

大门

东厢房

正房及耳房

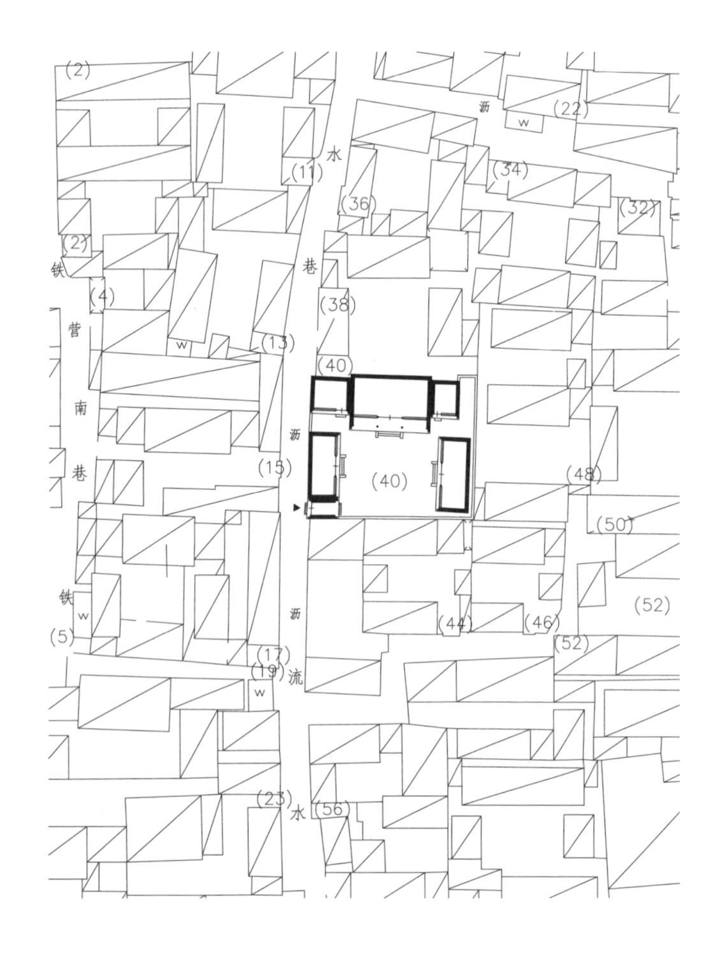

流水巷40号

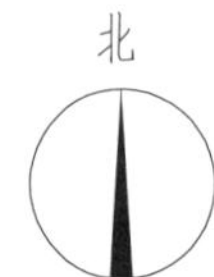

流水东巷23号

位于东城区东四街道，民国时期建筑。该院原为国民党熊世辉住宅，现为居民院。

该院坐北朝南，一进两并联式院落。西院东南隅开如意大门一间，硬山顶，清水脊合瓦屋面，脊饰花盘子，雕花栏板装饰，门楣雕刻“万不断”纹样，梅花形门簪两枚，红漆板门两扇，方形门墩一对。大门东西两侧倒座房各三间，硬山顶，过垄脊合瓦屋面，前檐已改为现代装修。东院正房三间，硬山顶，鞍子脊合瓦屋面，戗檐砖雕精美图案，前檐已改为现代装修。正房东西耳房各一间，已翻建。东西厢房各三间，其中东厢房已拆改，西厢房为过垄脊合瓦屋面，前檐已改为现代装修。西院正房三间，硬山顶，清水脊合瓦屋面，前檐已改为现代装修。正房东西耳房各一间，硬山顶，合瓦屋面，前檐已改为现代装修。东西厢房各三间，硬山顶，鞍子脊合瓦屋面，前檐已改为现代装修。

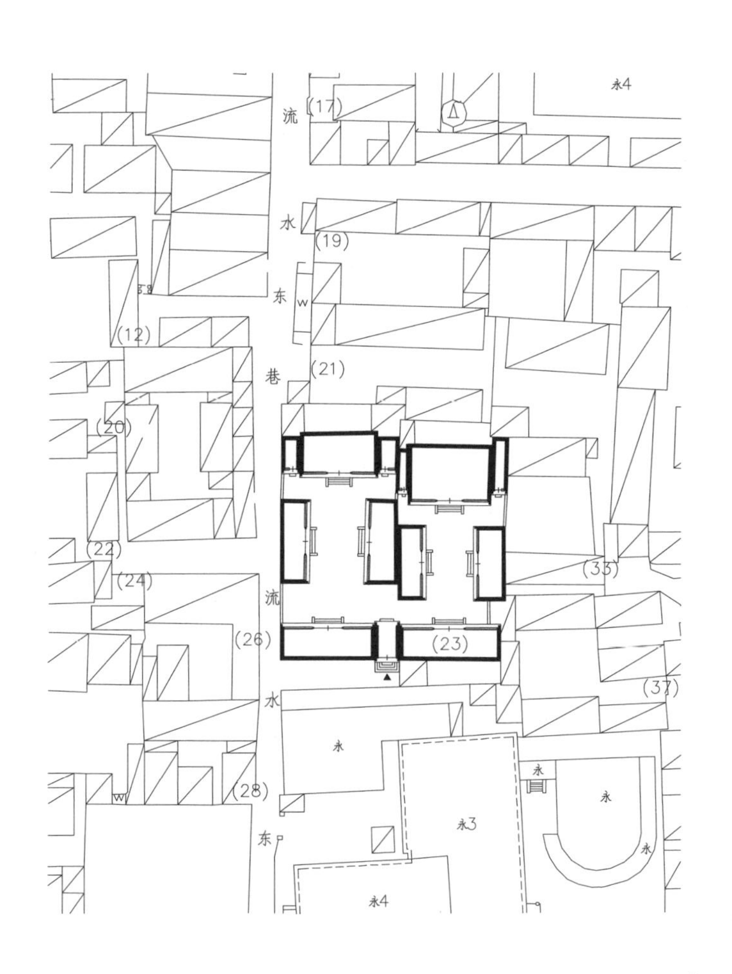

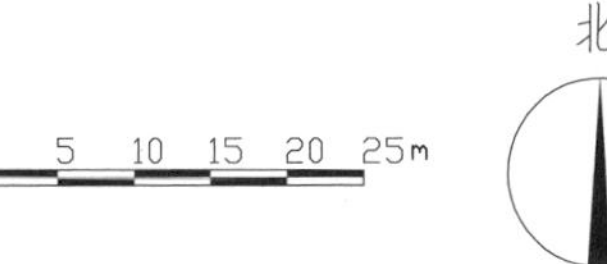

流水东巷23号

如意大门

大门门头砖雕

大门方形门墩

西院东厢房

东院正房

西院正房

流水东巷18号

位于东城区东四街道，民国时期建筑，现为居民院。

该院坐北朝南，两进院落。院落东南隅开如意大门一间，硬山顶，过垄脊合瓦屋面，戗檐原砖雕花卉图案，现仅存东侧戗檐砖雕；墀头雕刻花篮图案；海棠池素面栏板装饰，梅花形门簪两枚，红漆板门两扇，圆形门墩一对；门内民国花砖墁地，后檐柱间饰灯笼锦棂心倒挂楣子。门内迎门座山影壁一座，筒瓦屋面，抹灰软影壁心。大门西侧倒座房四间，硬山顶，已改为机瓦屋面，前檐已改为现代装修。一进院北侧木影壁式门楼一座，已改为机瓦屋面，门板遗失。二进院正房三间，前出廊，硬山顶，过垄脊合瓦屋面，前檐已改为现代装修。东西厢房各三间，硬山顶，过垄脊，已改为机瓦屋面，前檐已改为现代装修。厢房南北两侧平顶耳房各一间，前檐已改为现代装修。

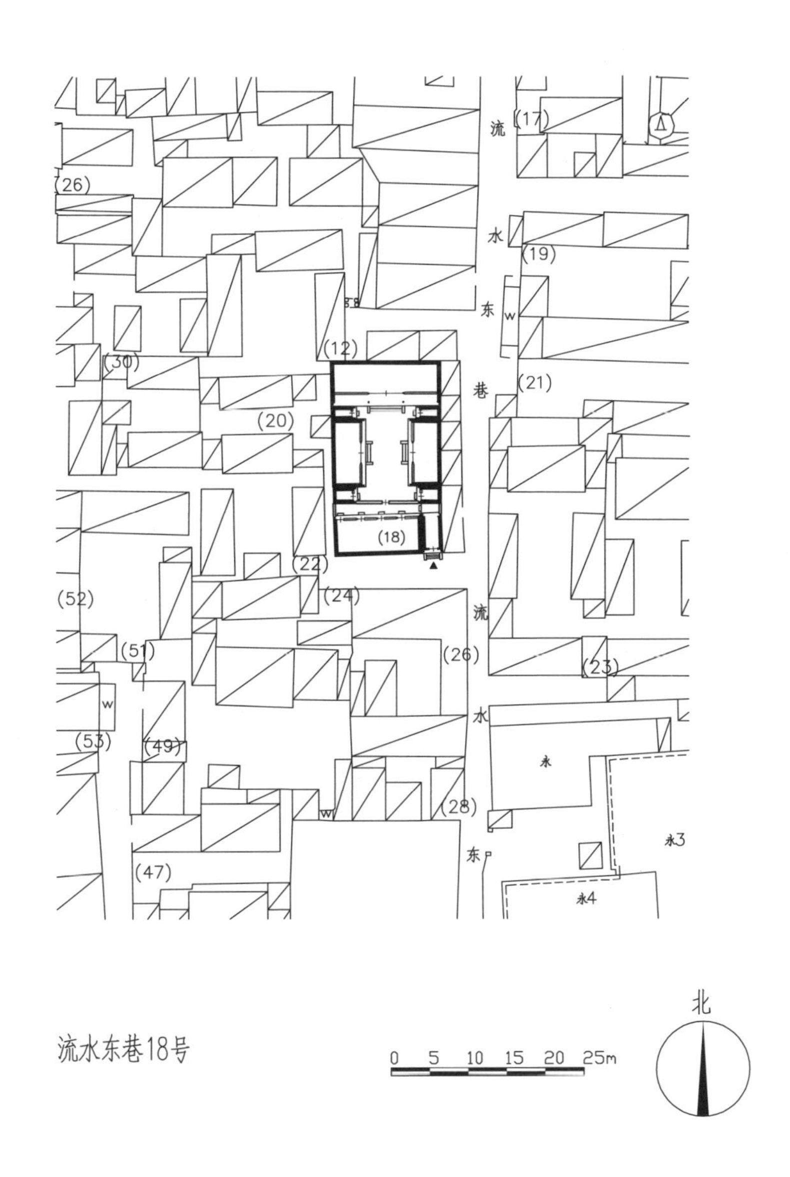

流水东巷18号

大门

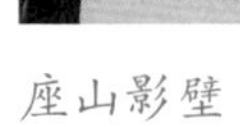
座山影壁

木影壁式门楼

二进院东厢房

倒座房

二进院正房

石桥胡同11号

位于东城区东四街道，民国时期建筑，现为居民院。

该院坐北朝南，两进院落。院落东南隅开如意大门一间，东向，硬山顶，清水脊合瓦屋面，脊饰花盘子，门头套沙锅套花瓦装饰，现已封堵。大门南北两侧东房各一间，硬山顶，合瓦屋面，前檐已改为现代装修。现于院落东北隅开小便门一座，东向，红漆板门两扇。一进院西房三间，已翻建，前檐已改为现代装修。一进院北侧原有二门一座，现已拆除。二进院正房三间，前出廊，硬山顶，清水脊合瓦屋面，前檐已改为现代装修。正房东侧耳房一间，硬山顶，合瓦屋面，前檐已改为现代装修。东西厢房各三间，硬山顶，清水脊合瓦屋面，脊饰花盘子，前檐已改为现代装修。

现大门

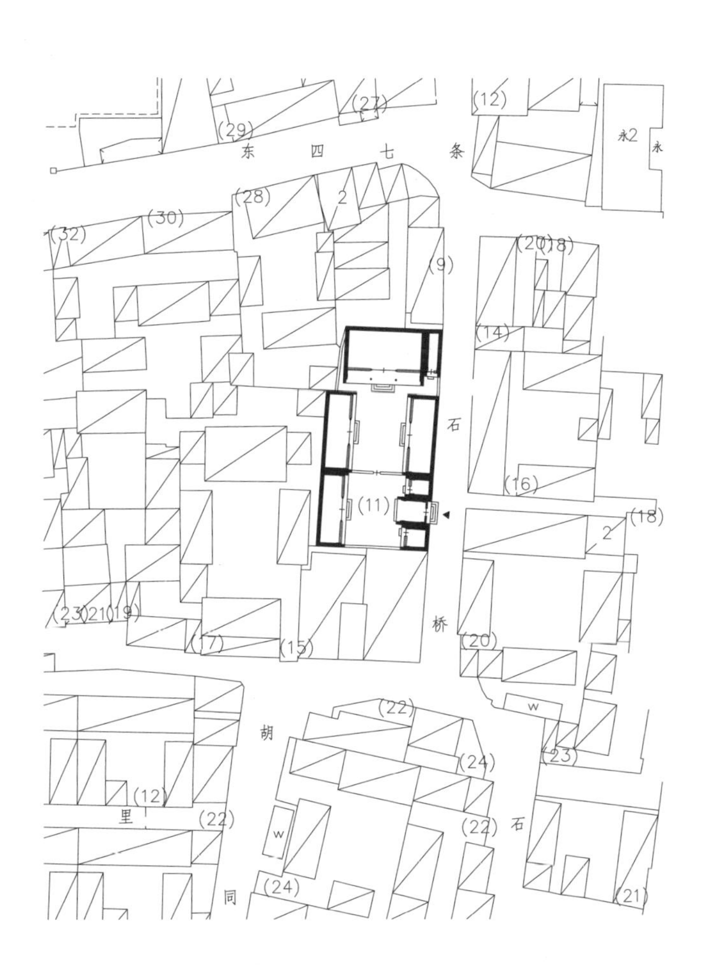

石桥胡同11号

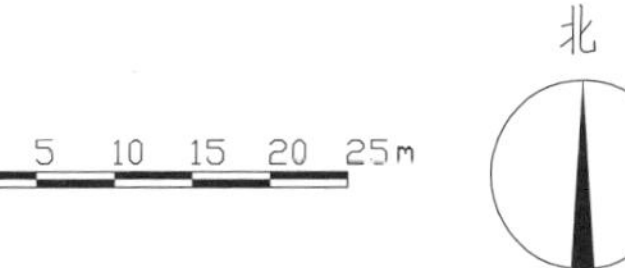

大门方形门墩

原大门

东厢房

西厢房

正房

铁营北巷1号、3号、5号

位于东城区东四街道，清代晚期建筑，现为居民院。

该院坐北朝南，一进三并联式院落。

1号：院落东南隅开如意大门一间，硬山顶，清水脊合瓦屋面，脊饰花盘子，博缝头雕刻“万事如意”图案，戗檐砖雕精美，梅花形门簪两枚，红漆板门两扇。大门西侧倒座房四间，硬山顶，合瓦屋面，前檐已改为现代装修。正房三间，前后廊，硬山顶，已改为机瓦屋面，前檐已改为现代装修。正房东西耳房各一间，硬山顶，已改为机瓦屋面，前檐已改为现代装修。东厢房三间，已翻建。

3号：倒座房四间，硬山顶，已改为机瓦屋面，东侧一间辟为门道，现已封堵；其余各间前檐已改为现代装修。正房三间，前后廊，硬山顶，清水脊合瓦屋面，脊饰花盘子，前檐已改为现代装修，仅保留部分十字海棠棂心横披窗。正房西侧耳房一间，硬山顶，合瓦屋面，前檐已改为现代装修。东西厢房各三间，硬山顶，过垄脊合瓦屋面，前檐已改为现代装修。

5号：院落东南隅开大门一间，已改为机瓦屋面，现已封堵。大门西侧倒座房四间，硬山顶，过垄脊合瓦屋面，前檐已改为现代装修。现于

大门

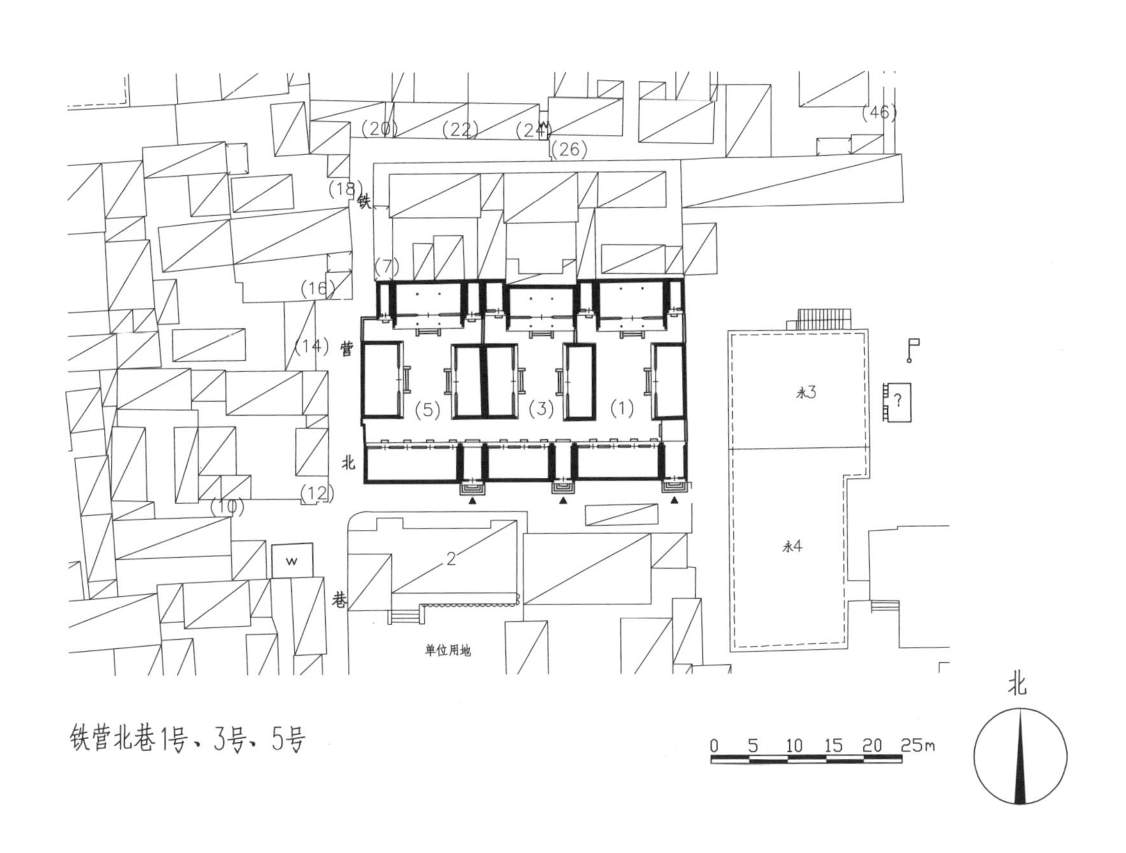

铁营北巷1号、3号、5号

院落西侧倒座房与西厢房南山墙之间开便门一座，红漆板门两扇。正房三间，前后廊，硬山顶，清水脊合瓦屋面，脊饰花盘子，前檐已改为现代装修。正房东西耳房各一间，硬山顶，合瓦屋面，前檐已改为现代装修。东厢房三间，已翻建。西厢房三间，硬山顶，过垄脊合瓦屋面，前檐已改为现代装修。

1号院正房

1号院东厢房山面

3号院现大门

5号院原大门

5号院现大门

3号院正房

3号院正房横披窗装修

3号院东厢房

5号院正房

铁营北巷7号

位于东城区东四街道，民国时期建筑，现为居民院。

该院坐北朝南，三进串联院落。院落西南隅开西洋式小门楼一座，西向，红漆板门两扇，门内后檐柱间饰栏杆形棂心倒挂楣子，后接平顶廊，饰木挂檐板。一进院正房三间，平顶屋面，饰素面木挂檐板，前檐已改为现代装修。东侧有平顶游廊，可通二进院，方柱，饰素面木挂檐板。二进院正房三间，前出廊，硬山顶，清水脊合瓦屋面，前檐已改为现代装修。正房东西耳房各一间，硬山顶，合瓦屋面，前檐已改为现代装修。东侧有平顶游廊，可通三进院，方柱，饰素面木挂檐板。三进院正房三间，硬山顶，过垄脊合瓦屋面，前檐已改为现代装修。

大门

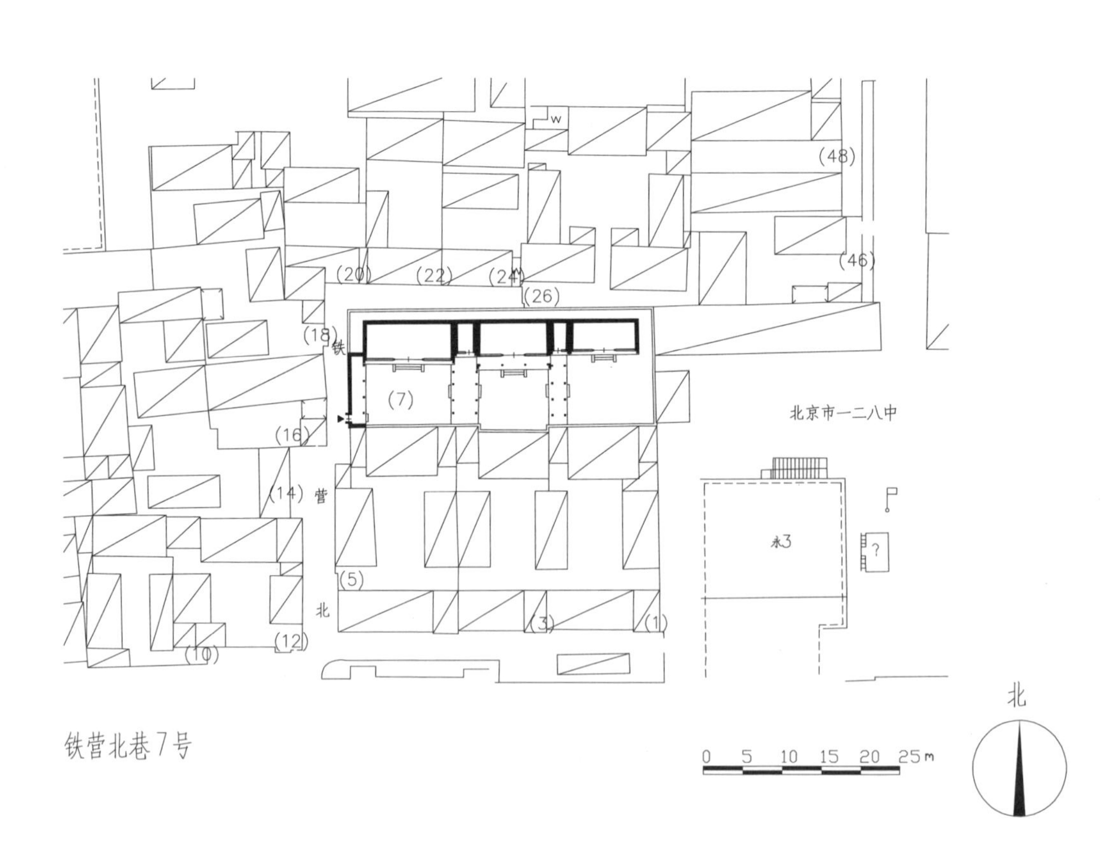

铁营北巷7号

大门后平顶廊

一进院正房

一进院东侧平顶廊

二进院正房

育芳胡同5号

位于东城区东四街道，清代晚期建筑。原为清朝许世昌的宅邸，现为居民院。

该院坐南朝北，两进院落。院落西侧居中开金柱大门一间，硬山顶，过垄脊筒瓦屋面，檐柱间饰雕花雀替；素面走马板，梅花形门簪四枚，红漆板门两扇，两侧带余塞板，原有圆形门墩一对，现仅存西侧门墩；门内后檐柱间饰卧蚕步步锦棂心倒挂楣子。大门东西两侧共有北房七间，东侧三间，西侧四间，均为硬山顶，已改为机瓦屋面，前檐已改为现代装修。大门与一进南房间有甬道相连，两侧出垂带踏跺三级。一进院南房五间为过厅，硬山顶，过垄脊合瓦屋面，前檐明间已改为现代装修，次间下为槛墙、上为四抹槛窗，玻璃屉棂心，上饰斜十字方格棂心横披窗。二进院南侧二层楼房一栋，坐南朝北，主楼五间，前出廊，筒瓦屋面，廊柱间饰步步锦棂心倒挂楣子，明间开拱券门，前出垂带踏跺五级，楼内有木制楼梯可通二楼。主楼西接配楼三间，筒瓦屋面，二层支摘窗装修，棂心已改，其余均已改为现代装修。东西厢房各三间，其中东厢房为过垄脊筒瓦屋面，西厢房已改为机瓦屋面，前檐均已改为现代装修。

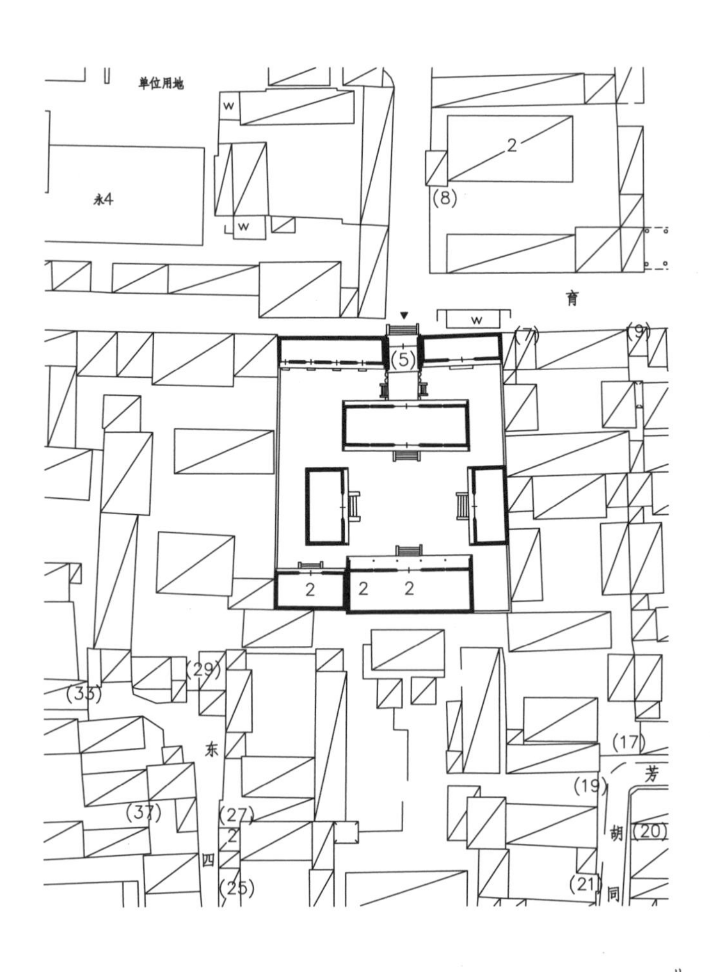

育芳胡同5号

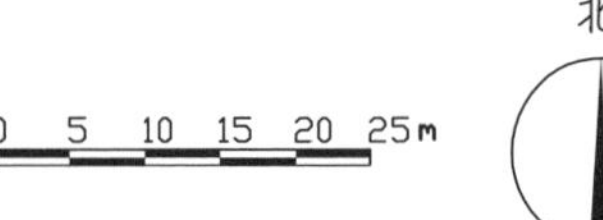

金柱大门

大门圆形门墩

二进院北房

二进院主楼二层装修

二进院主楼内楼梯

二进院配楼

育芳胡同13号

位于东城区东四街道，民国时期建筑，现为居民院。

该院坐北朝南，一进院落。院落东南隅开小门楼一座，东向，筒瓦屋面，红漆板门两扇。正房三间，硬山顶，已改为机瓦屋面，前檐已改为现代装修。正房东西耳房各一间，硬山顶，已改为机瓦屋面，前檐已改为现代装修。南房五间，硬山顶，已改为机瓦屋面，前檐已改为现代装修。东西厢房各两间，硬山顶，已改为机瓦屋面，前檐已改为现代装修。

大门

东厢房

正房

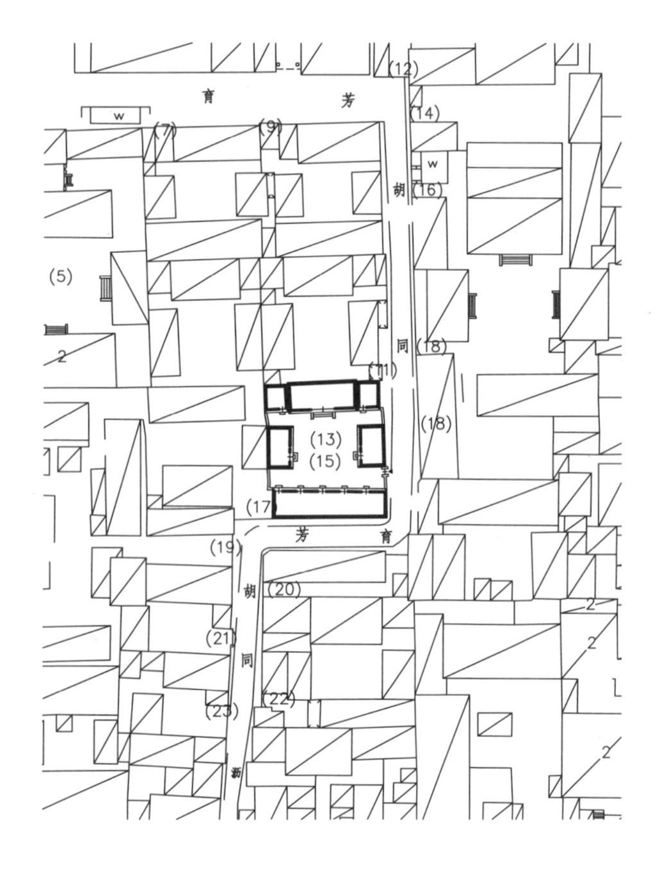

育芳胡同13号

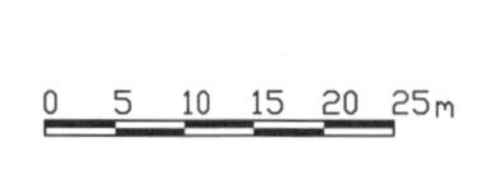

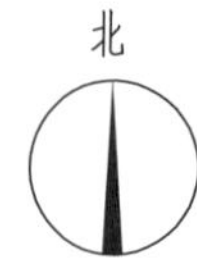

月光胡同4号

位于东城区东四街道，民国时期建筑，现为居民院。

该院坐北朝南，一进院落。院落西南隅开小门楼一座，西向，硬山顶，清水脊筒瓦屋面，后檐博缝头砖雕“万事如意”图案，梅花形门簪两枚，红漆板门两扇，门钹一对，门包叶一副，方形门墩一对，两侧立泰山石敢当各一块。大门两侧看面墙采用海棠池做法。门内迎门木影壁一座，过垄脊筒瓦屋面，装饰镂雕花板。两侧为传统硬顶随墙门各一座，门头套沙锅套花瓦装饰。南房三间，合瓦屋面，檐下施苏式彩画，戗檐明间夹门窗，次间下为槛墙、上为支摘窗，杦心已改。南房西侧耳房一间，硬山顶，前檐卧蚕步步锦杦心夹门窗。北房三间，硬山顶，合瓦屋面，檐下施箍头彩画及花卉图案，前檐明间夹门窗，次间下为槛墙、上为支摘窗，杦心已改。

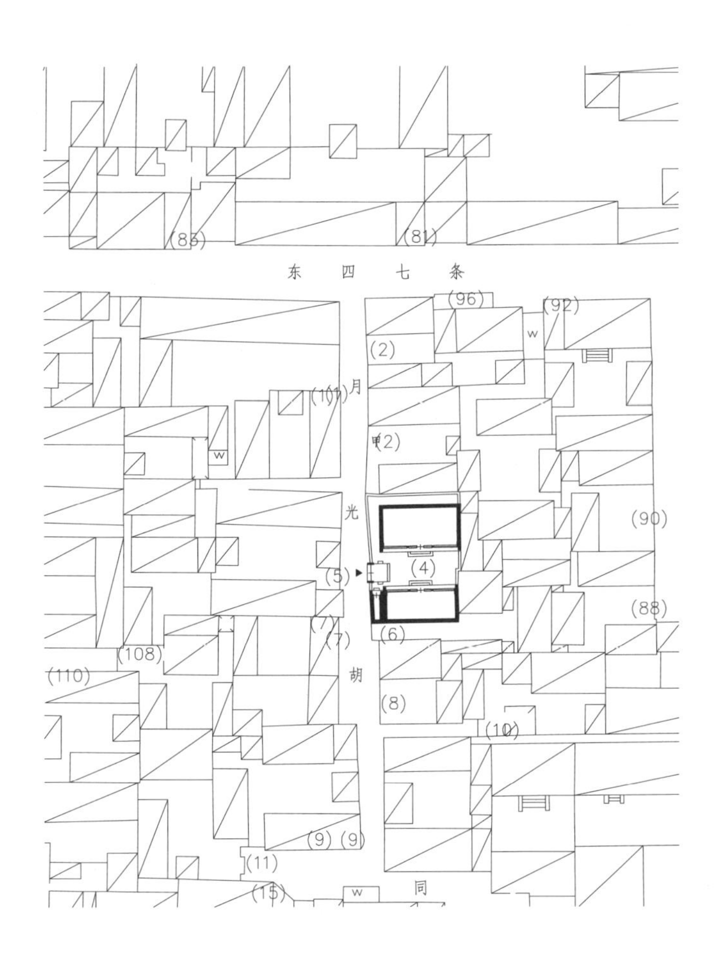

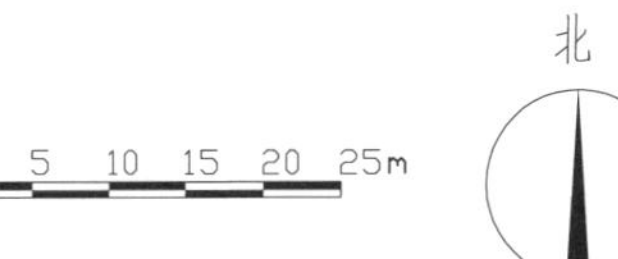

月光胡同4号

大门

大门博缝头砖雕

木影壁局部雕刻

木影壁

大门南侧看面墙

北房

月光胡同12号

位于东城区东四街道，清代晚期至民国时期建筑，现为居民院。

该院坐南朝北，一进院落。院落西北隅开如意大门一间，硬山顶，清水脊合瓦屋面，脊饰花盘子，现已封堵。现于院落西墙开便门一座，西向，板门两扇，门钹一对，门包叶一副。北房两间，硬山顶，合瓦屋面，前檐已改为现代装修。南房三间，前出廊，硬山顶，过垄脊合瓦屋面，前檐明间隔扇门，雕花裙板；次间下为槛墙、上为支摘窗，棂心已改。西房两间，硬山顶，合瓦屋面，前檐已改为现代装修。

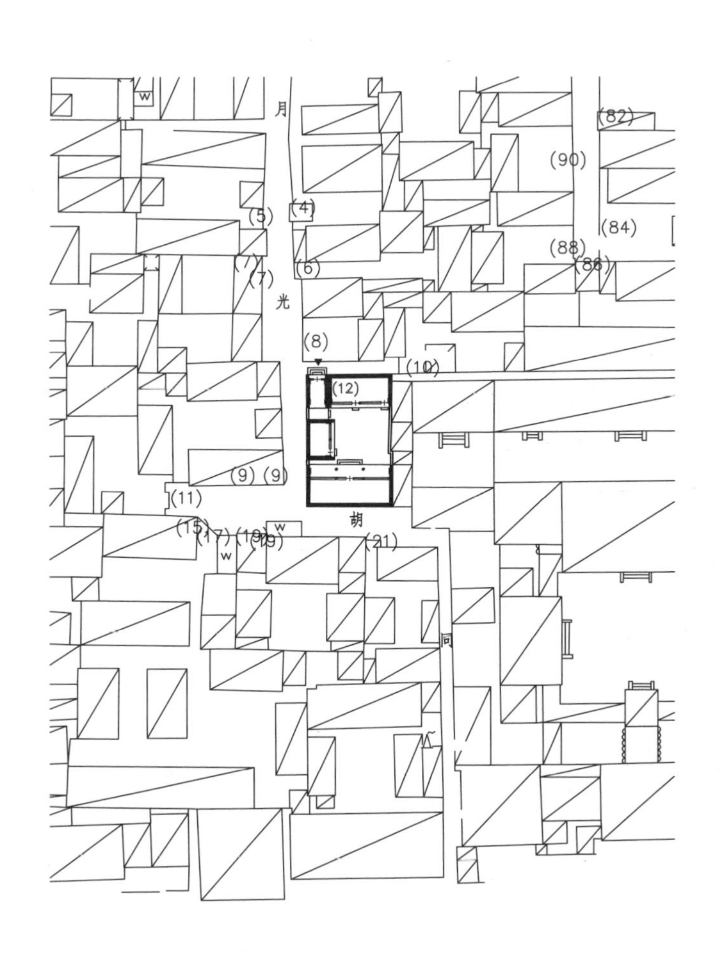

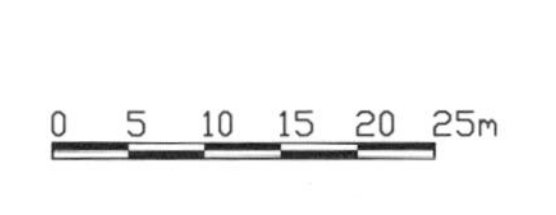

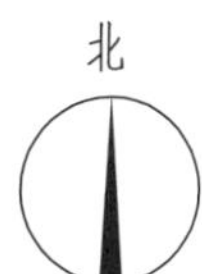

月光胡同12号

现大门

原大门

北房背立面

南房

门钹

南房明间装修

月牙胡同6号

位于东城区东四街道，清代晚期建筑，现为居民院。

该院坐北朝南，两进院落带西跨院。院落西南隅开小门楼一座，西向，六角形门簪两枚，红漆板门两扇。大门南侧门房一间，北侧西房两间，均为硬山顶，已改为机瓦屋面，前檐已改为现代装修。一进院二门一座，硬山顶，过垄脊筒瓦屋面，铃铛排山，板门已遗失。二进院正房三间，前出廊，硬山顶，已改为机瓦屋面，前檐已改为现代装修。正房东西耳房各一间，硬山顶，已改为机瓦屋面，前檐已改为现代装修。东西厢房各三间，前出廊，硬山顶，已改为机瓦屋面，前檐已改为现代装修。西跨院西房三间，硬山顶，已改为机瓦屋面，前檐已改为现代装修。

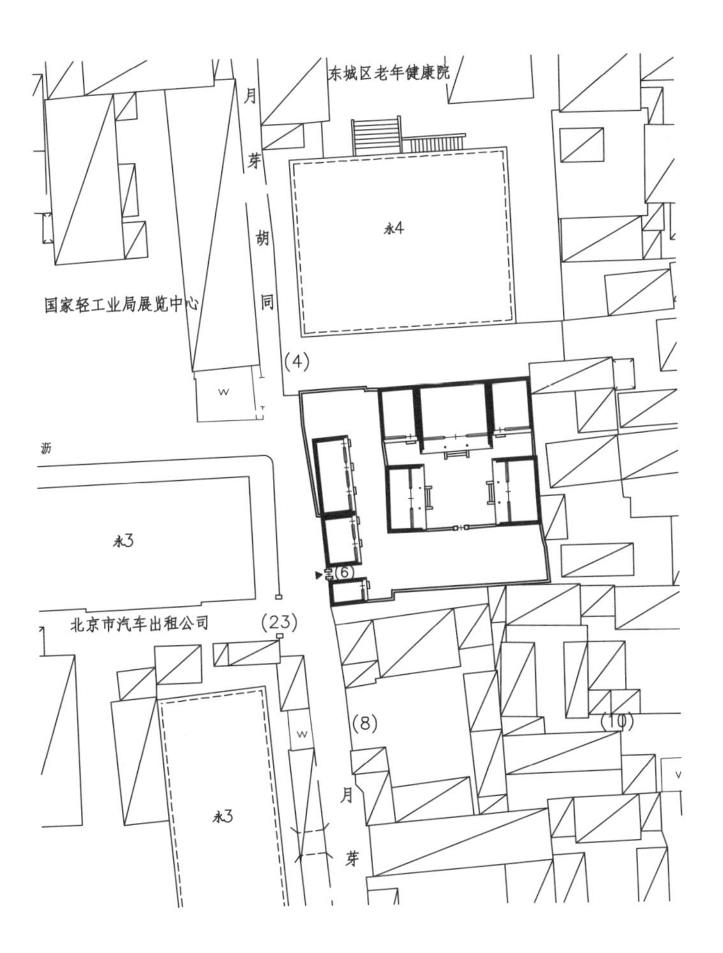

大门

月牙胡同6号

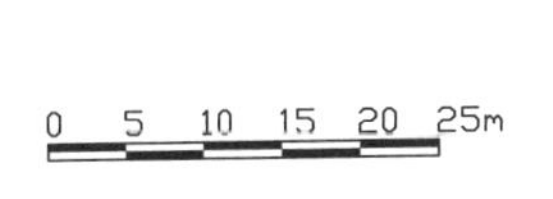

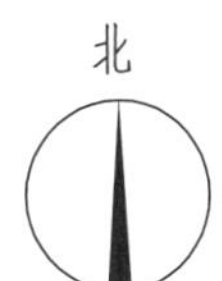

二门侧立面

西跨院西房背立面

东厢房

正房

月牙胡同8号

位于东城区东四街道，清代晚期建筑。中国民主同盟副主席萨空了曾在此居住，现为单位用房。

该院坐北朝南，一进院落。院落西墙中部开小门楼一座，西向，硬山顶，清水脊合瓦屋面，梅花形门簪两枚，铁门两扇。北房三间，硬山顶，清水脊合瓦屋面。北房东西耳房各一间，硬山顶，过垄脊合瓦屋面，前檐已改为现代装修。西房两间，北接顺山西房一间，均为硬山顶，前檐已改为现代装修。东房七间，南房三间，均为硬山顶，前檐已改为现代装修。

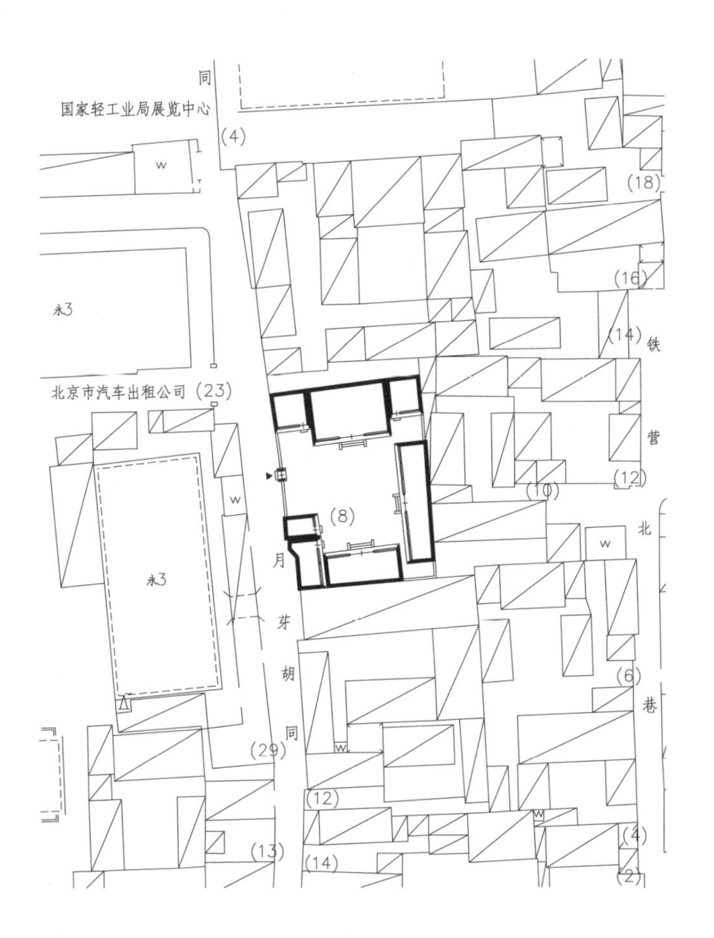

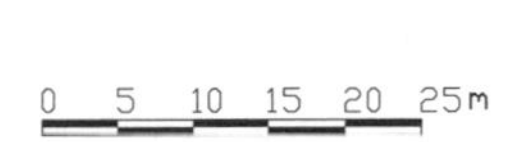

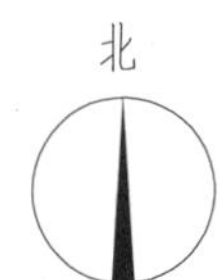

月牙胡同8号

大门

东华门街道

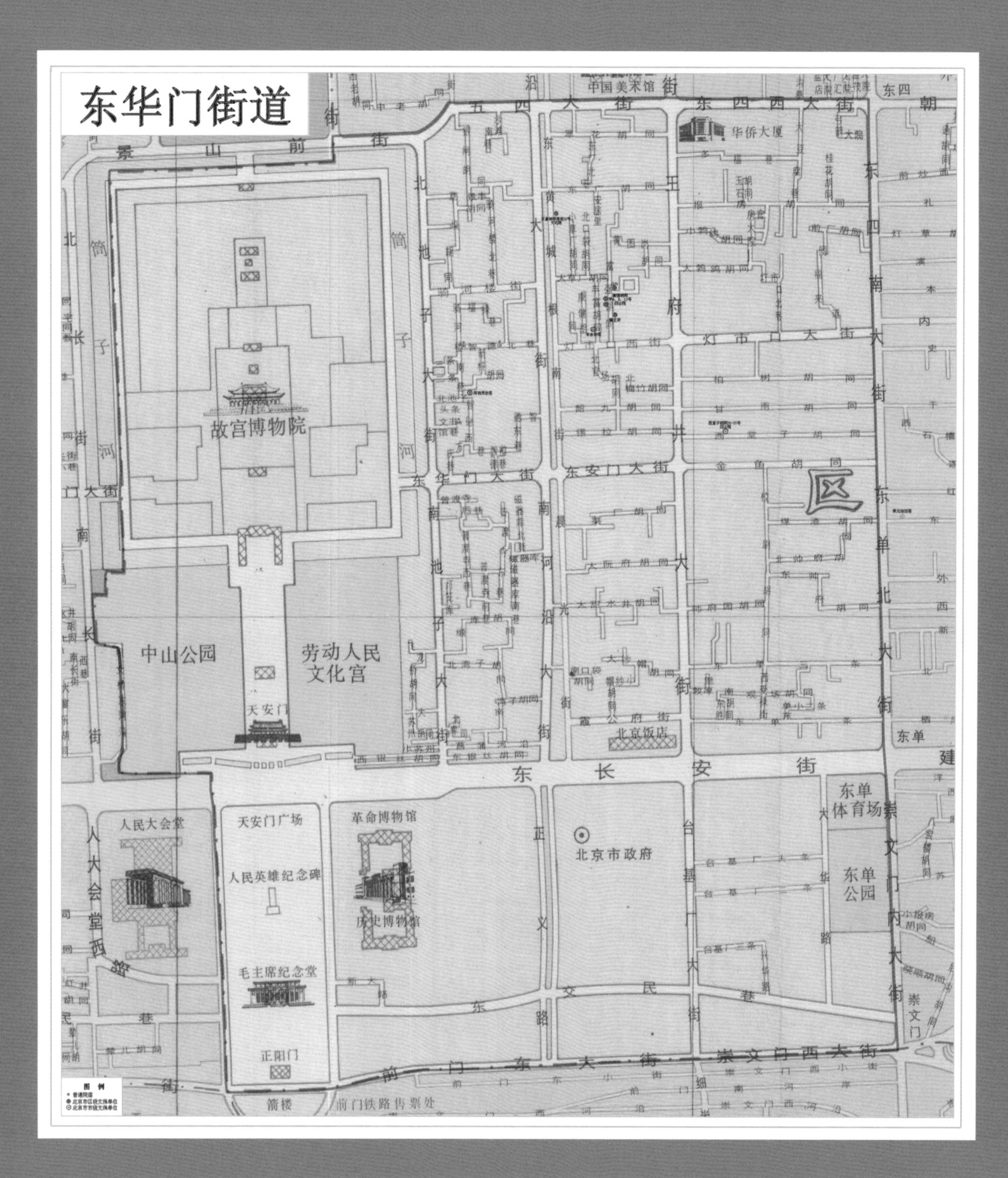
东华门街道
故宫博物院
中山公园
劳动人民文化宫
天安门
天安门广场
人民英雄纪念碑
毛主席纪念堂
正阳门
人民大会堂
革命博物馆
历史博物馆
北京市政府
北京饭店
华侨大厦
中国美术馆
东单体育场
东单公园
东长安街
东华门大街
东安门大街
灯市口大街
五四大街
东四西大街
景山前街
王府井大街
东单北大街
崇文门内大街
崇文门西大街
前门东大街
正义路
台基厂大街
东交民巷
南河沿大街
北河沿大街
南池子大街
北池子大街
箭楼
前门铁路售票处
区

东华门大街59号，万庆巷4号、6号

位于东城区东华门街道，清代至民国建筑，现为居民院。

该院落坐北朝南，分东中西三路。中路共三进，院落东南隅开西洋式门楼一座，上起三角山花女墙，墙上装饰有砖砌门额，檐口装饰有线脚，拱券门，大门已改为铁制大门。第一进院无建筑，第二进院南房七间，前出廊，硬山顶，清水脊合瓦屋面，明间辟为二门，蛮子门形式，梅花形门簪四枚，朱漆板门两扇，圆形门墩一对，前出如意踏跺二级。二门内象眼处有线刻几何纹砖雕，隔断墙北侧开门可通东西次间。二门后檐原有屏门四扇，现仅存两扇。南房其余各间，前檐柱间饰倒挂楣子，门窗已改为现代装修，后檐为老檐出形式，墙上开有平券窗。第二进院正房三间，前后廊，硬山顶，清水脊合瓦屋面，前檐已改为现代装修，明间前出垂带踏跺三级。正房东西耳房各两间，已改为机瓦屋面，前檐已改为现代装修。其中东耳房东侧一间辟为过道，可通第三进院。东西厢房各三间，前出廊，已改为机瓦屋面，前檐已改为现代装修。院内各房间有平顶游廊相连。第三进院后罩房七间，硬山顶，过垄脊合瓦屋面，前檐已改为现代装修，东侧半间辟为门道。

东路两进院落，第一进院正房三间，前后廊，硬山顶，清水脊合瓦

大门

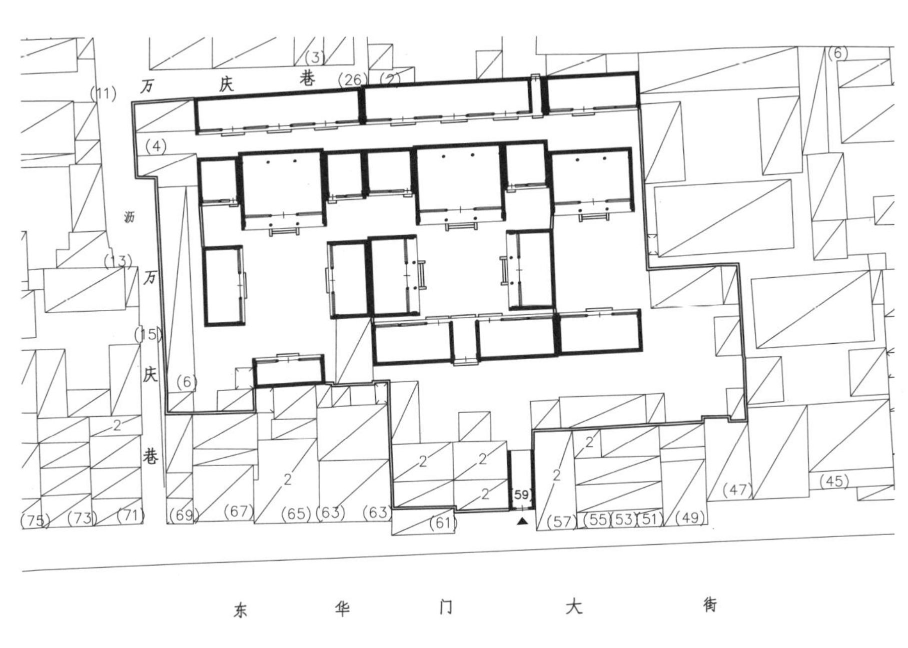

东华门大街59号，万庆巷4号、6号

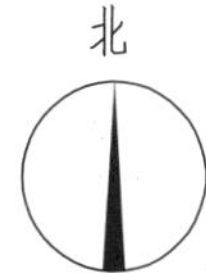

屋面。南房三间，硬山顶，清水脊合瓦屋面。第二进院后罩房四间，硬山顶，已改为机瓦屋面，前檐已改为现代装修。

西路两进院落，现已另辟门牌，其中第一进院为万庆巷6号，院内正房三间，前后廊，硬山顶，清水脊合瓦屋面，前檐已改为现代装修，明间前出垂带踏跺三级。正房东西耳房各一间，硬山顶，过垄脊合瓦屋面，前檐已改为现代装修。东西厢房各三间，硬山顶，过垄脊合瓦屋面，前檐已改为现代装修。南房三间，硬山顶，清水脊合瓦屋面，前檐已改为现代装修。第二进院后罩房七间，硬山顶，过垄脊合瓦屋面，前檐已改为现代装修。

二门象眼砖雕

中路二门

东路一进院北房

中路二门圆形门墩

东路二进院后罩房

中路二进院东厢房

中路二进院正房

中路三进院后罩房

西路一进院南房

西路一进院东厢房

俊启宅（东黄城根南街32号）

位于东城区东华门街道，清代晚期建筑。原为清朝光绪年间内务府大臣、曾任粤海关监督俊启的私人宅院，后因为逾制，俊启被参劾。其死后宅院被查抄，并赐予慈禧太后之弟照祥居住。民国时期，照祥后人将宅院售与京汉铁路参赞、华北银行经理柯贞贤，宅院经一番改造，名曰“澹园”。新中国成立后，作为中共北京市委宿舍使用，现为居民院。1984年，由东城区人民政府公布为东城区文物保护单位。

宅院坐北朝南，分为东部住宅与西部花园两部分。住宅部分由中路、东路组成，花园部分由西一路花园和戏楼组成。

大门位于小草厂胡同，坐东朝西，面阔三间，硬山顶，过垄脊合瓦屋面，披水排山，明间辟为门道，次间为砖套窗。大门两侧各有门房一间，硬山顶，过垄脊合瓦屋面，披水排山，前檐已改为现代装修。门外八字影壁一座，筒瓦屋面，已残损，硬影壁心。进大门为中路的第一进院。

中路：第一进院南房三间，前出廊，硬山顶，过垄脊合瓦屋面，前檐已改为现代装修。两侧耳房各两间，东耳房前出廊，均为硬山顶，过垄脊合瓦屋面，前檐已改为现代装修。东厢房三间为过厅，可通东路一进院，硬山顶，过垄脊合瓦屋面，前檐已改为现代装修。北房三间，硬

原大门

八字影壁

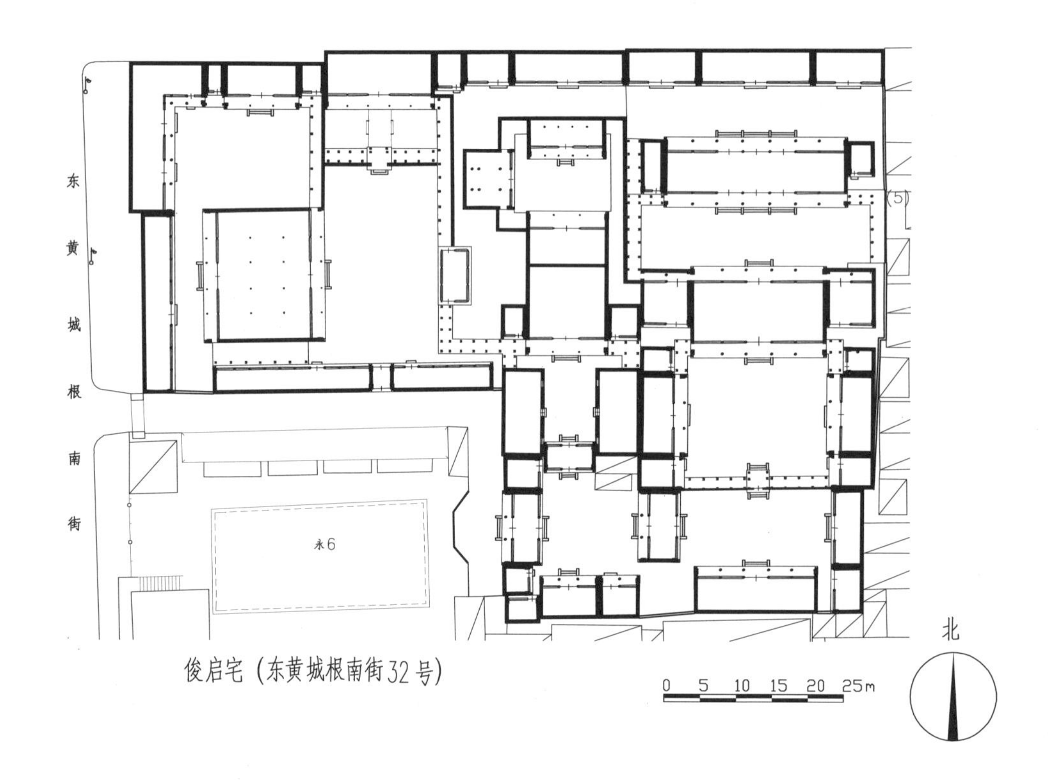

俊启宅（东黄城根南街32号）

山顶，过垄脊合瓦屋面，东间为门道，可通二进院，前檐已改为现代装修。第二进院北房三间，为勾连搭建筑，前后出廊，硬山顶，过垄脊合瓦屋面，铃铛排山，戗檐装饰精美砖雕；前檐已改为现代装修，明间前出垂带踏跺五级，后檐为灯笼锦棂心横披窗装修。东西厢房各三间，西式平顶房屋。第三进院北房五间，前出廊，悬山顶，过垄脊合瓦屋面，铃铛排山，前檐已改为现代装修，后檐为鸡嗉檐形式封后檐墙。西侧二层秀楼一栋，建于八层城砖上，硬山顶，过垄脊合瓦屋面，南侧有石梯五级相连，二层南侧饰圆形什锦窗装修。二进院、三进院南北各房均由东西两侧游廊相连，且与东西跨院相通。第四进院后罩房七间，硬山顶，过垄脊合瓦屋面，前檐已改为现代装修。

东路：第一进院南房五间，前出廊，硬山顶，过垄脊合瓦屋面，铃铛排山，前檐已改为现代装修，明间前出垂带踏跺三级。东西厢房各三间，硬山顶，过垄脊合瓦屋面，前檐已改为现代装修，其中西厢房为中路一进院东厢房；东厢房南侧带南耳房两间，硬山顶，过垄脊合瓦屋面，前檐已改为现代装修。一进院北侧原有垂花门，现已拆

垂花门局部雕刻

中路一进院北房

中路一进院南房东耳房

中路一进院南房

中路一进院东厢房

中路二进院正房

中路二进院正房后檐戗檐砖雕

中路二进院正房背立面

中路三进院绣楼南立面

中路三进院北房

除。第二进院正房五间，前后廊，硬山顶，过垄脊合瓦屋面，前檐已改为现代装修，明间前出如意踏跺三级。正房两侧耳房各两间，硬山顶，过垄脊合瓦屋面，前檐已改为现代装修。东西厢房各三间，硬山顶，过垄脊合瓦屋面，前檐已改为现代装修；厢房均带南北耳房各一间，硬山顶，过垄脊合瓦屋面，前檐已改为现代装修。院内各房均有游廊相连，现已无存。第三进院有正房七间，前后出廊，硬山顶，过垄脊合瓦屋面，前檐已改为现代装修。正房两侧耳房各一间，硬山顶，过垄脊合瓦屋面，前檐已改为现代装修。院内原有游廊环绕，现东侧廊已无存，西侧廊可达四进院，为四檩卷棚顶，过垄脊筒瓦屋面，部分已改为机瓦屋面。四进院后罩房十一间，硬山顶，过垄脊合瓦屋面，前檐已改为现代装修。

西一路花园内有假山、叠石、古树若干。敞轩位于院内东南侧，坐东朝西，面阔三间，悬山顶，过垄脊筒瓦屋面，檐下绘苏式彩画，柱间饰菱形套棂心倒挂楣子，前檐已改为现代装修。敞轩南北两端游廊接花园北部一组院落，游廊为四檩卷棚顶，过垄脊筒瓦屋面，廊柱间饰倒挂楣子与花牙子。花园北部

中路二进院正房背立面横披窗装修

中路四进院后罩房

东路一进院南房

东路二进院正房

东路二进院正房西侧耳房

东路二进院西厢房

院落前有一殿一卷式垂花门一座，过垄脊筒瓦屋面，披水排山，檐下绘苏式彩画，饰有花板、花罩和方形垂柱头。院内北房五间，前出廊，硬山顶，过垄脊合瓦屋面，前檐已改为现代装修。

戏楼坐西朝东，面阔五间，进深五间，为悬山卷棚顶勾连搭建筑，过垄脊筒瓦屋面；戏楼南侧沿院墙建房十七间，西侧九间为扮戏房，东侧八间为花园内南房，其中西侧间为门道，可出入花园，均为硬山顶，过垄脊合瓦屋面，前檐已改为现代装修。戏楼后侧沿西院墙建有附属房八间，悬山顶，过垄脊筒瓦屋面，前檐已改为现代装修。后院有北房三间，硬山顶，过垄脊合瓦屋面，披水排山，前檐已改为现代装修。北房两侧各带耳房一间，硬山顶，过垄脊合瓦屋面，前檐已改为现代装修。北房西侧有转角房九间，硬山顶，过垄脊合瓦屋面，铃铛排山，前檐已改为现代装修。院内各房有游廊环绕，可转至戏台北侧。

西路垂花门

游廊倒挂楣子及花牙子

西路戏楼勾连搭屋面

西路敞轩

西路垂花门院内北房

转角连房

戏楼北立面

老舍故居（丰富胡同19号）

位于东城区东华门街道，清代晚期至民国时期建筑。1949年，老舍从美国回国后购买此宅并修缮，于1950年举家迁入。因院内种植柿树，老舍即称此宅为“丹柿小院”。老舍先生逝世后，此院由老舍的夫人捐献给国家。1996年，政府拨专款对此院修缮，建成老舍纪念馆，并于1999年对外开放。1984年，由北京市人民政府公布为北京市文物保护单位。

该院坐北朝南，两进院落，占地500平方米。院落东南隅开砖制小门楼一座，东向，硬山顶，清水脊筒瓦屋面，脊饰花盘子，梅花形门簪两枚，黑漆板门两扇，门枕石一对，前出踏跺两级。门内迎门平顶软心一字影壁一座，沙锅套花瓦装饰。一进院南房两间，硬山顶，过垄脊合

大门

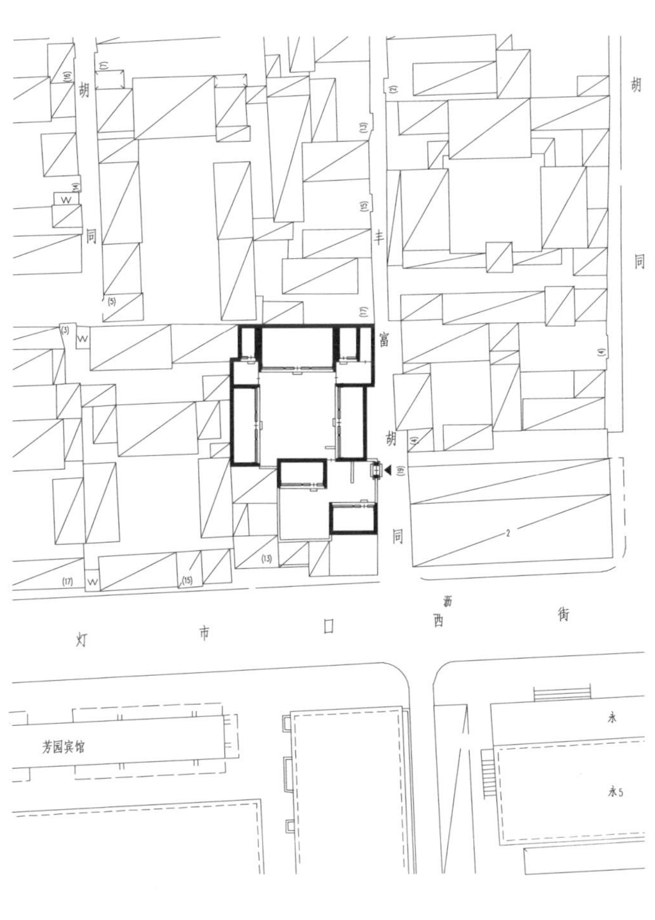

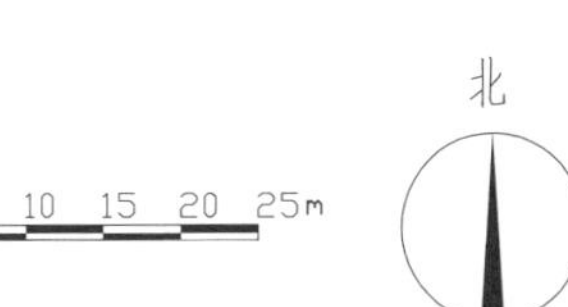

老舍故居（丰富胡同19号）

一字影壁

瓦屋面，前檐东间为卧蚕步步锦棂心夹门窗，西间为十字方格棂心支摘窗。北房两间，平顶屋面，饰素面木挂檐板，前檐东间为步步锦棂心夹门窗，西间为步步锦棂心支摘窗。一进院北侧有屏门通二进院，屏门两侧饰余塞板。门内迎门有木影壁一座。正房三间，硬山顶，清水脊合瓦屋面，脊饰花盘子，前檐明间为夹门窗，次间为支摘窗，均为十字方格棂心，明间前出踏跺二级。正房内明间和西次间原为客厅，东次间原为卧室。正房东西耳房各一间，硬山顶，清水脊合瓦屋面，前出踏跺两级；其中西耳房为老舍先生的书房，屋内为原陈设。书房东通客厅，南通西厢房北山墙前的小天井。东西厢房各三间，硬山顶，清水脊合瓦屋面，脊饰花盘子，前檐明间为夹门窗，北次间为门连窗，均为卧蚕步步锦棂心，南次间为支摘窗，十字方格棂心，明间前出踏跺一级。

一进院南房

木影壁

二进院正房

二进院正房明间内布置

二进院东厢房

西跨院北房

富强胡同6号、甲6号、23号

位于东城区东华门街道富强胡同，清代晚期建筑。据传，曾为宫中太监“秃头刘”的宅邸。1986年，由东城区人民政府公布为东城区文物保护单位。

富强胡同西侧的6号、甲6号坐北朝南，四进院落。6号院院落东南隅开广亮大门一间，东向，硬山顶，清水脊合瓦屋面；前檐柱间饰雀替，素面走马板，梅花形门簪四枚，门枕石一对，北侧后檐墙内嵌拴马桩。一进院北房三间，前后出廊，明间为过厅，硬山顶。北房东西耳房各两间，硬山顶。西厢房三间，硬山顶。广亮大门南北东房各一间，硬山顶，后檐为老檐出形式。南房三间，前出廊，硬山顶，东西耳房各两

6号院广亮大门

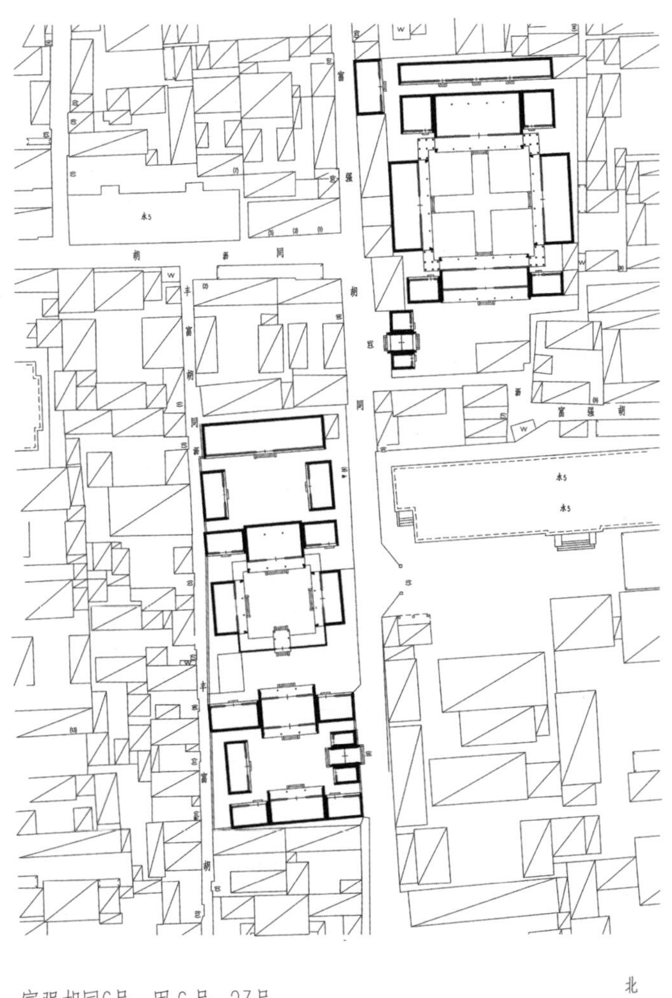

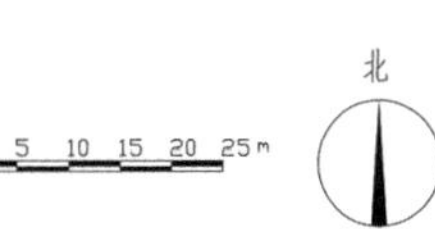

富强胡同6号、甲6号、23号

间，硬山顶。二进院北侧一殿一卷式垂花门一座，两侧接看面墙。三进院正房三间，前后廊，硬山顶。正房东耳房两间、西耳房三间，均为硬山顶，过垄脊合瓦屋面。东西厢房各三间，前出廊，硬山顶。院内各房有抄手游廊相连。四进院现为富强胡同甲6号，于院墙东侧后开随墙门，门内迎门有新做座山影壁一座，院内后罩房七间，硬山顶，过垄脊合瓦屋面，明间为井子玻璃屉棂心隔扇门，上带步步锦棂心横披窗；其余各间已改为现代装修。东西厢房各三间，硬山顶，过垄脊合瓦屋面；明间为隔扇门，十字方格棂心，上带十字方格棂心横披窗；次间，已改为现代装修。

富强胡同东侧的23号坐北朝南，三进院落。院落西南隅开广亮大门一间，西向，硬山顶，清水脊合瓦屋面，脊饰花盘子，前檐柱间带雀替，梅花形门簪四枚，红漆板门两扇，两侧带余塞板。一进院北房五间，前后出廊，硬山顶，过垄脊合瓦屋面；明间为过厅，柱间饰卧蚕步步锦棂心倒挂楣子；其余各间已改为现代装修。正房东西耳房各两间，硬山顶，过垄脊合瓦屋面。广亮门南侧西房一间，北侧西房两间，均为硬山顶，清水脊合瓦屋面，脊饰花盘子；后檐为老檐出形式。二进院正房五间，前后廊，硬山顶，过垄脊合瓦屋面，前檐已改为现代装修。正房东西耳房各两间，硬山顶，过垄脊合瓦屋面，前檐已改为现代装修。东西厢房各五间，前出廊，硬山顶，过垄脊合瓦屋面，梁枋绘箍头彩画，前檐已改为现代装修。西耳房西侧西房三间，硬山顶。三进院后罩房共九间，硬山顶，过垄脊合瓦屋面，前檐已改为现代装修。

甲6号院大门

甲6号院正房

甲6号院影壁

甲6号院东厢房

甲6号院正房背立面

23号院大门外景

23号院过厅

23号院大门门簪

23号院二进院西厢房

23号院后罩房

23号院二进院正房

陈独秀旧居（箭杆胡同20号）

位于东城区东华门街道，民国时期建筑。依据陈独秀早年在北京从事革命活动的时间来考证，他在此院居住的年代应从1917年到1919年之间，并在此继续从事编辑《新青年》等革命活动。现为居民院。2001年，由北京市人民政府公布为北京市文物保护单位。

该院坐南朝北，一进院落。该院落东北隅开蛮子大门一间，硬山顶，清水脊合瓦屋面，脊饰花盘子，梅花形门簪两枚，雕“吉祥”字样，方形门墩一对，前出踏跺一级；大门后檐柱间饰步步锦棂心倒挂楣子及透雕花牙。院内原有二门一道，现已拆除。北房三间，前出廊，硬山顶，清水脊合瓦屋面，脊饰花盘子，垂带踏跺已残，前檐已改为现代

蛮子大门

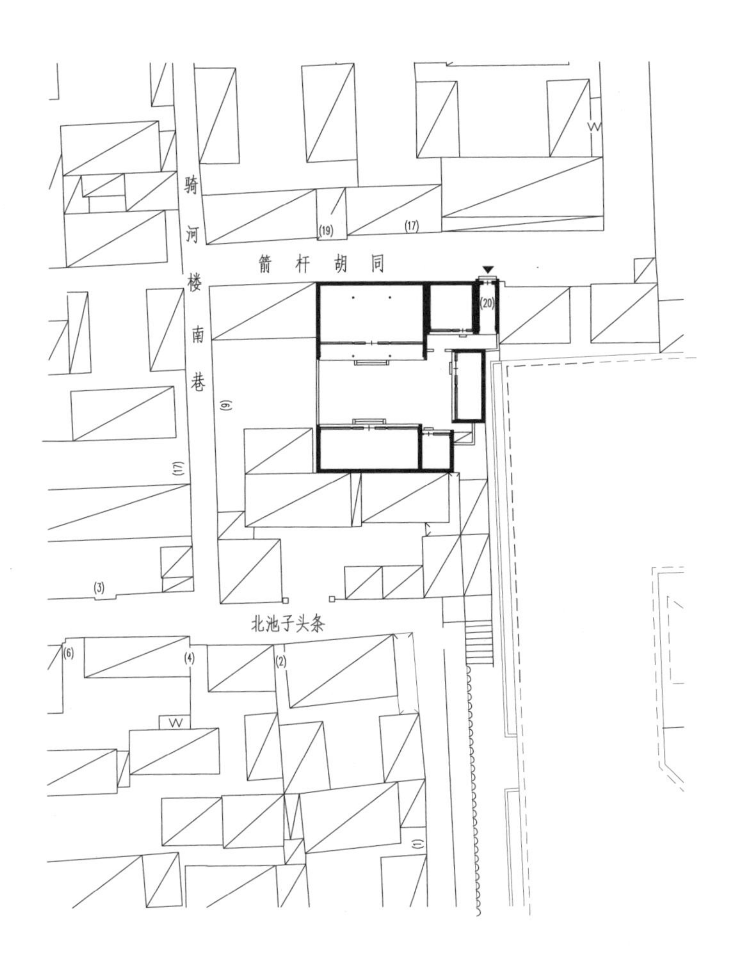

陈独秀旧居（箭杆胡同20号）

大门方形门墩

装修。北房东侧耳房两间，硬山顶，鞍子脊合瓦屋面，前檐已改为现代装修，后檐为抽屉檐封后檐形式。南房三间，硬山顶，鞍子脊合瓦屋面，垂带踏跺已残，前檐已改为现代装修。南房东侧耳房一间，硬山顶，鞍子脊合瓦屋面，西半间开门，前檐已改为现代装修。东房两间，硬山顶，合瓦屋面，前檐已改为现代装修。

北房

南房

门簪

大门后檐倒挂楣子及花牙子

东房

东耳房

文书馆巷14号

位于东城区东华门街道，清代建筑，现为居民院。

该院坐北朝南，两进院落。院落东南隅开蛮子大门一间，硬山顶，过垄脊合瓦屋面，梅花形门簪两枚，红漆板门两扇，方形门墩一对，前出如意踏跺二级，大门后檐柱间饰步步锦棂心倒挂楣子。门内迎门座山影壁一座，清水脊筒瓦顶，被临建遮挡，其余形制不详。大门内东侧有屏门一座通一进院。大门东侧门房一间，硬山顶，过垄脊合瓦屋面；西侧倒座房三间，前出廊，硬山顶，过垄脊合瓦屋面；前檐均已改为现代装修。一进院北侧原有看面墙，现已无存。二进院正房三间，前出廊，硬山顶，清水脊合瓦屋面，前出垂带踏跺，前檐已改为现代装修。正房东西耳房各一间，

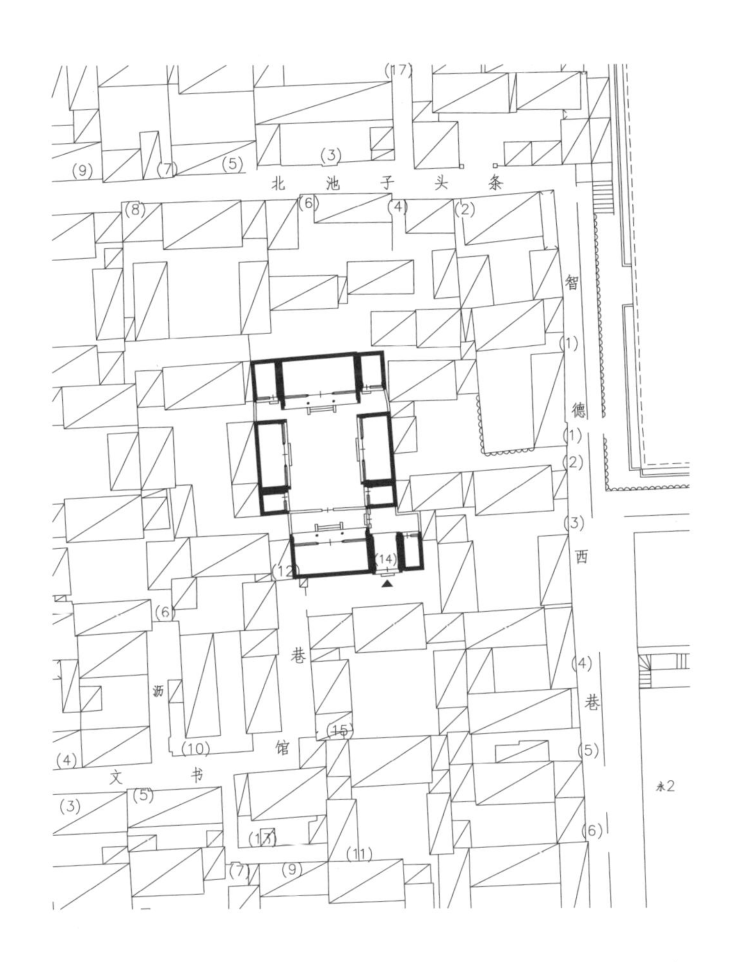

文书馆巷14号

蛮子大门

座山影壁

均为硬山顶，过垄脊合瓦屋面，前檐已改为现代装修。东西厢房各三间，厢房南侧各带耳房一间，均为硬山顶，过垄脊合瓦屋面，前檐均已改为现代装修。

倒座房

屏门

正房

东厢房

西堂子胡同25～35号

位于东城区东华门街道，清代中期建筑。原为清雍正年间总管内务府大臣德保宅院。其子英和于清道光二年（1822年）任户部尚书、协办大学士，对此宅进行了扩建。清光绪七年（1881年），左宗棠入京授军机大臣，监管总理各国事务衙门，原宅主将该宅东部，即今25号、27号、29号院让于左宗棠居住，所以近人将此宅视为左宗棠故居。整组建筑坐北朝南，25号、33号、35号现为单位用房，29号、31号现为居民院，宅院以西的37号院应为西花园的一部分，现已拆除。1990年，由北京市人民政府公布为北京市文物保护单位。

25号院为本宅书斋休闲部分，20世纪20年代中期，画家溥雪斋以两万银圆购得，并做了改建。大门改在东侧南端，砖制小门楼一座，硬山顶，过垄脊筒瓦屋面，铃铛排山，梅花形门簪四枚，红漆板门两扇，圆形门墩一对。原倒座房七间，仅余六间，硬山顶，清水脊合瓦屋面，脊饰花盘子，檐椽万字彩画，檐下施苏式彩画，前檐为工字卧蚕步步锦棂心门连窗和支摘窗，明间前出踏跺二级。一进院西侧有平顶房两间，饰素面木挂檐板，前檐为工字套方灯笼锦棂心夹门窗。二进院正房五间，前出廊，硬山顶，过垄脊合瓦屋面。南房五间为过厅，前出廊，硬山顶，过垄脊合瓦屋面，披水排山，前檐为拐子锦棂心夹门窗与支摘窗。院内南北房之间有四檩卷棚抄手游廊相连，柱间饰步步锦棂心倒挂楣子、花牙子与坐凳楣子；其中东侧廊中部开屏门。三进院正房五间，前出廊，硬山顶，过垄脊合瓦屋面，檐下施苏式彩画、箍头彩画，前檐明间为夹门窗，次间下为槛墙、上为支摘窗，梢间为夹门窗，上饰横披窗，均为拐子锦棂心，明间前出如意踏跺三级。

29号院，五进院落。院落东南隅原开广亮大门一间，硬山顶，清水脊合瓦屋面，脊饰花盘子；戗檐原有精美砖雕，已遗失；前檐柱间饰蕃草纹雀替，廊心墙为硬心做法；大门饰走马板，红色实榻大门两扇，梅花形

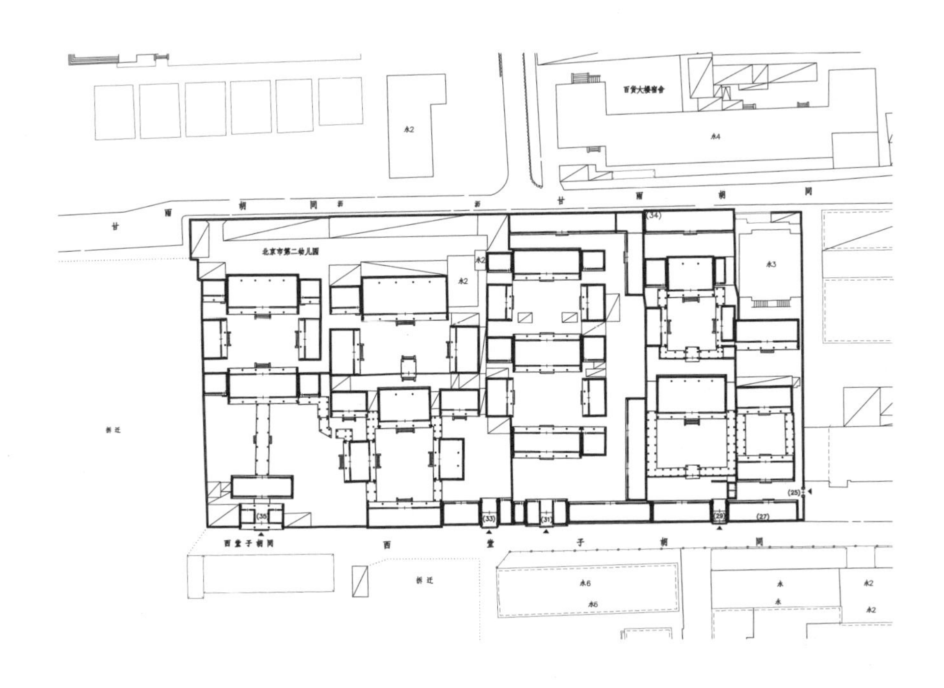

西堂子胡同25～35号

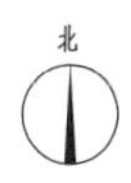

25号院大门

一进院南房

一进院北房彩画

雕花门簪四枚，圆形门墩一对；门内象眼处饰龟背锦雕花图案，条石墁地。后于外侧新建一如意门，门头雕花栏板装饰，梅花形门簪两枚，红漆板门两扇，门外有拴马石一对。门内迎门一字影壁一座，过垄脊筒瓦顶，冰盘砖檐，硬影壁心，砖砌撞头。大门西侧倒座房五间，硬山顶，清水脊合瓦屋面，脊饰花盘子，前檐已改为现代装修。一进院内原有垂花门一座，现已拆除。二进院正房五间，前后廊，硬山顶，过垄脊合瓦屋面，檐下施箍头彩画；前檐明间为隔扇门，次间为十字方格棂心支摘窗，明间前出垂带踏跺五级；后檐为老檐出形式。院内有四檩卷棚游廊环绕，东侧已改为机瓦屋面，西侧为过垄脊筒瓦屋面，柱间均饰倒挂楣子与坐凳楣子。三进院北侧原有垂花门一座，现已拆除。四进院正房三间，前后廊，硬山顶，合瓦屋面，前檐已改为现代装修，明间前出踏跺四级；正房东西耳房各两间，硬山顶，过垄脊合瓦屋面，前檐已改为现代装修。东西厢房各三间，前出廊，硬山顶，过垄脊合瓦屋面，铃铛排山；前檐明间为夹门窗，次间十字方格棂心支摘窗；明间前出垂带踏跺三级。院内各房有四檩卷棚游廊相连，过垄脊筒瓦屋面，柱间饰工字卧蚕步步锦棂心倒挂楣子。五进院后罩房七间，硬山顶，鞍子脊合瓦屋面，前檐已改为现代装修。

31号院：大门为三间一启形式，明间辟广亮大门，硬山顶，过垄脊合瓦屋面，铃铛排山，戗檐砖雕现已遗失；明间檐柱饰雕花雀替。大门东侧倒座房七间，硬山顶，灰梗瓦屋面，西侧倒座房一间，硬山顶，过垄脊合瓦屋面，前檐已改为现代装修，后檐均为老檐出形式。一进院正房五间，前出廊，硬山顶，过垄脊合瓦屋面，披水排山，戗檐装饰精美砖雕。正房东侧耳房两间，硬山顶，过垄脊合瓦屋面，铃铛排山，前檐已改为现代装修。东配房三间，后添为八间，硬山顶，灰梗瓦屋面，前檐已改为现代装修。二进院正房三间，前后廊，硬山顶，过垄脊合瓦屋面，戗檐装饰精美砖雕，前檐已改为现代装修。正房东西耳房各两间，均为硬山顶，东耳房为灰梗瓦屋面，西耳房后改为机瓦屋面，前檐已改为现代装修。东西厢房各三间，均为硬山顶，过垄脊合瓦屋面，铃铛排山，前檐已改为现代装修。三进院正房五间，硬山顶，过垄脊合瓦屋面，铃铛排山，前檐已改为现代装修，后檐为老檐出形式。正房东西耳房各两间，均为硬山顶，其中东耳房为过垄脊合瓦屋面，前檐已改为现代装修；西耳房为原址翻建。东西厢房各三间，前出廊，硬山顶，过垄脊合瓦屋面，披水排山，前檐已改为现代装修。四进院后罩房九间，硬山顶，鞍子脊合瓦屋面，东接转角房七间，机瓦屋面，前檐均已改为现代装修。

33号院：广亮大门一间，硬山顶，过垄脊合瓦屋面，铃铛排山，戗檐装饰精美砖雕（现有残损）；大门檐柱饰雕花雀替，梅花形门簪四枚，红漆板门两扇，圆形门墩一对。大门东侧门房一间，西侧倒座房三间，均为硬山顶，过垄脊合瓦屋面，前檐已改为现代装修。进门后往西为一进院，正房三间，前出廊，硬山顶，过垄脊合瓦屋面，铃铛排山，戗檐装饰走兽图案砖雕，后檐为老檐出形式。前檐明间为夹门窗，次间、梢间为支摘窗，上饰灯笼锦棂心横披窗，前檐已改为现代装修，明间前出垂带踏跺四级。东西厢房各三间，前出廊，硬山顶，过垄脊合瓦屋面，铃铛排山，戗檐装饰花卉砖雕，前檐已改为现代装修，明间前出垂带踏跺四级。南房五间，前出廊，硬山顶，过垄脊合瓦屋面，铃铛排山，前檐已改为现代装修，明间前出垂带踏跺三级。院内各房有四檩卷棚抄手游廊相连，过垄脊筒瓦屋面，柱间饰步步锦棂心倒挂楣子、花牙子和坐凳楣子。正房两侧各有一跨院，各有北房三间，前出廊，硬山顶，过垄脊筒瓦屋面，披水排山，戗檐装饰精美砖雕，明间前出如意踏跺三级，前檐已改为现代装修。二进院南侧原有垂花门一座，早年拆除。院内正房五间，前后廊，硬山顶，过垄脊合瓦屋面，铃铛排山，戗檐有精美砖雕；前檐明间为五抹灯笼锦棂心隔扇风门，帘架饰灯笼锦横披窗，次间为灯笼锦棂心支摘窗，各间均饰灯笼锦棂心横披窗，明间前出垂带踏跺四级；正房西侧接耳房两间，灯笼锦棂心装修。东西厢房各三间，前出廊，硬山顶，过垄脊合瓦屋面，铃铛排山，戗檐饰精美砖雕；前檐已改为现代装修，明间前出垂带踏跺三级。

35号院：为此宅的西花园，原与其东侧院落相通。大门为三间一启门形式，前后出廊，硬山顶，过垄脊筒瓦屋面，铃铛排山；明间为金柱大门形式，前檐柱饰雕花雀替，檐下施墨线大点金旋子彩画，宝相花枋心；梅花形门簪四枚，上刻“万事如意”字样，匾托呈“婧园雅筑”匾额，红漆板门两扇，两侧带余塞板，圆形门墩一对；次间为三抹工字卧蚕步步锦棂心隔扇窗。大门两侧各有倒座房七间，东侧四间，硬山顶，过垄脊合瓦屋面，铃铛排山，步步锦棂心砖套窗，后檐为老檐出形式；西侧三间，硬山顶，过垄脊合瓦屋面，铃铛排山，步步锦棂心砖套窗，后檐为老檐出形式。门内有敞轩五间，硬山顶，过垄脊合瓦屋面，铃铛排山，前檐为工字卧蚕步步锦棂心门窗。敞轩明间向北直廊通北部花厅，直廊五间，硬山顶，过垄脊筒瓦屋面，饰卧蚕步步锦棂心倒挂楣子、花牙子和坐凳楣子，明间两侧出如意踏跺三级。花厅五间，前后出廊，硬山顶，过垄脊合瓦屋面，披水排山，戗檐装饰精美砖雕，明间为过道，可通后院，装饰工字卧蚕步步锦棂心隔扇门四扇，次间为工字卧蚕步步锦棂心支摘窗。正房两侧各接耳房两间，硬山顶，过垄脊合瓦屋面，铃铛排山。西配房三间，前出廊，硬山顶，过垄脊合瓦屋面，铃铛排山，明间为工字卧蚕步步锦棂心隔扇门四扇，次间为工字卧蚕步步锦棂心支摘窗，明间前出垂带踏跺三级。后院有正房五间，前后廊，硬山顶，过垄脊合瓦屋面，戗檐装饰精美砖雕，明间为采用五抹工字卧蚕步步锦棂心隔扇门四扇，次间为工字卧蚕步步锦棂心支摘窗，明间前出垂带踏跺四级。正房东西耳房各两间，均为硬山顶，过垄脊合瓦屋面，前檐为工字卧蚕步步锦棂心门窗。东西厢房各三间，前出廊，硬山顶，过垄脊合瓦屋面，披水排山，前檐明间为工字卧蚕步步锦棂心隔扇风门，帘架饰工字卧蚕步步锦棂心横披窗，次间为工字卧蚕步步锦棂心支摘窗，明间前出垂带踏跺三级。院内各房有四檩卷棚游廊相连，硬山顶，过垄脊筒瓦屋面，廊柱间饰卧蚕步步锦棂心倒挂楣子、花牙子和坐凳楣子。

一进院北房

一进院西侧平顶房

三进院正房

四进院勾连搭楼侧立面

如意大门

西倒座房

四进院三层勾连搭楼

原大门

原大门前圆形门墩

原大门象眼砖雕

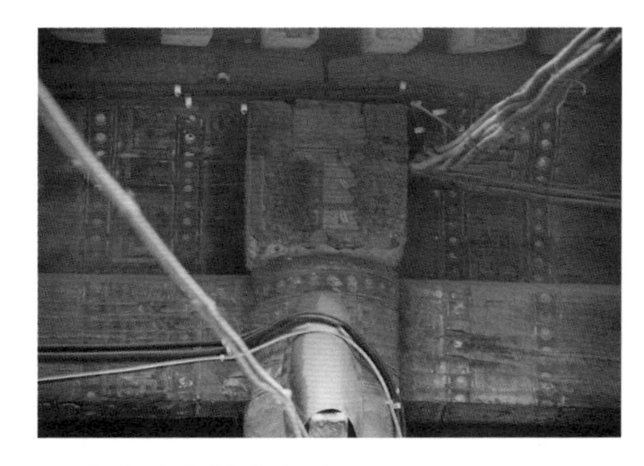

一进院正房箍头彩画

二进院垂花门西侧游廊

一字影壁

二进院东厢房

31号院大门

二进院正房

一进院正房

三进院西厢房

广亮大门

四进院后罩房

东门房

一进院正房柱础

一进院正房戗檐砖雕

一进院正房

一进院正房横披窗装修

一进院西厢房戗檐砖雕

一进院西跨院北房

一进院南房后檐戗檐砖雕

二进院正房

一进院东跨院北房戗檐砖雕

一进院南房

一进院东厢房

二进院正房戗檐砖雕

一进院西跨院游廊

二进院东厢房戗檐砖雕

二进院正房戗檐砖雕

二进院西厢房戗檐砖雕

二进院东厢房戗檐砖雕

二进院东厢房

大门

大门次间装修

西配房

平顶廊

花厅

后院东厢房

敞轩背立面

后院正房

智德北巷3号

位于东城区东华门街道，清代建筑，现为居民院。

该院坐北朝南，分东西两路。西路院落东南隅开金柱大门一间，硬山顶，过垄脊合瓦屋面，披水排山，前檐柱间饰雀替，梅花形门簪两枚，红漆板门两扇，圆形门墩一对。大门外两侧有撇山影壁，过垄脊筒瓦顶，方砖硬影壁心。门内迎门原有影壁一座，现已无存。大门东侧门房一间，西侧倒座房五间，前出廊，硬山顶，过垄脊筒瓦屋面，前檐已改为现代装修；大门后檐廊部开门与门房及倒座房相通。西路一进院仅有西房三间，硬山顶，过垄脊合瓦屋面，披水排山，前檐已改为现代装修。院落北侧有券门一座可通二进院，东侧有游廊三间，现已改为机瓦

金柱大门

东路一进院南房

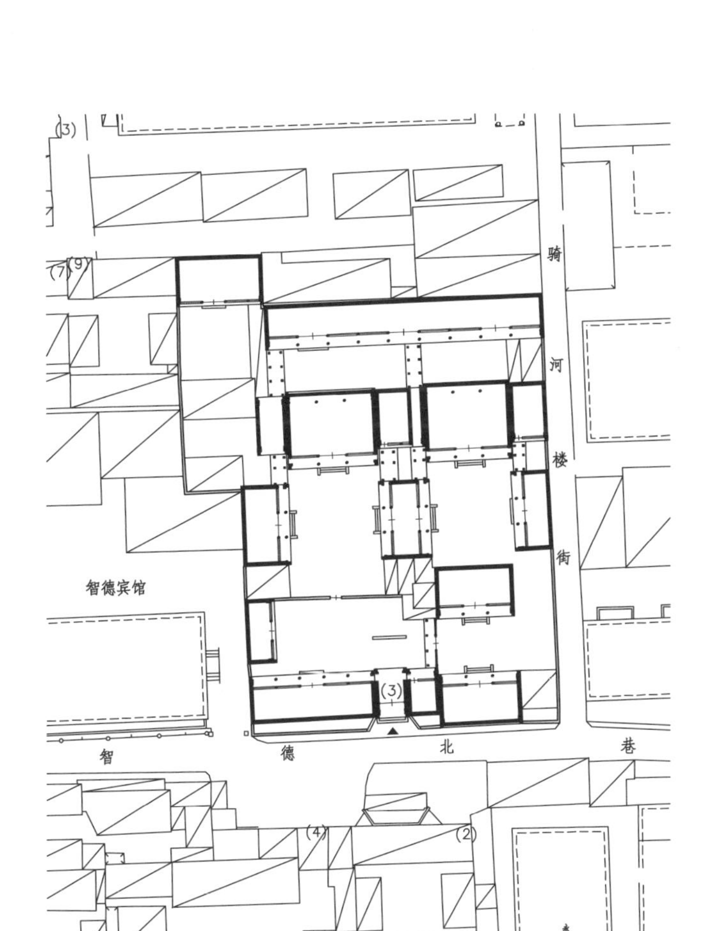

智德北巷3号

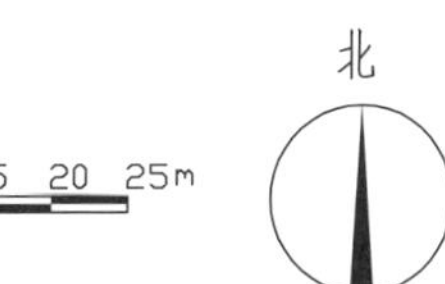

二门

屋面。二进院正房三间，前后廊，硬山顶，过垄脊合瓦屋面，披水排山，前檐已改为现代装修。正房东耳房一间半，西耳房一间，均为硬山顶，过垄脊合瓦屋面，其中东耳房东侧半间及西耳房辟为过道。二进院北侧有平顶游廊与三进院后罩房相连。东西厢房各三间，前后出廊，过垄脊合瓦屋面，披水排山，前檐已改为现代装修。正房与厢房间有游廊相连。三进院后罩房九间，硬山顶，过垄脊合瓦屋面，披水排山，前檐已改为现代装修。三进院西侧另有西跨院，现仅存北房三间。东路一进院北房、南房各三间，均为前出廊，硬山顶，过垄脊合瓦屋面，披水排山，前檐已改为现代装修。二进院正房三间，前后廊，硬山顶，过垄脊合瓦屋面，披水排山，前檐已改为现代装修。东厢房面阔三间，前出廊，硬山顶，过垄脊合瓦屋面，披水排山，前檐已改为现代装修。正房与厢房间有游廊相连。

二进院正房

东路一进院正房

西路三进院后罩房

倒座房

二进院东厢房

东路二进院正房

朝阳门街道

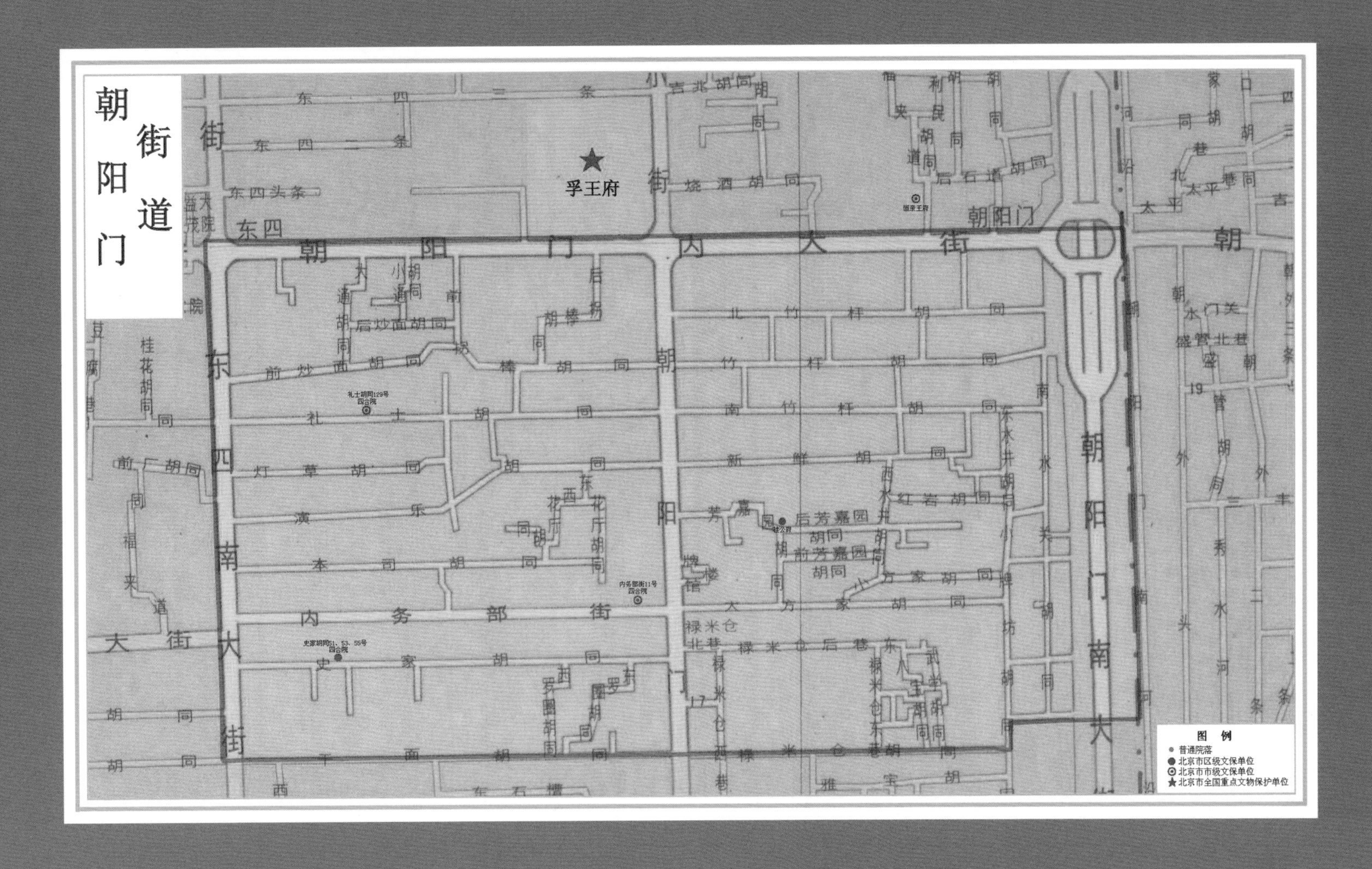
朝阳门街道
孚王府
朝阳门内大街
东四南大街
朝阳南大街
朝阳门南大街
东四头条
东四二条
烧酒胡同
后石道胡同
北竹杆胡同
竹杆胡同
南竹杆胡同
前炒面胡同
后炒面胡同
礼士胡同
灯草胡同
新鲜胡同
演乐胡同
本司胡同
内务部街
史家胡同
干面胡同
红岩胡同
后芳嘉园
前芳嘉园胡同
大方家胡同
禄米仓后巷
禄米仓胡同
东石槽
雅宝胡同
图例
普通院落
北京市区级文保单位
北京市市级文保单位
北京市全国重点文物保护单位

礼士胡同129号

位于东城区朝阳门街道，清代晚期建筑。原为清末武昌知府宾俊的住宅，其子锡琅在日伪时期将此宅出售给投机商李彦青，后又为律师汪颖使用。不久，再次转卖给天津盐商李颂臣，他交由朱启钤的学生重新设计，改建成如今之规模。新中国成立后，这里曾做过印度尼西亚驻华使馆，后为中国青年报社办公使用，现为居民院。1984年，由北京市人民政府公布为北京市文物保护单位。

该院坐北朝南，占地面积约1200平方米，由住宅和花园两部分组成。院落东南隅开广亮大门一间，建于五级垂带踏跺之上，硬山顶，过垄脊筒瓦屋面，铃铛排山，戗檐、墀头及门外廊心墙均饰精美砖雕图

大门圆形门墩

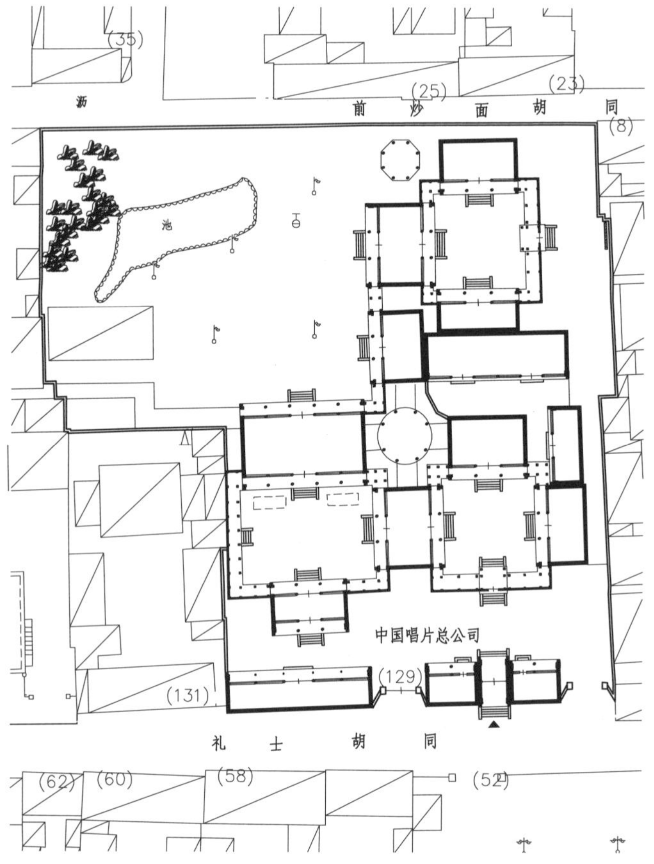

礼士胡同129号

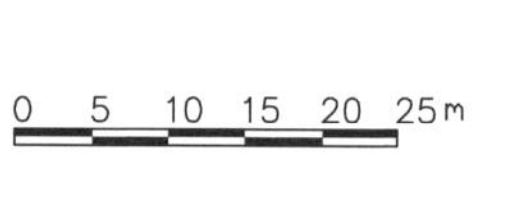

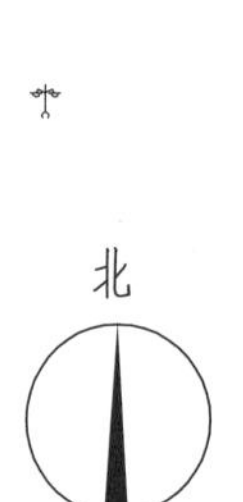

案；前檐柱饰雀替，檐下施以精美彩画；走马板饰彩画，梅花形雕花门簪四枚，红漆板门两扇，圆形门墩一对。大门后檐饰花板，悬挂“惠通神州”匾额一块。大门两侧倒座房各两间，前出廊，硬山顶，过垄脊合瓦屋面；檐下在檩三件与廊部梁架上绘有精美的苏式彩画；前檐内侧间开步步锦棂心夹门窗，外侧间为步步锦棂心支摘窗，槛墙与灯笼框、穿插当均雕刻精美图案；后檐为封后檐形式，檐墙饰海棠池中心四岔角雕花图案。倒座房两侧为新开大门，筒瓦屋面，墀头雕刻花篮图案，门楣砖雕“万不断”纹样，红色板门两扇。门外两侧八字墙做硬心影壁形式。新做大门西侧临街倒座房五间，前出廊，硬山顶，过垄脊合瓦屋面，戗檐、博缝头及墀头也雕刻精美砖雕；檐下檩三件与廊部梁架上也绘有精美的苏式彩画；前檐为步步锦棂心门窗，槛墙与灯笼框、穿插当均雕刻精美图案；后檐为封后檐形式，檐墙装饰海棠池中心四岔角雕花图案。

一进院内西侧有后建房一栋，过垄脊合瓦屋面，中间作硬心影壁形式，两侧开门，现作为卫生间使用，院内北侧为两个并列的四合院。

东院有一殿一卷式垂花门一座，前出垂带踏跺五级，悬山顶，前卷为过垄脊筒瓦屋面，后卷为清水脊筒瓦屋面；檐下饰精美花板、花罩与垂莲柱头，各梁架均施以苏式彩画；梅花形雕花门簪四枚，红漆板门两扇，方形门墩一对，两侧还有一对趴卧石兽。垂花门两侧看面墙上有各式什锦窗。同时在看面墙两侧，以院内东西厢房南山墙为后檐墙建歇山顶筒瓦房各一间，采用三抹三交六碗菱花棂心隔扇窗装修，槛墙雕刻精美的中心四岔角砖雕。二进院正房三间，东西厢房各三间，前出廊，硬山顶，清水脊合瓦屋面，脊饰花盘子；戗檐、墀头、灯笼框与穿插当等部位也雕刻有精美的砖雕图案，各房檐部檩三件及廊部梁架均饰精美的苏式彩画；前檐明间均采用五抹步步锦棂心隔扇门四扇，次间为步步锦棂心隔扇窗各四扇，上饰步步锦棂心横披窗，下碱槛墙采用中心四岔角雕花图案装饰；明间均前出垂带踏跺五级。院内各房与垂花门之间有四檩卷棚游廊相连，筒瓦屋面，廊柱间装饰灯笼锦嵌菱形棂心倒挂楣子及十字方格嵌寿字棂心坐凳楣子，梁架均饰苏式彩画。三进院北房六间，硬山顶，清水脊合瓦屋面，东西两侧第二间开门，前檐装修为五抹灯笼锦棂心隔扇门各四扇，其余各间为三抹灯笼锦棂心隔扇窗，上饰金线横披窗，下碱为砖砌丝缝槛墙。在北房西侧第三间前有四檩卷棚游廊三间，与前院正房背立面相连，筒瓦屋面，廊柱间装饰灯笼锦嵌菱形棂心倒挂楣子及十字方格嵌寿字棂心坐凳楣子，梁架均饰苏式彩画，明间前后各出垂带踏跺三级。院内东侧还有东房三间，硬

大门走马板彩画

大门西侧廊心墙

山顶，清水脊合瓦屋面；戗檐、博缝头均雕刻精美砖雕，房屋的檐部檩三件与廊部梁架均绘苏式彩画。明间为五抹隔扇门四扇，次间为四抹隔扇窗各四扇，下碱均为中心四岔角雕花槛墙。

1986年，在东南院墙处添建一座二柱四三楼式歇山顶牌楼，筒瓦屋面，正脊装饰正吻，柱间饰雀替，梁架上绘苏式彩画。过牌楼向北沿西院墙修有一座两间平顶建筑，前饰雕花挂檐板。再往北为一组坐西朝东的四合院，院门为一殿一卷式垂花门一座，前出垂带踏跺五级，清水脊筒瓦屋面，檐下饰精美花板、挂落板与垂莲柱头，各梁架均绘苏式彩画；梅花形雕花门簪四枚，红漆板门两扇，方形门墩一对，两侧还有一对圆形门墩。垂花门前还有坐东朝西一字影壁一座，硬山顶过垄脊筒瓦屋面，影壁心雕刻条幅，采用中心四岔角雕花图案。垂花门两侧看面墙上有各式什锦窗，看面墙南侧依院内南房东山墙建一过垄脊筒瓦屋面建筑，面阔四间，采用夹门窗形式装修，亮子窗与支摘窗为双重连环海棠棂心，其余为灯笼锦棂心，前出如意踏跺四级，两侧有一对砷石。院内北南房各三间，前出廊，明间前出垂带踏跺五级，硬山顶，清水脊筒瓦屋面，脊饰花盘子；戗檐、墀头、灯笼框与穿插当等部位也雕刻有精美的砖雕图案，各房檐部檩三件及廊部梁架均饰精美的苏式彩画；前檐明间均采用五抹灯笼锦棂心隔扇门四扇，次间为三抹灯笼锦棂心隔扇窗各四扇，上饰金线横披窗，下碱槛墙采用中心四岔角雕花图案装饰。西房三间，两卷勾连搭形式，为过厅，可通往西侧的花园。前出廊，明间前出垂带踏跺五级，硬山顶，清水脊筒瓦屋面，脊饰花盘子；戗檐、墀头、灯笼框与穿插当等部位也雕刻有精美的砖雕图案；各房檐部檩三件及廊部梁架均饰精美的苏式彩画；前后檐明间均采用五抹灯笼锦棂心隔扇门四扇，次间均为三抹灯笼锦棂心隔扇窗各四扇，上均饰大十字方格棂心横披窗，下碱槛墙采用中心四岔角雕花图案装饰。院内各房与垂花门之间有四檩卷棚抄手游廊相连，筒瓦屋面，各廊柱间饰嵌福寿棂心倒挂楣子与六角景嵌寿字棂心坐凳楣子。

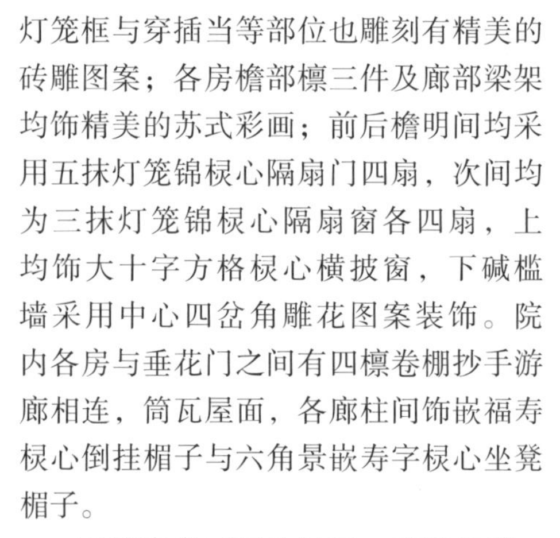

西院南房三间为过厅，前后出廊，廊部现已推出，为西院的院门；硬山顶，清水脊合瓦屋面，戗檐与博缝头均装饰精美的砖雕图案，前后檐部檩三件绘有苏式彩画；前后檐明间均采用六抹灯笼锦棂心隔扇门四扇，次间均为四抹灯笼锦棂心隔扇窗各四扇，下碱为中心四岔角雕花槛墙装饰。院内正房五间过

大门墀头砖雕

大门戗檐砖雕

大门西侧旁门墀头砖雕

大门西侧旁门东撇山影壁

大门西侧旁门

广亮大门

厅，可通院后花园；前后出廊，廊部现已被推出，硬山顶，清水脊合瓦屋面，前后檐装修明次间同南房，明间前后各出垂带踏跺五级。东厢房三间为过厅，与东院的西厢房相连，前出廊，明间前出垂带踏跺五级，硬山顶，清水脊合瓦屋面，脊饰花盘子，其戗檐、博缝头及两侧灯笼框均雕刻精美砖雕；檐部檩三件与廊部梁架绘有苏式彩画，廊柱间饰有十字方格嵌寿字棂心坐凳楣子；前檐明间为五抹步步锦棂心隔扇门四扇，次间为步步锦棂心隔扇窗各四扇，上饰步步锦棂心横披窗，下碱为中心四岔角雕花装饰槛墙。院内西侧原为游廊，现局部改建为面阔三间的西厢房，前出廊，硬山顶，清水脊合瓦屋面，脊饰花盘子，戗檐、博缝头及灯笼框装饰精美砖雕；廊柱间饰十字方格嵌寿字棂心坐凳楣子；前檐明间采用五抹步步锦棂心隔扇门四扇，次间为步步锦棂心隔扇窗各四扇，上饰步步锦棂心横披窗，下碱为中心四岔角雕花槛墙。院内各房间有四檩卷棚游廊相连，过垄脊筒瓦屋面，廊柱间饰灯笼锦棂心倒挂楣子与十字方格嵌寿字棂心坐凳楣子；院墙上饰各种什锦窗。

在东西两院正房之间还修建一座重檐圆亭，四面均有门廊道与东南西北各房连通。圆亭采用筒瓦屋面，上下两侧装饰三交六碗菱花窗，其下层基座为中心四岔角雕花槛墙装饰，亭外侧可见梁架均绘苏式彩画。

花园建在宅院的西北部，其间假山、水池、树木搭配得当，花草点缀得体。在花园内水池南侧建有一座敞轩，歇山顶，过垄脊筒瓦屋面，檐下四周装饰灯笼锦棂心倒挂楣子，下部装饰美人靠栏杆，坐凳下为十字方格嵌寿字栏杆装饰，敞轩内外梁架均绘苏式彩画。花园东南侧有东房三间，前出廊，墙面前出垂带踏跺五级，硬山顶，清水脊合瓦屋面，戗檐与博缝头均装饰精美的砖雕图案，檐部绘有苏式彩画，前檐明间采用五抹灯笼锦棂心隔扇门四扇，次间为三抹灯笼锦棂心隔扇窗各四扇，下碱为中心四岔角雕花槛墙装饰。花园东北角还有一座单檐八角亭，屋面覆盖绿琉璃筒瓦，各条垂脊均装饰垂兽与仙人引小兽，装修采用三交六碗菱花窗，其下层基座为中心四岔角雕花槛墙装饰，亭外侧可见梁架均绘苏式彩画。

该院落虽然几经改建，但布局紧凑，建筑形式完整。尤其在砖雕上独具匠心，特别是正房与厢房灯笼框所雕刻的“蕴秀”“舒华”“兰媚”“竹幽”“抗风”“隐玉”“摘芳”等，娴雅秀逸，耐人寻味。

大门东侧门房

大门后檐戗檐砖雕

大门背立面及门房

门房戗檐砖雕

门房灯笼框与穿插当砖雕

西路南房背立面

门房槛墙砖雕

西路一进院南房戗檐砖雕

西路一进院过厅博缝头砖雕

西路一进院南房

西路一进院过厅戗檐砖雕

西路一进院过厅槛墙砖雕

西路一进院过厅

院内东侧过道牌楼

东路一进院垂花门

东路二进院正房戗檐砖雕

东路二进院窝角廊坐凳楣子

东路二进院正房

东路二进院东厢房

东路二进院东厢房南侧灯笼框与穿插当砖雕

东路二进院窝角廊倒挂楣子与花牙子

东路三进院东房

东路三进院北房

院内东侧过道西房

八柱重檐圆亭

东路三进院游廊

东路四进院南房装修

东路四进院正房

东路四进院垂花门

东路四进院垂花门对面影壁

东路四进院东侧游廊

东路四进院南房

东路四进院西厢房

西路二进院西厢房

西路二进院正房后檐饿檐砖雕

西路二进院正房

单檐八角亭

西路二进院南房

西路二进院东厢房饿檐砖雕

西路二进院东厢房

西路二进院东厢房横披窗装修

花园东侧配房

西路二进院东厢房槛窗装修

西路二进院西厢房戗檐砖雕

敞轩

内务部街11号

位于东城区朝阳门街道，清代中期建筑。此宅原为清代乾隆年间定边右副将军、一等诚嘉毅勇公明瑞的宅邸。道光十五年（1835年），清宣宗六女寿恩公主下嫁明瑞曾孙景寿，故该府又称“六公主府”。虽有公主下嫁，但因寿恩公主并未另赐府邸，故此府规制并不高，只是公爵宅邸。民国时期，该府为盐业银行经理岳乾斋购得，现为居民院。1984年，由北京市人民政府公布为北京市文物保护单位。

该院坐北朝南，分为南部住宅区和北部花园区两部分。

住宅为东西四路并连多进院落，每路临街均开广亮大门一座，门内均有屏门和一字影壁，现三座已封堵。各院一进院由随墙门相连通，11

如意大门

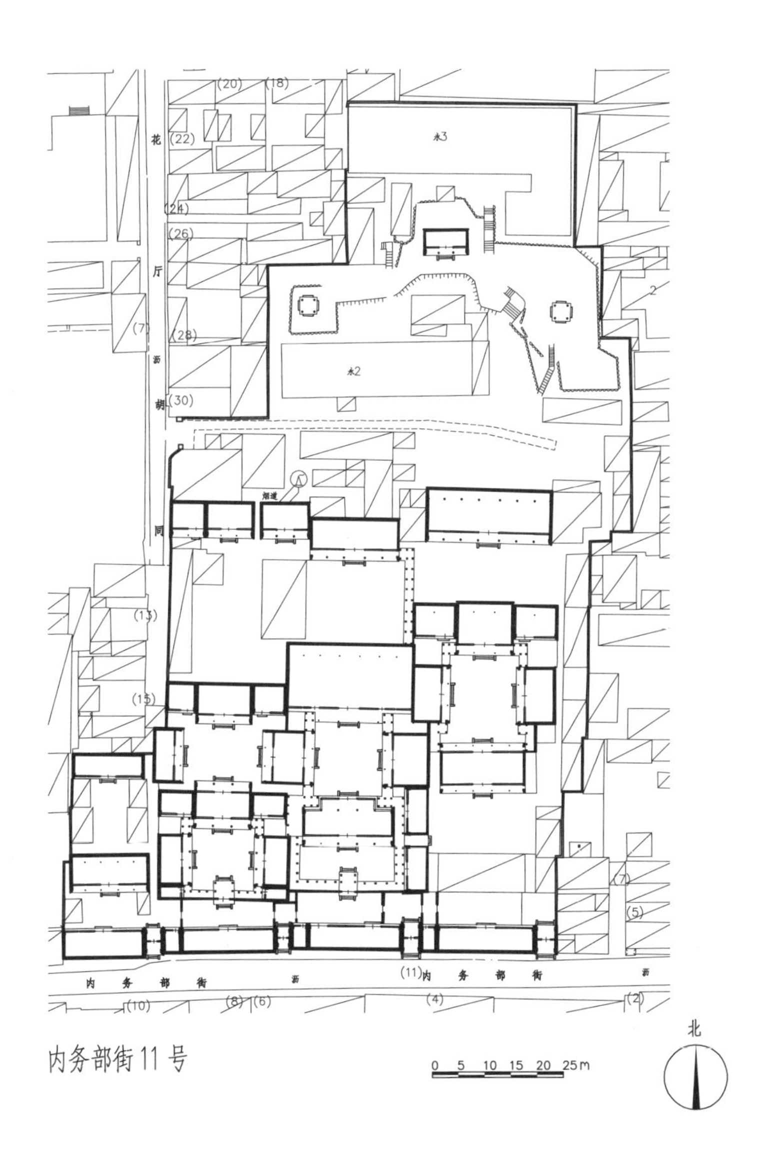

内务部街11号

大门方形门墩

花园东侧四角攒尖亭

花园内敞轩

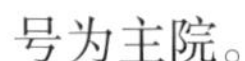

号为主院。

中路四进院落，此院建筑均为大式做法，应为接待宾客和礼仪场所。院落东南隅开大门一间，现已改为如意大门，硬山顶，过垄脊合瓦屋面，铃铛排山，戗檐、博缝头雕刻精美，海棠池素面栏板，门楣雕花，梅花形门簪两枚，红漆板门两扇，方形门墩一对，前出如意踏跺四级；后檐柱间饰卧蚕步步锦棂心倒挂楣子与花牙子。门内迎门有一字影壁一座，硬山顶，过垄脊筒瓦屋面，冰盘砖檐，博缝头饰“万事如意”砖雕，两侧为砖砌撞头，硬影壁心。大门东侧门房一间，硬山顶，过垄脊合瓦屋面，披水排山，戗檐装饰精美砖雕，套方棂心支摘窗装修。大门西侧倒座房六间（西一间为耳房），前出廊，硬山顶，过垄脊合瓦屋面，披水排山，前檐已改为现代装修，仅存部分套方棂心支摘窗。一进院北侧有一殿一卷式垂花门一座，悬山顶，前卷为过垄脊筒瓦屋面，后卷为清水脊筒瓦屋面，铃铛排山；方形垂柱头，折柱间饰冰裂纹花板、垂柱间饰花罩，梅花形门簪两枚，圆形门墩一对，前出踏跺三级；梁架绘彩画，门内两侧饰冰裂纹棂心倒挂楣子。二进院正房五间为过厅，前出廊，后出悬山顶抱厦三间，硬山顶，过垄脊筒瓦屋面，铃铛排山，前檐已改为现代装修。院内过厅与垂花门之间有四檩卷棚抄手游廊相连，方形廊柱，柱间饰变形菱形棂心倒挂楣子。三进院正房五间，前后廊，双卷勾连搭形式，过垄脊筒瓦屋面，铃铛排山，戗檐、博缝头饰精美砖雕，檐下施以箍头彩画，前檐已改为现代装修，明间前出垂带踏跺四级。正房东西耳房各两间，双卷勾连搭形式，硬山顶，过垄脊筒瓦屋面，披水排山，戗檐、博缝头装饰精美砖雕；内侧间开门，前檐已改为现代装修。东西厢房各三间，其中西厢房为过厅，前后出廊。东厢房前出廊，为双卷勾连搭形式，硬山顶，过垄脊筒瓦屋面，铃铛排山，戗檐、博缝头装饰精美砖雕，前檐已改为现代装修。院内各房有四檩卷棚抄手游廊相连，廊柱间饰嵌菱形棂心倒挂楣子。四进院正房五间，前出廊，硬山顶，过垄脊合瓦屋面，铃铛排山，前檐已改为现代装修。东侧有南北向四檩卷棚游廊相连，过垄脊筒瓦屋面。

东路四进院落，此院较为宽敞，应为书斋静室之用。院落东南隅开大门一间，现已封堵。大门西侧倒座房五间，硬山顶，过垄脊合瓦屋面，前檐已改为现代装修。一进院原有北房五间，现已拆改。二进院正房五间为过厅，前后出廊，硬山顶，过垄脊合瓦屋面，铃铛排

花园内敞轩角梁彩画

迎门一字影壁

四角攒尖亭内部构架

中路二进院游廊倒挂楣子

中路大门东侧门房

中路垂花门

花园内假山

垂花门垂柱头

东路大门

东路二进院正房

东路西侧夹道二门

中路二进院正房背立面

三进院正房背立面箍头彩画

二进院正房后檐戗檐砖雕

中路三进院正房后檐戗檐砖雕

山，戗檐存精美砖雕，前檐已改为现代装修。院内原有四檩卷棚抄手游廊相连，方形廊柱，柱间饰嵌菱形棂心倒挂楣子。三进院正房三间，前后廊，硬山顶，过垄脊合瓦屋面，铃铛排山，戗檐饰精美砖雕，明间前出垂带踏跺三级，前檐已改为现代装修。正房两侧耳房两间，硬山顶，过垄脊合瓦屋面，披水排山，檐下可见箍头彩画，前檐已改为现代装修。东西厢房各三间，前出廊，硬山顶，过垄脊合瓦屋面，前檐已改为现代装修。院内各房原有四檩卷棚抄手游廊相连，现已无存。四进院北房七间，前后廊，硬山顶，过垄脊合瓦屋面，披水排山，前檐已改为现代装修。

西一路四进院落，格局紧凑，当为主要居所。院落东南隅开大门一间，现已封堵，硬山顶，过垄脊合瓦屋面，铃铛排山，可见方形门墩一对。门内迎门有一字影壁一座，过垄脊筒瓦屋面，铃铛排山，博缝头饰“万事如意”砖雕。影壁两侧各有随墙门一座，可通一进院。大门西侧倒座房五间，硬山顶，过垄脊合瓦屋面，明间原为隔扇风门，现已改为现代装修；次间为十字方格棂心支摘窗。一进院北侧有一殿一卷式垂花门一座，过垄脊筒瓦屋面，铃铛排山，垂莲柱头，折柱间饰花板，垂柱间饰雀替，梅花形刻字门簪四枚，板门两扇，圆形门墩一对， 前出

东路三进院东厢房

三进院正房东耳房戗檐砖雕

中路三进院正房

东路三进院正房

中路三进院东厢房

中路四进院东侧游廊

踏跺四级。后出踏跺三级。垂花门两侧看面墙采用硬影壁心做法，过垄脊筒瓦屋面。二进院正房三间为过厅，前后出廊，过垄脊筒瓦屋面，铃铛排山，戗檐为精美砖雕，前檐已改为现代装修，明间前出垂带踏跺三级。正房东西耳房各两间，硬山顶，过垄脊筒瓦屋面，前檐已改为现代装修。东西厢房各三间，前出廊，硬山顶，过垄脊筒瓦屋面，披水排山，戗檐与博缝头装饰精美砖雕，明间前出垂带踏跺三级，前檐已改为现代装修。院内各房与垂花门之间均有游廊相连，廊柱间饰步步锦棂心倒挂楣子与花牙子。三进院正房三间，前出廊，硬山顶，过垄脊合瓦屋面，铃铛排山，戗檐饰花卉砖雕，博缝头为“万事如意”砖雕，前檐已改为现代装修，明间前出踏跺二级。正房东西耳房各两间，硬山顶，过垄脊合瓦屋面，檐下见箍头彩画装饰，前檐已改为现代装修；其中东耳房西侧半间辟为门道，可通四进院。东西厢房各三间，前出廊，硬山顶，过垄脊合瓦屋面，披水排山，戗檐饰花卉砖雕，博缝头为“万事如意”砖雕，前檐已改为现代装修，明间前出如意踏跺三级；其中东厢房与主院三进院西厢房呈勾连搭形式，为过厅。院内正房与东西厢房之间原有平顶游廊相连，现已拆除。四进院北房共两座，东侧北房三间，前出廊，硬山顶，过垄脊筒瓦屋面，铃铛排山，戗檐饰花卉砖雕，前檐已改为现代装修，明间前出踏跺三级。西侧北房三间，前出廊，硬山顶，过垄脊筒瓦屋面，铃铛排山，戗檐饰花卉砖雕，博缝头为“万事如意”砖雕，前檐已改为现代装修。北房西侧耳房两间，前出廊，硬山顶，过垄脊筒瓦屋面，披水排山，戗檐饰花卉砖雕，博缝头为“万事如意”砖雕，前檐已改为现代装修。

西二路两进院落，原为家祠。院落东南隅开大门一间，为硬山顶，清水脊合瓦屋面，脊饰花盘子，现已封堵。大门东侧门房一间，硬山顶，过垄脊合瓦屋面，前檐已改为现代装修；西侧倒座房五间，硬山顶，清水脊合瓦屋面，戗檐饰花卉砖雕，博缝头为“万事如意”砖雕，前檐已改为现代装修。一进院正房五间，前出廊，硬山顶，清水脊合瓦屋面，脊饰花盘子，前檐已改为现代装修。一进院东侧有屏门与西一路相连。二进院正房五间，前出廊，硬山顶，过垄脊筒瓦屋面，檐下“寿”字檐椽，檩三件绘“黄山独姿”苏式彩画，前檐已改为现代装修。

宅院北部为花园，虽后期改建颇多，但北部横贯东西的叠石假山尚存，其上中置歇山顶敞轩三间，筒瓦屋面，饰铃铛排山，可见箍头彩画，前檐已改为现代装修。两端各置四角攒尖方亭一座，筒瓦屋面，前檐已改为现代装修。

西一路一进院垂花门

西一路大门

西一路一进院垂花门垂莲柱头

西一路二进院东厢房

西一路二进院正房

西一路门内一字影壁

西一路三进院正房

西一路三进院东厢房勾连搭山面

西一路四进院西侧正房

西一路三进院东厢房戗檐砖雕

西一路三进院正房东耳房

西二路二进院正房枋心彩画

西一路三进院正房东侧耳房箍头彩画

西二路二进院正房箍头彩画

史家胡同51号、53号、55号

东路倒座房

位于东城区朝阳门街道，清代晚期至民国时期建筑。

51号院曾是著名民主爱国人士章士钊于新中国成立后在京的寓所。章士钊（1881—1973年），字行严，汉族，湖南长沙人。民主爱国人士、学者、作家、教育家、政治活动家。曾任中华民国北洋政府司法总长兼教育总长、国民政府国民参政会参政员、中华人民共和国全国人大常委会委员、中央文史研究馆馆长。1949年末，章士钊举家由沪迁京，起初住在朱启钤家中，1959年周恩来总理探望时发现章家居住方面有困难，亲自协调解决，章家随即迁至史家胡同51号院。章士钊去世后，该宅由其女及女婿——外交家章含之、乔冠华居住。新中国成立后华国锋同志曾在55号院居住。现为单位用房、居民院。2011年，由北京市人民政府公布为北京市文物保护单位。

该院坐北朝南，分东中西三路。

东路：史家胡同51号院（含内务部街44号）。

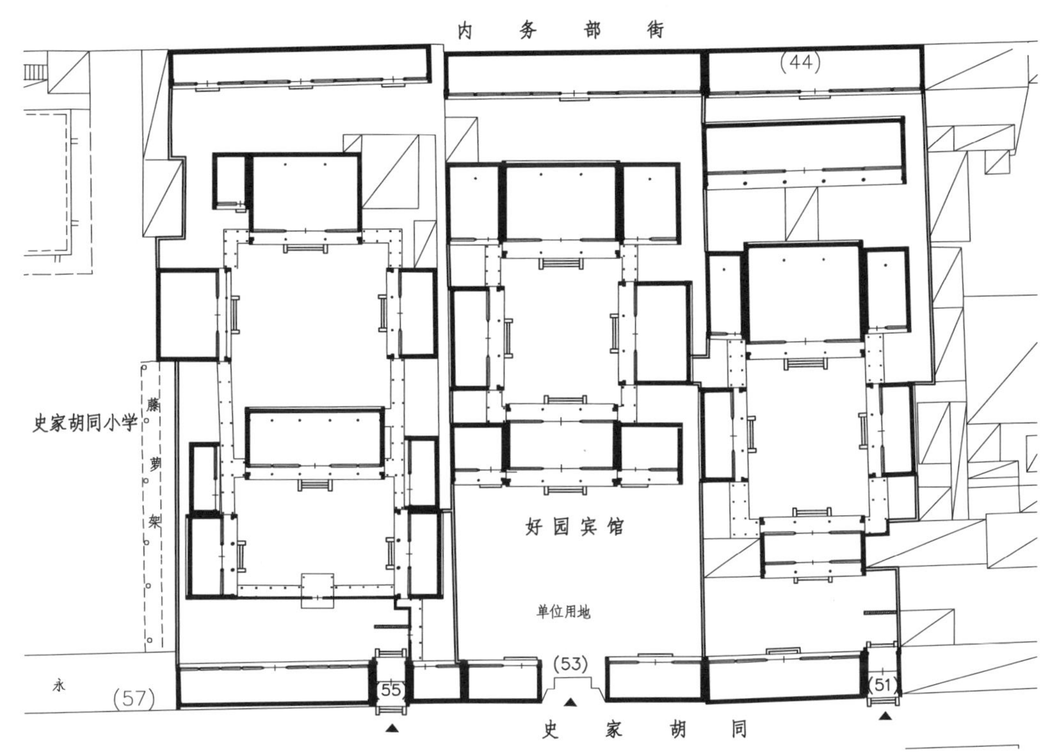

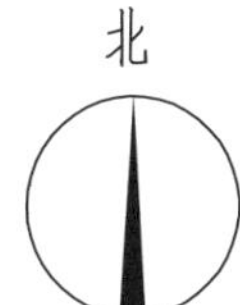

史家胡同 51号、53号、55号

院落东南隅开广亮大门一间，硬山顶，清水脊合瓦屋面，红漆板门两扇，梅花形门簪四枚，圆形门墩一对。门内迎门硬山一字影壁一座，灰筒瓦顶，砖檐为冰盘檐做法，檐下饰连珠雕饰，素面软心，青砖下碱，两侧带撞头。大门西侧倒座房五间，硬山顶，清水脊合瓦屋面，前檐已改为现代装修。一进院正房三间，前后出廊，现前部廊已推出，硬山顶，过垄脊灰筒瓦屋面，明间辟为过厅，前后檐均已改为现代装修，明间前出如意踏跺一级、后出垂带踏跺三级。二进院正房三间，前后廊，硬山顶，过垄脊灰筒瓦屋面，廊心墙采用廊门筒子做法，前檐明间为夹门窗，次间已改为现代装修，明间前出垂带踏跺四级；后檐为老檐出形式。房内进深方向的柱间装饰有两组套方灯笼锦棂心的隔扇，形似八角落地罩，但八角框的位置为实心并开设一扇屏门，其顶部为一个楼阁式书橱，上带朝天栏杆。正房东西耳房各一间，均为硬山顶，过垄脊筒瓦屋面，前檐已改为现代装修。东西厢房各三间，前出廊，硬山顶，过垄脊筒瓦屋面；廊心墙采用廊门筒子做法，前檐已改为现代装修，明间前出垂带踏跺三级；后檐为老檐出形式。院内各房间有抄手游廊相连。三进院正房五间，前出廊，硬山顶，过垄脊合瓦屋面，木构架饰箍头彩画，梁头上尚存有清晰的寿字纹饰，前檐已改为现代装修，后檐为老檐出形式。四进院后罩房七间，已改为机瓦屋面，前檐已改为现代装修，后檐为菱角檐封后檐形式。

东路三进院北房梁架箍头彩画

东路一进院过厅

东路二进院东厢房

东路二进院正房

中路：史家胡同53号院（含内务部街甲44号）。

院落中部开大门，已改建，门上挂“好园”二字牌匾，是曾任全国妇联名誉主席的邓颖超女士所题。大门东侧倒座房三间，西侧两间，硬山顶，过垄脊合瓦屋面，前檐已改为现代装修。一进院正房三间，前后出廊，硬山顶，过垄脊合瓦屋面，木构架饰苏式彩画，廊心墙采用廊门筒子做法；明间辟为过厅，隔扇门四扇，次间下为砖砌槛墙，上为支摘窗，装修已改。正房东西耳房各两间，前出廊，硬山顶，过垄脊合瓦屋面，前檐已改为现代装修。东西厢房各三间，已翻建。二进院正房三间，前后廊，硬山顶，过垄脊灰筒瓦屋面，前檐明间隔扇门四扇，次间下为砖砌槛墙，上为正搭正交万字棂心支摘窗；后檐为老檐出形式。正房东西耳房各两间，硬山顶，过垄脊合瓦屋面，前檐为夹门窗，夹杆条玻璃屉棂心。东西厢房各三间，前出廊，硬山顶，过垄脊灰筒瓦屋面，前檐明间为隔扇风门，次间下为槛墙、上为支摘窗，夹杆条玻璃屉棂心；后檐为老檐出形式。三进院后罩房五间，硬山顶，鞍子脊合瓦屋面，前檐已改为现代装修，后檐为抽屉檐封后檐形式。

西路：史家胡同55号院（含内务部街甲44号）。

院落东南隅开广亮大门一间，硬山顶，清水脊合瓦屋面，梅花形门簪四枚，红漆板门两扇，圆形门墩一对，前出如意踏跺三级。门内迎门一字影壁一座，现已封入民房内，形制不详。大门西侧倒座房九间，硬山顶，过垄脊合瓦屋面，前檐已改为现代装修，后檐为老檐出形式。影壁东侧有一段廊子，廊东侧为一月亮门连通的小跨院。内有南房两间，硬山顶，过垄脊合瓦屋面，前檐已改为现代装修。一进院北侧有一殿一卷式垂花门一座，悬山顶，前卷为清水脊灰筒瓦屋面，后卷为卷棚顶筒瓦屋面，垂柱头遗失，梅花形门簪两枚，红漆棋盘门两扇，圆鼓形门墩一对，后檐柱间装四扇绿漆屏门，前后各出如意踏跺二级。垂花门两侧连筒瓦顶青砖看面墙和抄手游廊。二进院正房五间，前后廊，清水脊合瓦屋面；廊心墙上穿插当刻有如意、盘常等纹饰，前檐已改为现代装修，仅次间、梢间保留素面海棠池

中路一进院正房

槛墙；后檐为老檐出形式；台基砖陡板上保有正搭斜交万字透风。东西厢房各三间，前出廊，硬山顶，清水脊合瓦屋面，前檐已改为现代装修，明间前出如意踏跺二级；后檐为老檐出形式。厢房北侧厢耳房各两间，硬山顶，过垄脊合瓦屋面，前檐已改为现代装修。院内各房有抄手游廊相连，局部保有卧蚕步步锦棂心倒挂楣子及步步锦坐凳楣子。三进院正房三间，东西厢房各三间，均为硬山顶，清水脊合瓦屋面，前檐已改为现代装修。院内有抄手游廊连接各房。四进院后罩房十一间，已翻建。

西路一进院倒座房

西路大门圆形门墩

西路广亮大门

西路一进院垂花门

西路二进院正房

西路二进院西厢房

中路一进院正房东耳房

中路二进院西厢房

西路一进院东侧月亮门

西路二进院正房砖台基透风细部

中路二进院正房

桂公府（芳嘉园胡同11号、13号、15号，新鲜胡同38号、40号、42号、44号）

位于东城区朝阳门街道。原为清咸丰年间都统胜保宅邸，胜保获罪被清廷赐死，此宅遂转赐予慈禧太后之弟承恩公桂祥。

叶赫那拉·桂祥（？—1913年），清满洲镶黄旗人（原为满洲镶蓝旗，后入镶黄旗），慈禧太后之弟，光绪十四年（1888年）获封三等承恩公爵，正蓝旗满洲都统。桂祥之封爵，得益于其女叶赫那拉·静芬，被慈禧太后钦点，与光绪皇帝成婚，并随即立为皇后。同时，其获赐的原胜保宅邸，规格就此比照王爵府邸实施改建，民间亦称此宅为“桂公府”。桂公府虽仅是一座公爵府，但作为皇后娘家之“后邸”所在，按规制等级应与王府趋同。然而，由于府邸是在原来大臣宅邸基础上改建，院落的尺度客观上受到一定制约，实际不及标准的王府宽敞。1986年，由东城区人民政府公布为东城区文物保护单位。

府内保存的汉白玉滚墩石

该院坐北朝南，分为东中西三路，西路又独立分为并联的三路建筑。现仅存中路后寝殿及西路第一组院落。

中路：现为新鲜胡同40号，是此府的礼仪空间，现存最北部一座后寝殿和左、右耳房。寝殿七间，前后廊，硬山顶，调大脊灰筒瓦屋面，

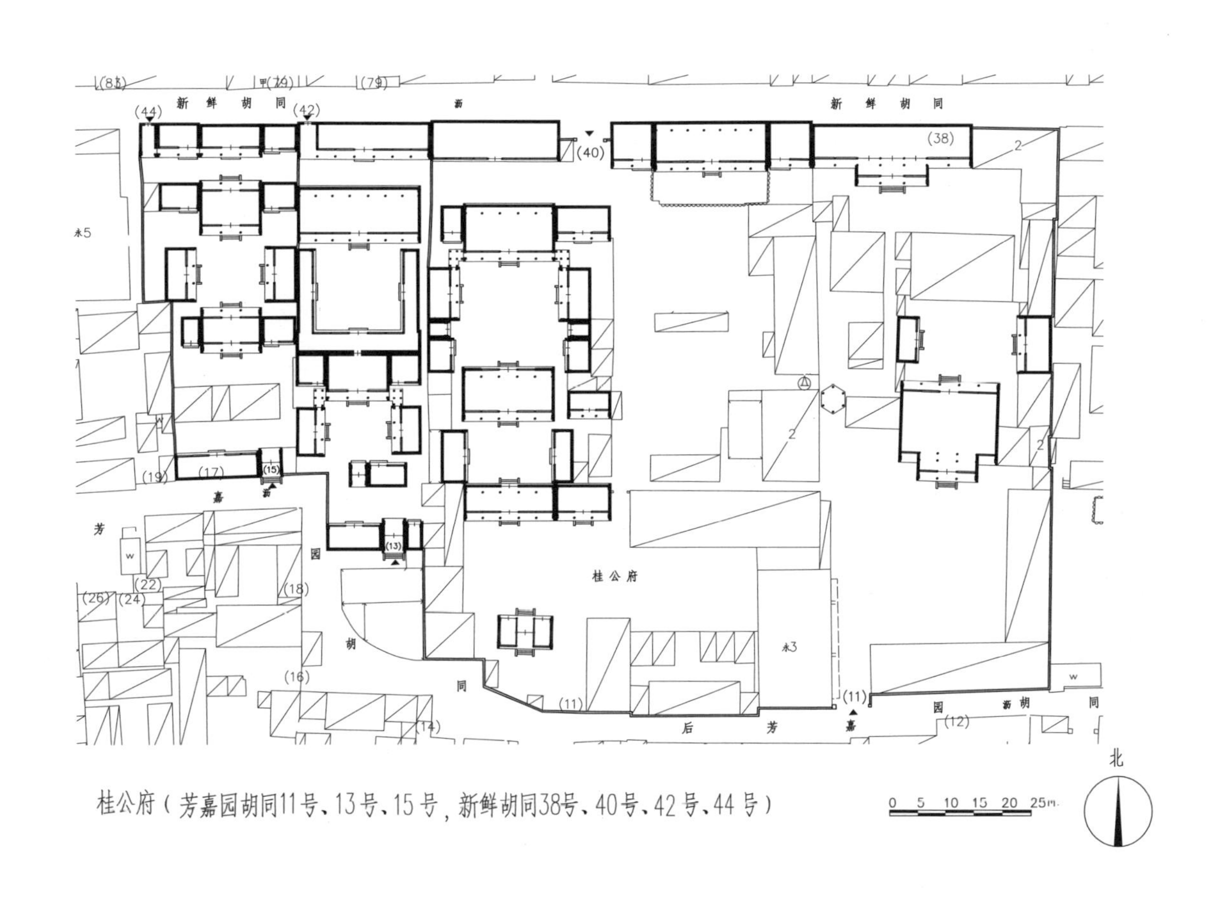

桂公府（芳嘉园胡同11号、13号、15号，新鲜胡同38号、40号、42号、44号）

饰吻兽和垂兽，绿琉璃瓦剪边，铃铛排山；廊柱间饰雀替，廊心墙采用廊门筒子做法；明间为五抹隔扇门四扇，灯笼锦棂心，裙板饰如意纹，外带帘架，上饰套方棂心横披窗；次间、梢间、尽间砖砌槛墙及木塌板保存完整，三抹隔扇窗，套方灯笼锦棂心。寝殿前原有月台，现埋入地下。室内铺木地板，檀香木梁架。寝殿东西耳房各两间，平顶，前出平顶廊，檐下饰正交斜搭万字图案的木挂檐板，廊柱为梅花方柱，柱间饰步步锦棂心倒挂楣子、花牙子及步步锦棂心坐凳楣子；内侧间开门，为五抹隔扇门四扇，套方灯笼锦棂心，裙板饰如意纹；外侧间则为砖砌槛墙上带木塌板，三抹隔扇窗，套方灯笼锦棂心；窗上部经民国时期改造起平券；后檐为封后檐形式。院内存有一口掩于地下的古清水井。井口约深入地面近一米，井深约四米，底径三米有余，井壁呈逐渐收分的态势，六边形井口阔约一尺，无井口石。整口井以大青砖砌筑，个别青砖侧面拓印 “垣典窑”三字。

东路为花园部分，三进院落，原有的轩馆亭台等，现已拆除。

西路原有三路院落，是此府的主要居住区域。西一路，现为芳嘉园胡同11号，坐北朝南，四进院落。大门为三间一启门形式，硬山顶，过垄脊灰筒瓦屋面，铃铛排山；明间前后檐柱间饰雀替，梅花形门簪四枚，高悬“桂公府”题字大匾，为清宗室后代爱新觉罗·毓垣所书，条石铺地；两次间，下为槛墙，上带槛窗，套方灯笼锦棂心，横披窗装修后改；后檐为老檐出形式。门前留有一对花岗岩上马石。府门外有八字影壁一座，硬山筒瓦顶，冰盘檐做法，

府门对面的八字影壁

府门北立面

府门南立面

清水井内壁

后寝殿内部风貌

中路后寝殿

后寝殿前的清水井

中路后寝殿西耳房

西一路一进院正房

檐下饰连珠雕饰，青砖下碱，方砖硬影壁心，影壁心外侧带柱子、箍头枋子；两侧带撞头。一进院正房五间，前后出廊，硬山顶，清水脊合瓦屋面；廊心墙采用廊门筒子做法；明间辟为过厅，前檐为五抹隔扇门四扇，裙板饰如意纹，外带帘架，前后各出垂带踏跺三级；次间、梢间下为砖砌槛墙、上为支摘窗，井字玻璃屉棂心；后檐为老檐出形式。正房东耳房三间，前后廊，硬山顶，清水脊合瓦屋面，前檐明间为五抹隔扇门四扇，裙板饰如意纹，外带帘架，次间下为砖砌槛墙、上为支摘窗，井字玻璃屉棂心；各间均饰步步锦棂心横披窗；明间前出垂带踏跺三级，后檐为老檐出形式。东西厢房各三间，东厢房已翻建；西厢房前出廊，硬山顶，过垄脊合瓦屋面，前檐已改为现代装修，后檐为封后檐形式。厢房北侧耳房均已翻建。

戗檐砖雕

该进院落保存有汉白玉滚墩石一对。二进院正房五间，前后出廊，硬山顶，清水脊合瓦屋面，戗檐砖雕多残损；明间辟为过厅，为五抹隔扇门四扇，棂心后改，裙板饰夔龙纹，外带帘架；次间、梢间下为砖砌槛墙、上为支摘窗，井字玻璃屉棂心；明间前出三级垂带踏跺；后檐为老檐出形式。其室内梁架保存有精美的原清代彩画，内容为苏东坡的《东坡志林》中描述的“海屋添筹”寓言故事。东西厢房各三间，东房已改建；西房为硬山顶，清水脊合瓦屋面，戗檐砖雕多残损，前檐明间为五抹隔扇门四扇，棂心后改，裙板饰夔龙纹，外带帘架，次间、梢间下为砖砌槛墙、上为支摘窗，井字玻璃屉棂心；明间前出如意踏跺二级；后檐为封后檐形式。该进院落东侧带有一座小跨院，南房三间，已翻建；北房三间，硬山顶，过垄脊合瓦屋面。三进院正房五间，前后廊，前檐明次间吞廊，硬山顶，清水脊合瓦屋面，戗檐砖雕多残损；前檐明间为五抹隔扇门四扇，棂心后改，裙板饰如意纹，外带帘架；次间、梢间下为砖砌槛墙、上为支摘窗，棂心后改；明间前出垂带踏跺三级。正房东耳房三间，前出廊，硬山顶，过垄脊合瓦屋面；西耳房一间，已翻建。东西厢房各三间，前出廊，硬山顶，清水脊合瓦屋面，前檐已改为现代装修，明间前出垂带踏跺二级，后檐为封后檐形式。东西厢房南侧原带耳房各三间，现西厢耳房已翻建；东厢耳房，最靠北一间辟为屋宇式门道通中路，硬山顶，过垄脊合瓦屋面，其余两间为清水脊合瓦屋面。四进院后罩房九间，已翻建。

西一路二进院正房北立面

西一路一进院西房

西二路，现芳嘉园胡同13号、新鲜胡同42号，原为四进院落，现存第三进和第四进院落。三进院南侧为U字形转角连房，其南房七间，东西连房部分各五间，均为硬山顶，过垄脊合瓦屋面。正房七间，前后廊，硬山顶，清水脊合瓦屋面，前檐为工字卧蚕步步锦棂心门窗，明间前出垂带踏跺三级，后檐为老檐出形式。四进院后罩房七间，前出廊，硬山顶，已改为机瓦屋面，最西侧一间辟为后门，前檐已改为现代装修。

西三路，现芳嘉园胡同15号，新鲜胡同44号，原为坐北朝南四进院落，目前无存。

西一路三进院正房内部风貌

西一路三进院正房

西二路三进院北房

西二路转角廊

后寝殿内檀香木梁架

后寝殿内檀香木梁架细部装饰

建国门街道

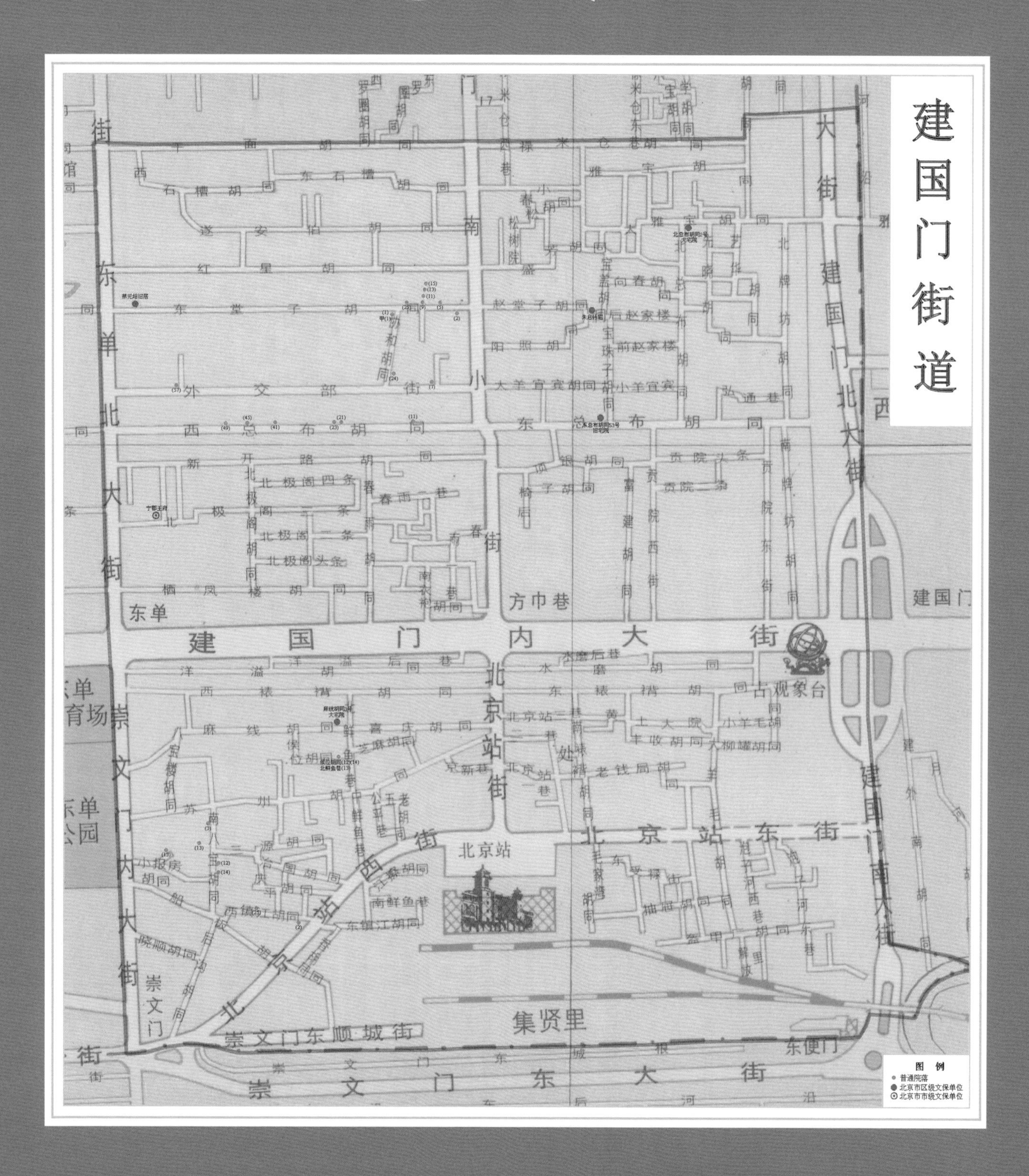

建国门街道
建国门内大街
北京站
北京站东街
古观象台
方巾巷
东单
集贤里
崇文门东顺城街
崇文门东大街
东便门
崇文门
东单北大街
崇文门内大街
东单体育场
东单公园
建国门
外交部街
西总布胡同
东总布胡同
新开路胡同
北极阁四条
北极阁三条
北极阁二条
北极阁头条
栖凤楼胡同
东堂子胡同
赵堂子胡同
红星胡同
遂安伯胡同
西石槽胡同
东石槽胡同
后赵家楼
前赵家楼
贡院头条
贡院二条
西裱褙胡同
东裱褙胡同
麻线胡同
丰收胡同
大柳罐胡同
图例
普通院落
北京市区级文保单位
北京市市级文保单位

东堂子胡同5号

位于东城区建国门街道，清代晚期至民国时期建筑，现为居民院。

该院坐北朝南，三进院落。院落东南隅开如意大门一间，硬山顶，清水脊合瓦屋面，脊饰花盘子，博缝头装饰精美砖雕，戗檐原有砖雕，现已无存；梅花形门簪两枚，红漆板门两扇，圆形门墩一对，门内后檐柱间饰步步锦棂心倒挂楣子。大门西侧倒座房五间，硬山顶，鞍子脊合瓦屋面，前檐已改为现代装修，后檐为冰盘檐封后檐形式。一进院正房三间，硬山顶，清水脊合瓦屋面，博缝头装饰精美砖雕，前檐已改为现代装修。正房东西耳房各两间，硬山顶，过垄脊合瓦屋面，前檐已改为现代装修；其东耳房西间辟为门道，后檐柱间饰步步锦棂心倒挂楣子。

如意大门

大门圆形门墩

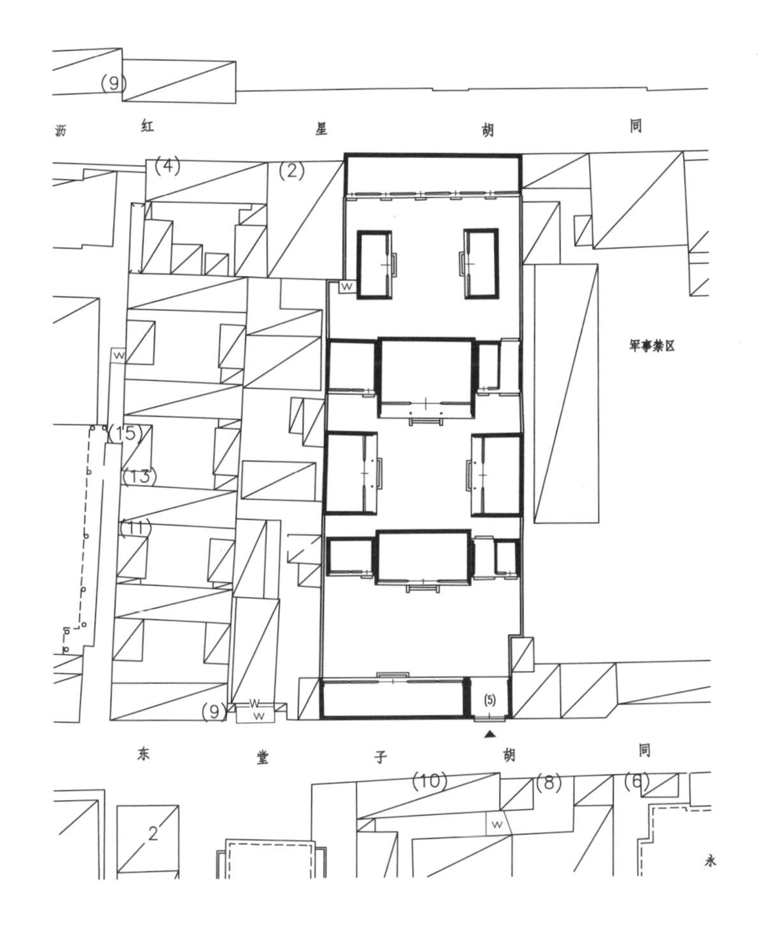

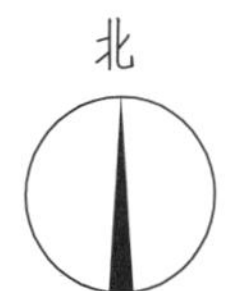

东堂子胡同5号

二进院正房三间，前出廊，硬山顶，清水脊合瓦屋面，前檐已改为现代装修。正房东西耳房各两间，前后廊，硬山顶，过垄脊合瓦屋面，前檐已改为现代装修；其东耳房东间辟为门道，后檐柱间饰步步锦棂心倒挂楣子。东西厢房各三间，前出廊，硬山顶，清水脊合瓦屋面，前檐明间为夹门窗，棂心后改，次间已改为现代装修；明间前出垂带踏跺三级。三进院后罩房五间，已改为机瓦屋面，前檐已改为现代装修。东西厢房各三间，硬山顶，过垄脊合瓦屋面，西厢房已改为机瓦屋面，前檐均已改为现代装修。

一进院正房

一进院正房东耳房

二进院正房东耳房

二进院西厢房

一进院正房东侧博缝头砖雕

二进院正房

后罩房

东堂子胡同9号、11号、13号、15号

位于东城区建国门街道，民国时期建筑，现为居民院。

该组院落前后共由四套院组成，均为一进小院。

9号院：院落东南隅开如意大门一间，硬山顶，清水脊合瓦屋面，脊饰花盘子，门头套沙锅套花瓦装饰；梅花形门簪两枚，红漆板门两扇，门钹一对，方形门墩一对。大门内后檐柱间饰菱形套棂心倒挂楣子及花牙子。门内迎门座山影壁一座，上饰套沙锅套花瓦，砖砌撞头。大门西侧倒座房四间，已改为机瓦屋面，前檐为灯笼锦棂心门窗，后檐为抽屉檐封后檐形式。北房五间，东西厢房各两间，均为硬山顶，过垄脊合瓦屋面，前檐为灯笼锦棂心门窗。

11号、13号、15号：分别于院落西侧开随墙门一座，红漆板门两扇。院内各有北房五间，东西厢房各两间，均为硬山顶，部分为灰梗屋面，部分已改为机瓦屋面。前檐已改为现代装修。

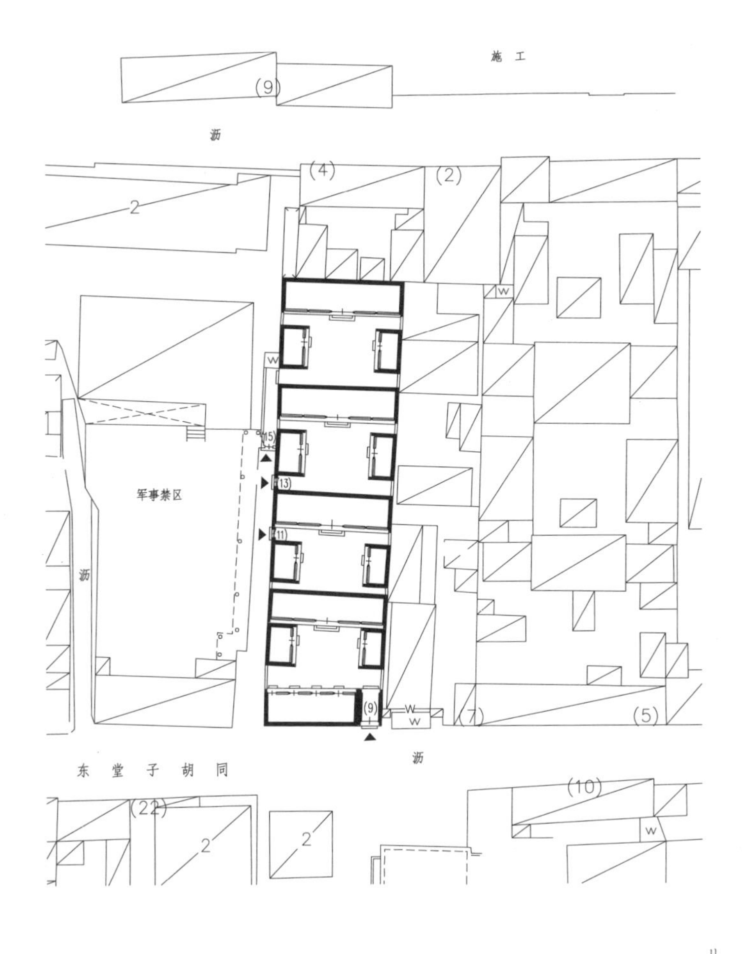

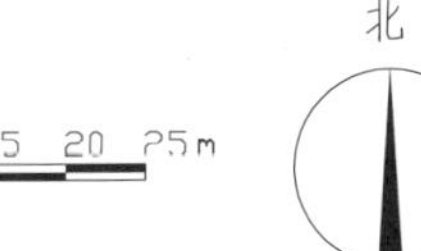

东堂子胡同9号、11号、13号、15号　0 5 10 15 20 25m

11号院如意大门

9号院正房

9号院倒座房

9号院座山影壁

9号院东厢房

11号院东厢房

11号院大门

11号院北房

13号院北房

15号院大门

东堂子胡同25号

位于东城区建国门街道，清代晚期至民国时期建筑，现为居民院。

该院坐北朝南，两进院落。院落东南隅开如意大门一间，硬山顶，皮条脊合瓦屋面，脊饰吻兽，门头套沙锅套花瓦装饰，板门两扇，圆形门墩一对；门内后檐柱间饰工字卧蚕步步锦棂心倒挂楣子及花牙子。门内迎门座山影壁一座，清水脊筒瓦屋面，脊饰花盘子，抹灰软影壁心，两侧砖砌撞头。大门西侧倒座房四间，前出廊，硬山顶，已改为机瓦屋面，前檐已改为现代装修。一进院两侧有卷棚游廊，与二进院东西厢房前廊相接，筒瓦屋面。一进院北侧有月亮门一座，现已封堵。二进院正房五间，前出廊，硬山顶，已改为机瓦屋面，廊柱间饰工字步步锦倒挂

如意大门

大门后檐倒挂楣子

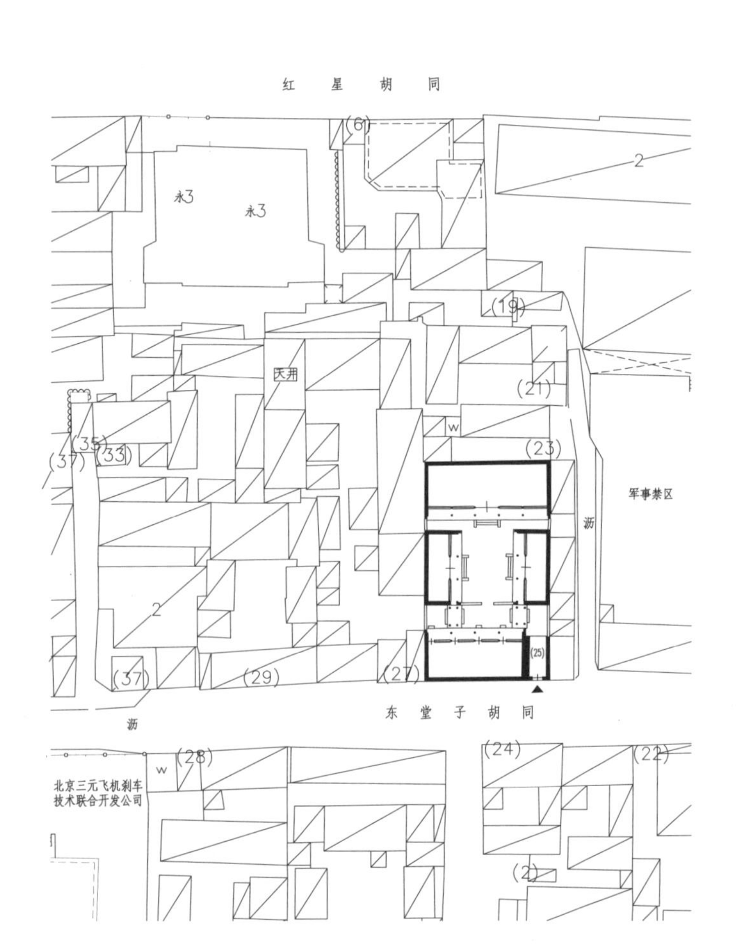

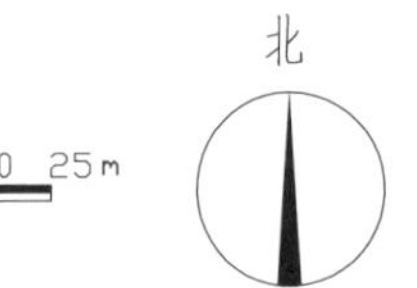

东堂子胡同25号

楣子及花牙子；前檐明间为夹门窗，门为工字卧蚕步步锦棂心，窗为八角井棂心；次间、梢间已改为现代装修。东西厢房各三间，前出廊，硬山顶，过垄脊合瓦屋面；西厢房前檐明间为夹门窗，次间下为槛墙、上为支摘窗，门为工字卧蚕步步锦棂心，窗均为八角井棂心，上饰卧蚕步步锦棂心横披窗；东厢房前檐均为夹门窗，门为工字卧蚕步步锦棂心，窗均为八角井棂心。

东厢房

座山影壁

倒座房

正房

蔡元培故居（东堂子胡同75号）

位于东城区建国门街道，清代中晚期建筑。

该院在1917年至1920年曾作为蔡元培在北京的居所。作为中国近代历史上重要的民主主义革命家和教育家，蔡元培对于中国的文化发展起着重要作用。他毕生致力于改革封建教育，在出任北京大学校长后，为发展中国新文化教育事业、建立中国资产阶级民主制度做出了重大贡献，堪称“学界泰斗、人世楷模”。同时，他还是我国近现代美育的倡导者。这座建筑对于研究蔡元培在北京的工作和生活情况，了解其在教育文化上做出的杰出贡献有重要的价值。蔡元培故居在“五四”运动中有着举足轻重的作用，作为“五四”运动的策源地，这里蕴含了丰富的

二进院南房西耳房

二进院南房

二进院东厢房

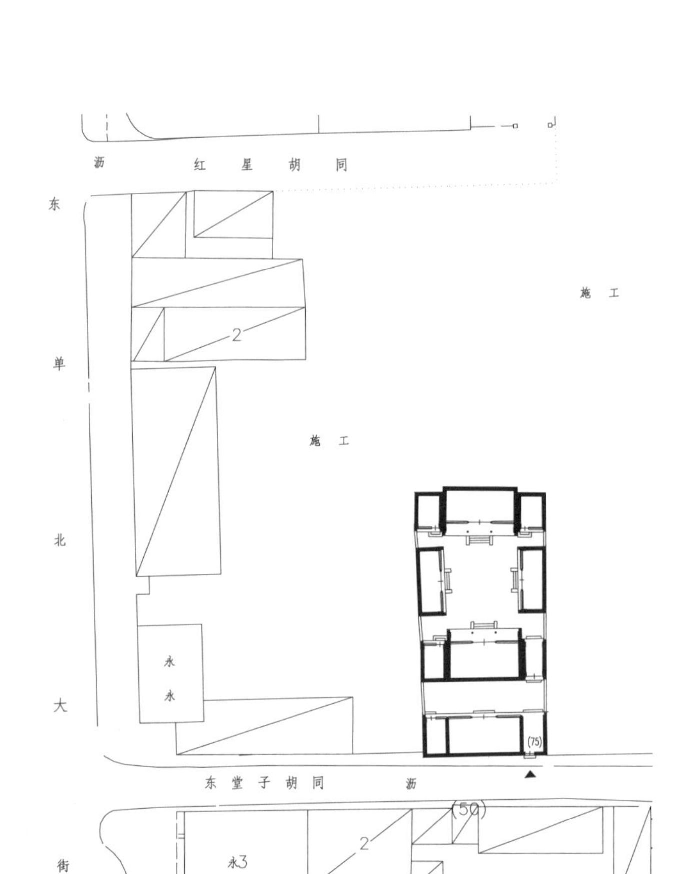

蔡元培故居(东堂子胡同75号)

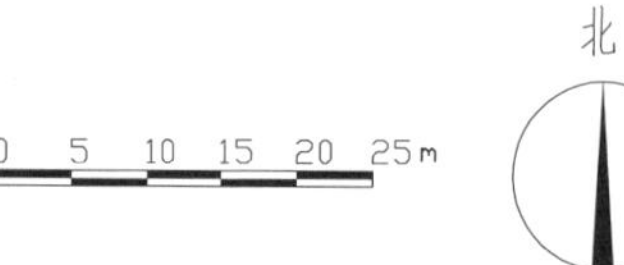

历史内容，对于研究“五四”运动在中国近代历史发展中的作用有重要的史学价值。现已对外开放。1985年，由东城区人民政府公布为东城区文物保护单位。

该院坐北朝南，三进院落。原为其西邻77号住宅的东偏院。现大门为后辟之偏门。一进院倒座房五间，其东次间辟为街门；硬山顶，鞍子脊合瓦屋面，前檐为夹门窗，后檐为老檐出形式。蔡元培在此居住时曾将其作为客厅使用。倒座房西侧耳房一间，硬山顶，鞍子脊合瓦屋面，西半间辟门，为夹连窗形式，工字卧蚕步步锦棂心，上饰工字步步锦棂心亮子窗。二进院正房三间，前出廊，硬山顶，清水脊合瓦屋面，脊饰花盘子；前檐明间为五抹工字步步锦棂心隔扇及风门，次间下为槛墙，上为工字步步锦棂心支摘窗，门窗上饰步步锦棂心横披窗；明间前出垂带踏跺四级。正房东西耳房各一间，硬山顶，鞍子脊合瓦屋面，内侧开门，夹门窗形式，工字步步锦棂心，前出如意踏跺三级。东西厢房各三间，硬山顶，鞍子脊合瓦屋面，前檐明间为工字卧蚕步步锦棂心夹门窗，次间为工字卧蚕步步锦棂心支摘窗；明间前出垂带踏跺三级。南房三间，硬山顶，清水脊合瓦屋面，前檐明间为五抹工字步步锦棂心隔扇及风门，次间为工字步步锦棂心支摘窗，上饰步步锦棂心横披窗；明间前出垂带踏跺三级。南房东西耳房各一间，均为硬山顶，清水脊合瓦屋面，其中西耳房外侧开门，工字步步锦棂心夹门窗，内侧间为工字步步锦棂心支摘窗，门前出踏跺二级；东耳房辟为门道，前后檐柱间均饰卧蚕步步锦棂心倒挂楣子与花牙子。三进院均已拆除。

二进院南房东耳房（过道）

二进院正房

三进院北房箍头彩画

三进院北房明间装修

三进院北房次间装修

三进院北房

三进院平顶房

院内东侧游廊

东堂子胡同2号

位于东城区建国门街道，民国时期建筑，现为居民院。

该院坐南朝北，一进院落。院落西北隅开小门楼一座，西向，硬山顶，过垄脊筒瓦屋面，红漆板门两扇。北房五间，硬山顶，过垄脊合瓦屋面，前檐已改为现代装修。南房五间，硬山顶，过垄脊合瓦屋面，前檐已改为现代装修。东厢房三间，硬山顶，已改为机瓦屋面，前檐已改为现代装修。院内西侧为民国式二层楼，面阔三间，前出廊，过垄脊合瓦屋面，一层前廊饰素面木挂檐板，檐下见箍头彩画，柱间饰夹杆条玻璃屉棂心倒挂楣子及花牙子，民国花砖墁地；前檐明间隔扇风门，夹杆条玻璃屉棂心，次间已改为现代装修；二层前檐已改为现代装修。

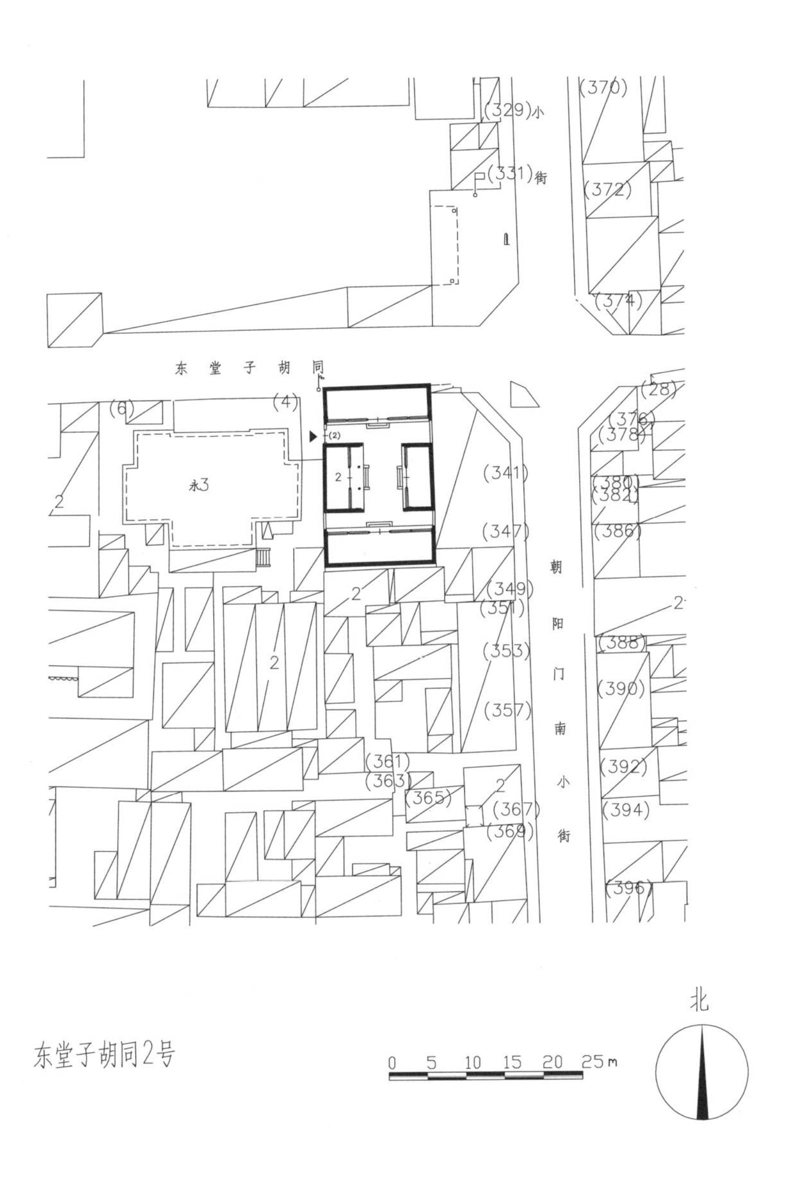

东堂子胡同2号

大门

西配楼背立面

南房

西配楼地面民国花砖

西配楼箍头彩画

西配楼二层

东总布胡同53号

位于东城区建国门街道，民国时期建筑。

此宅于20世纪30年代重建，后经过多次修缮，略有改建。曾作为作家协会使用，八世班禅也曾在此居住，现为居民院。1982年，由东城区人民政府公布为东城区文物保护单位。

该院坐北朝南，三进院落。院落南侧正中开金柱大门一间，硬山顶，过垄脊筒瓦屋面，披水排山；檐下施以苏式彩画，檐柱饰雕花雀替；六角形门簪四枚，红漆板门两扇，铺首一对，两侧带余塞板，圆形门墩一对。大门东西倒座房各三间，均为硬山顶，过垄脊合瓦屋面，通过北向廊子，与二进院东西厢房前廊相接。大门内有一座圆形假山喷水

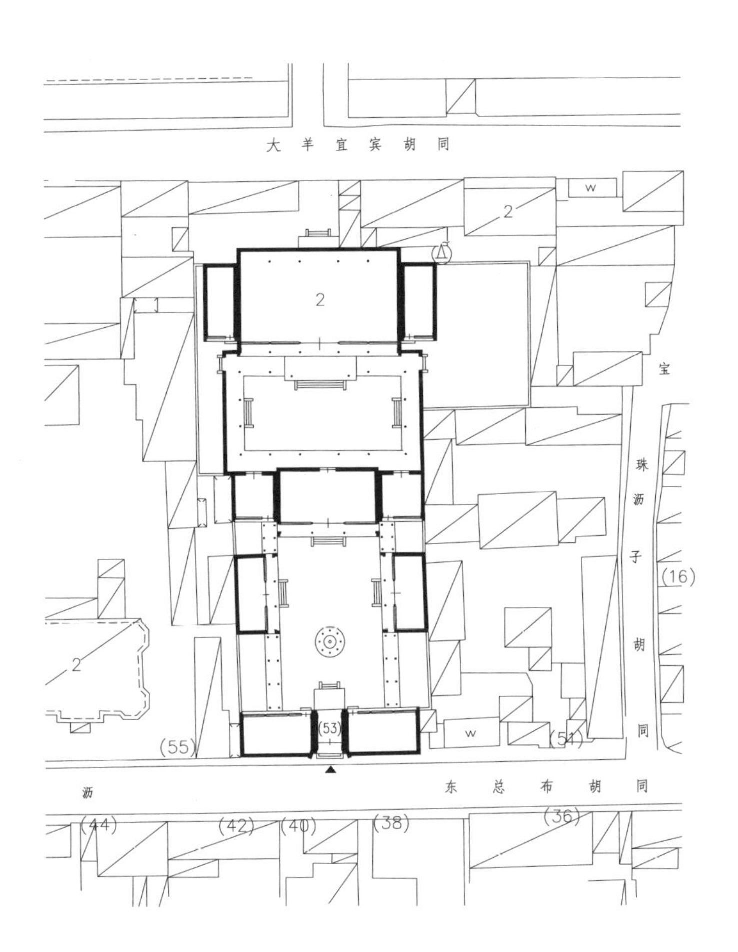

东总布胡同53号

金柱大门

大门圆形门墩

池代替了传统的垂花门位置，划分一进院、二进院落。二进院正房三间，明间为过厅，硬山顶，筒瓦屋面。正房东西耳房各一间。东西厢房各三间，前出廊，硬山顶，合瓦屋面。三进院正房为二层中式建筑，花岗岩基台，面阔五间，前出抱厦三间，歇山顶，绿琉璃筒瓦屋面，檐下饰混凝土制一斗三升斗拱，室内装饰寿字纹井口天花，步步锦棂心窗装修，院内东西两侧出爬山游廊与后楼前廊相连。

二进院正房

大门前檐内天花

后罩楼

二进院东厢房

三进院游廊

南八宝胡同3号

位于东城区建国门街道，民国时期建筑，现为居民院。

该院坐北朝南，一进三合式院落。原有西洋式门楼一座，坐西朝东，开于东厢房明间，现已封堵。现大门开于正房东耳房与东厢房北山墙之间，红漆板门两扇。正房三间，前出廊，硬山顶，清水脊合瓦屋面，脊饰花盘子，檐下施以箍头彩画，前檐已改为现代装修。正房东西耳房各一间，硬山顶，其东耳房已改为机瓦屋面，西耳房为鞍子脊合瓦屋面，前檐均已改为现代装修。东西厢房各三间，硬山顶，其东厢房为过垄脊合瓦屋面，西厢房已改为机瓦屋面，前檐均已改为现代装修。

原大门

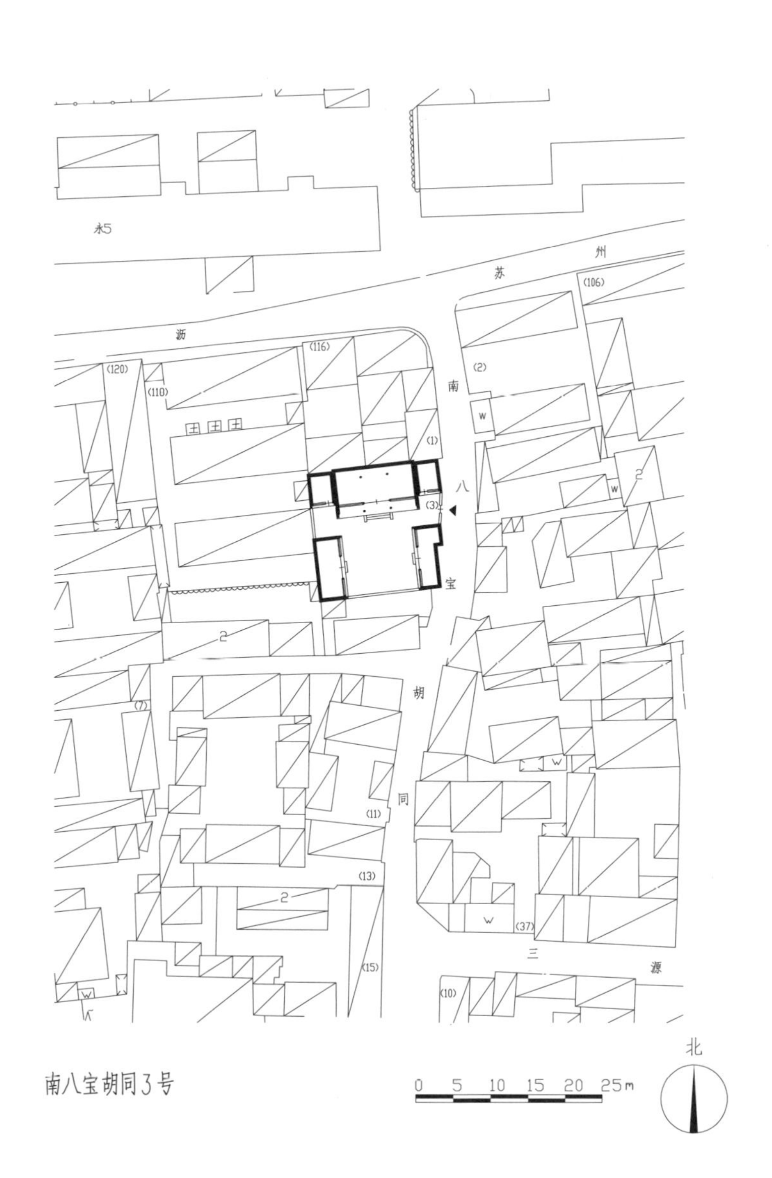

南八宝胡同3号

南八宝胡同13号

位于东城区建国门街道，民国时期建筑，现为居民院。

该院坐北朝南，一进院落。院落东南隅开如意大门一间，已改为机瓦屋面，门头套沙锅套花瓦装饰，门板遗失。大门西侧倒座房三间，硬山顶，已改为机瓦屋面，前檐已改为现代装修。倒座房西侧耳房一间，硬山顶，已改为机瓦屋面，前檐已改为现代装修。正房三间，前出廊，硬山顶，鞍子脊合瓦屋面，前檐已改为现代装修。正房东西耳房各一间，硬山顶，已改为机瓦屋面，前檐均已改为现代装修；其中东耳房后檐为菱角檐封后檐形式，西耳房后檐为抽屉檐封后檐形式。东西厢房各三间，硬山顶，已改为机瓦屋面，前檐已改为现代装修。

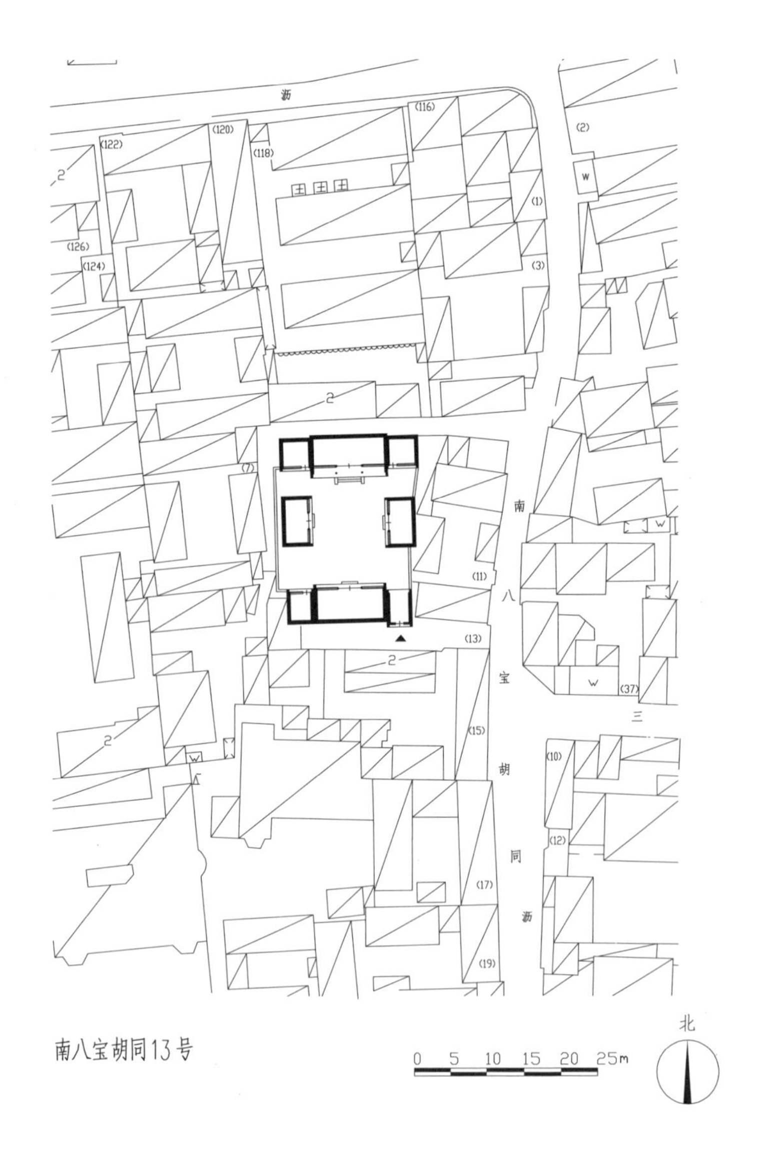

南八宝胡同13号

如意大门

正房

南房正立面

东厢房

南八宝胡同12号、14号

位于东城区建国门街道，清代晚期建筑，现为居民院。

该院坐北朝南，三进院落。一进院西房三间，硬山顶，清水脊合瓦屋面，脊已残，其北次间为原大门，西向，砌出墙腿子，现已封堵。现明间辟为便门，红漆板门两扇，其余各间已改为现代装修。南房三间，东侧耳房两间，均为硬山顶，过垄脊合瓦屋面，前檐已改为现代装修。一进院北侧原有二门一座，现已拆除。二进院正房三间，硬山顶，过垄脊合瓦屋面，前檐已改为现代装修。正房东西耳房各两间，硬山顶，其中东耳房为过垄脊合瓦屋面，墙体翻为红机砖，西耳房已改为机瓦屋面；前檐均已改为现代装修。东西厢房各三间，硬山顶，过垄脊合瓦屋

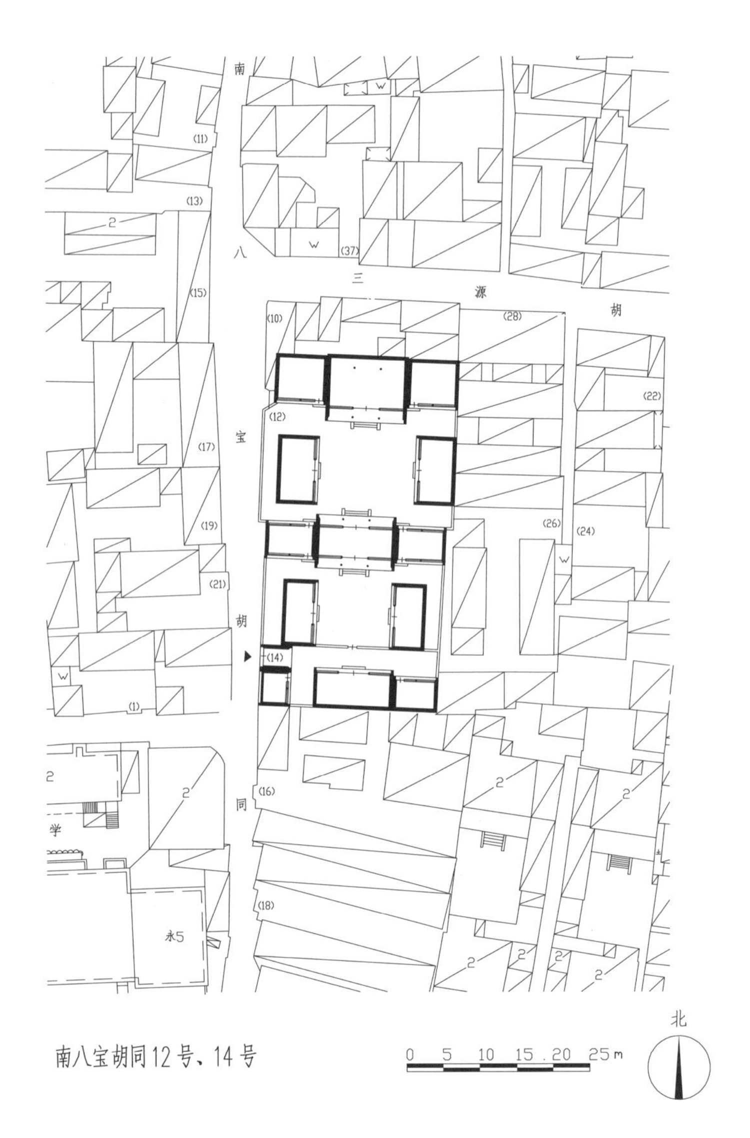

南八宝胡同12号、14号

12号院现大门

一进院西房及原大门

一进院南房

面，前檐已改为现代装修。三进院现为南八宝胡同12号，现于院落西北角开西洋式便门一座，红漆板门两扇，两侧带方壁柱，不出头，门外有方形门墩一对。正房三间，前出廊，硬山顶，清水脊合瓦屋面，脊饰花盘子，前檐已改为现代装修。正房东西耳房各两间，均已改为机瓦屋面，前檐已改为现代装修。东西厢房各三间，硬山顶，鞍子脊合瓦屋面，前檐已改为现代装修。

二进院正房

三进院正房

二进院东厢房

外交部街7号

位于东城区建国门街道，民国时期建筑，现为居民院。

该院坐北朝南，三进院落。院落北侧正中开广亮大门一间，硬山顶，清水脊合瓦屋面，戗檐饰精美砖雕；前檐柱间饰雕花雀替；素面走马板，梅花形门簪四枚，雕刻花卉图案；红漆板门两扇，铺首一对，两侧带余塞板，圆形门墩一对；大门后檐柱间饰菱形套棂心倒挂楣子。大门东西倒座房各两间，硬山顶，过垄脊合瓦屋面，前檐已改为现代装修。一进院正房五间为过厅，硬山顶，已改为机瓦屋面，明间辟为过道，两侧山墙饰拱券窗，前檐已改为现代装修。东西厢房各三间，已改为机瓦屋面，前檐已改为现代装修。二进院民国式二层楼一栋，面阔五间，一层明间为拱券门，前出平顶廊，西洋式圆廊柱，内饰民国圆形灯池；次间、梢间为拱券窗；二层各间均为拱券窗，各窗饰木制栏杆；楼内保存原木制楼梯。东西厢房各三间，硬山顶，已改为机瓦屋面，前檐已改为现代装修。三进院后罩房四间，硬山顶，鞍子脊合瓦屋面，前檐已改为现代装修。

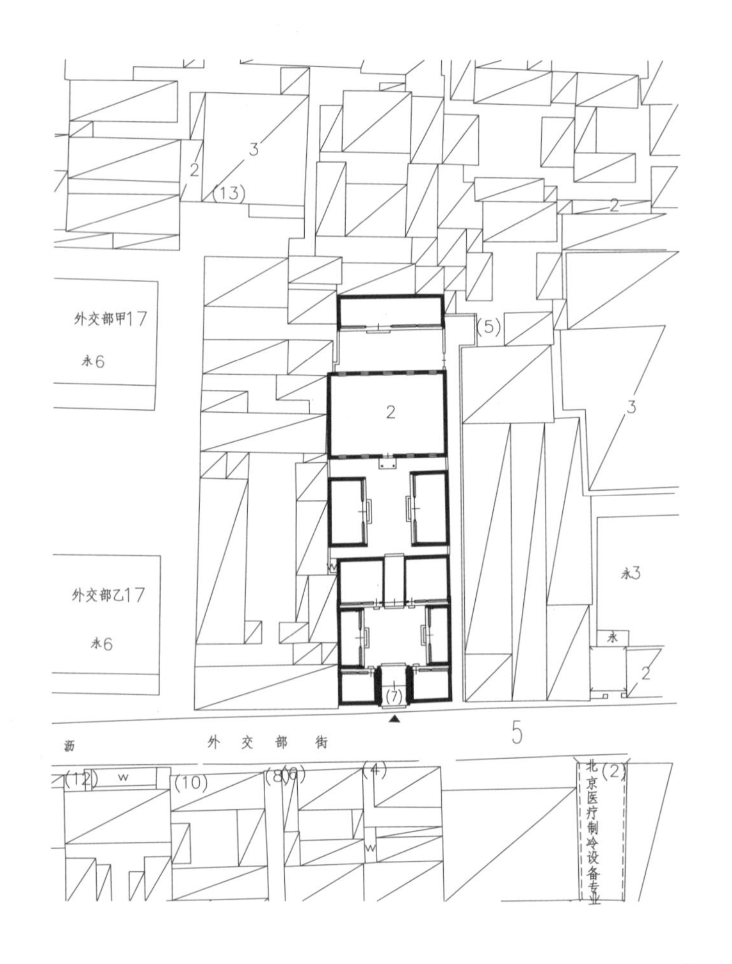

外交部街7号

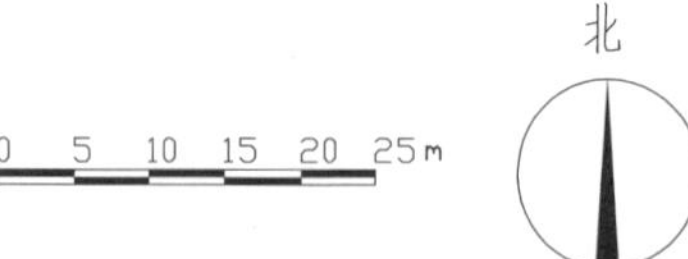

广亮大门

门簪

大门圆形门墩

大门后檐倒挂楣子

后罩房

二进院西厢房

民国式二层楼建筑大门内顶部灯池

过厅侧面拱券窗

民国式二层楼建筑大门东侧立柱

民国式二层楼建筑背立面

民国式二层楼建筑远景

民国式二层楼建筑大门

民国式二层楼建筑背立面窗头装饰

外交部街57号

位于东城区建国门街道，民国时期建筑，现为居民院。

该院坐北朝南，两进院落。院落东南隅开大门一间，大门西侧倒座房四间，现已拆改翻建。现于院落一进院东厢房北侧院墙处开大门，东向，平顶，门头套沙锅套花瓦装饰，红漆板门两扇。一进院正房三间，硬山顶，鞍子脊合瓦屋面，戗檐及博缝头装饰精美砖雕，前檐已改为现代装修。正房西侧耳房一间，已翻建。东西厢房各两间，已翻建，前檐已改为现代装修。二进院正房三间，前出廊，硬山顶，过垄脊合瓦屋面，前檐已改为现代装修。正房东西两侧耳房各一间，硬山顶，合瓦屋面，其东耳房现已翻建，前檐已改为现代装修。东西厢房各两间，硬山顶，灰梗屋面，前檐已改为现代装修；其西厢房已翻建。

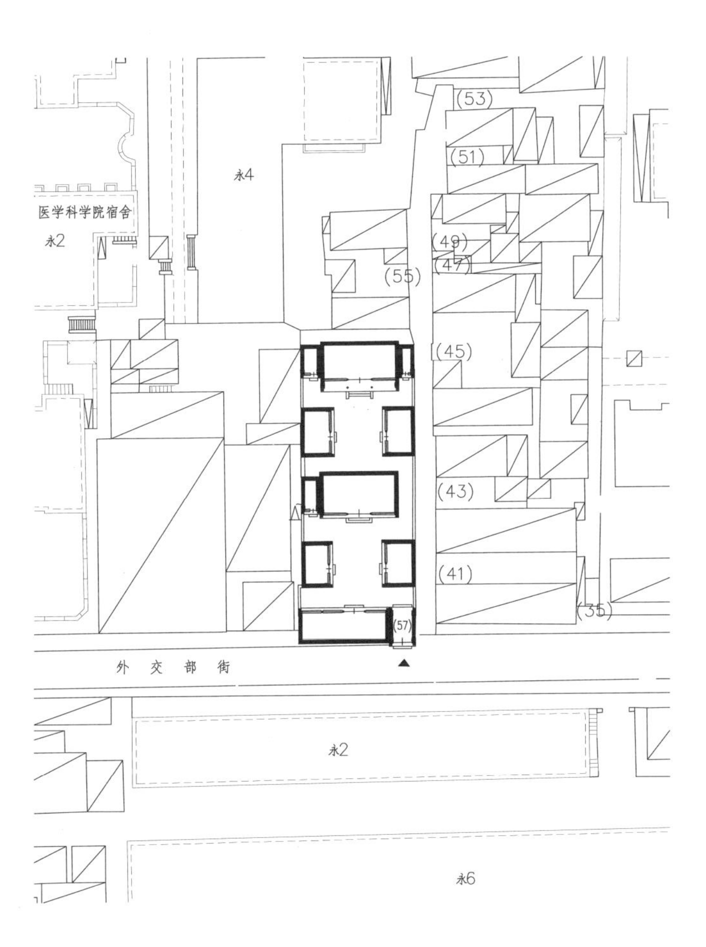

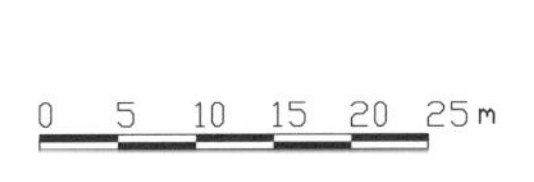

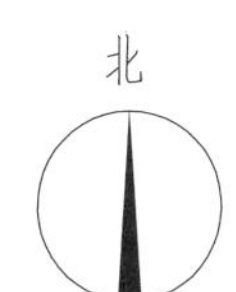

外交部街57号

大门

一进院正房

一进院东厢房

二进院东厢房

二进院正房

西镇江胡同25号

位于东城区建国门街道，清代晚期建筑，现为单位用房。

该院坐北朝南，一进院落。院落东南隅开如意大门一间，硬山顶，清水脊合瓦屋面，蝎子尾已毁，后补吻兽，脊饰花盘子；前后戗檐均装饰精美动物图案砖雕，后檐博缝头砖雕“万事如意”图案，荷叶墩装饰花草纹雕刻；飞椽绘万字纹，檐椽绘花草纹；透瓶栏板装饰，门楣雕刻“万不断”与连珠纹样；梅花形门簪两枚，红漆板门两扇，门钹一对，前出踏跺二级；门内后檐柱间饰卧蚕步步锦棂心倒挂楣子。大门东侧门房两间，硬山顶，过垄脊合瓦屋面，前檐已改为现代装修；西侧倒座房四间，硬山顶，过垄脊合瓦屋面，檐下施以箍头彩画，前檐中间两间为

如意大门

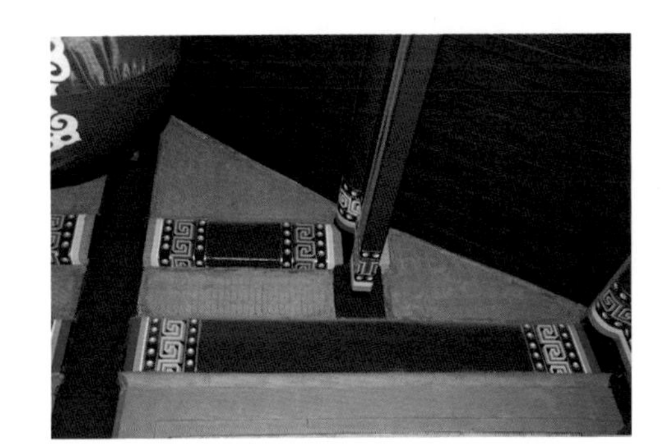
大门内梁架

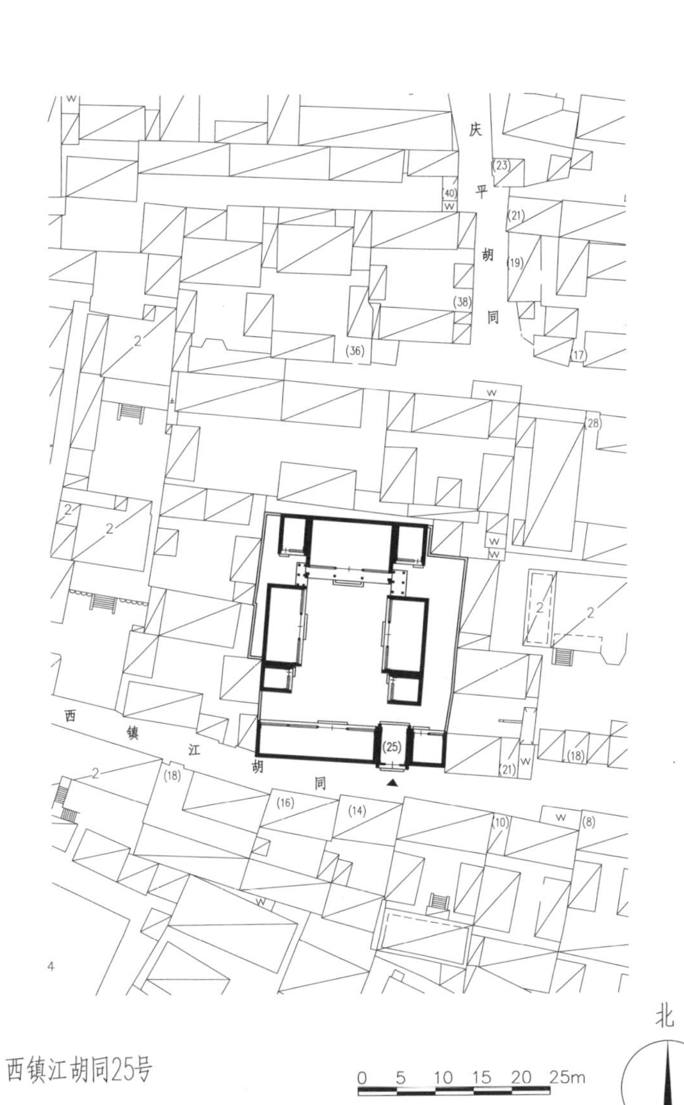

西镇江胡同25号

夹门窗，余间下为槛墙、上为支摘窗，均为套方棂心。正房三间，前出廊，硬山顶，清水脊合瓦屋面，脊饰花盘子，戗檐砖雕花鸟纹图案，博缝头砖雕“万事如意”图案，檐下飞椽绘万字纹；前廊柱间饰卧蚕步步锦棂心倒挂楣子、花牙子和坐凳楣子，两侧灯笼框均装饰精美砖雕图案；前檐明间为五抹隔扇门四扇，云头锦裙板；次间下为槛墙，上为支摘窗；门窗均为套方棂心；明间出如意踏跺三级。正房东西两侧耳房各一间，硬山顶，过垄脊合瓦屋面，檐下飞椽绘万字纹，前檐为夹连窗，套方棂心。东西厢房各三间，硬山顶，清水脊合瓦屋面，脊饰花盘子，戗檐装饰人物图案砖雕，博缝头饰“万事如意”砖雕，飞椽绘万字纹，檐下施以箍头彩画；前廊柱间均饰卧蚕步步锦棂心倒挂楣子、花牙子和坐凳楣子，北侧灯笼框装饰精美砖雕。东厢房明间为隔扇风门，云头锦裙板，次间下为槛墙、上为支摘窗，均为套方棂心；西厢房各间均改为夹门窗，套方棂心，云头锦裙板；东西厢房明间均前出踏跺二级。东厢房南侧耳房一间，西厢房南侧耳房两间，均为硬山顶，过垄脊合瓦屋面，前檐为夹门窗，套方棂心，云头锦裙板。院内正房与东西厢房之间有四檩卷棚游廊相连，筒瓦屋面，梁架绘箍头彩画，柱间饰卧蚕步步锦棂心倒挂楣子。

一字影壁

倒座房正立面箍头彩画

正房前廊井口天花吊顶

倒座房正立面

正房东侧灯笼框雕刻

正房西侧灯笼框雕刻

正房东侧游廊

正房

东厢房

西厢房戗檐砖雕

东厢房戗檐砖雕

东厢房灯笼框雕刻

西厢房南耳房

西镇江胡同2号

位于东城区建国门街道，民国时期建筑，现为居民院。

该院坐北朝南，一进院落。原大门现已拆除，现于院落东北角开一便门，东向，红漆板门两扇。正房三间，硬山顶，鞍子脊合瓦屋面，后檐为鸡嗉檐封后檐形式，前檐已改为现代装修。正房东西两侧耳房各一间，硬山顶；东耳房为过垄脊合瓦屋面，后檐为鸡嗉檐封后檐形式；西耳房已改为机瓦屋面，后檐为菱角檐封后檐形式；前檐均已改为现代装修。西厢房三间，硬山顶，鞍子脊合瓦屋面，前檐已改为现代装修。东厢房现已拆除，仅存北山墙。

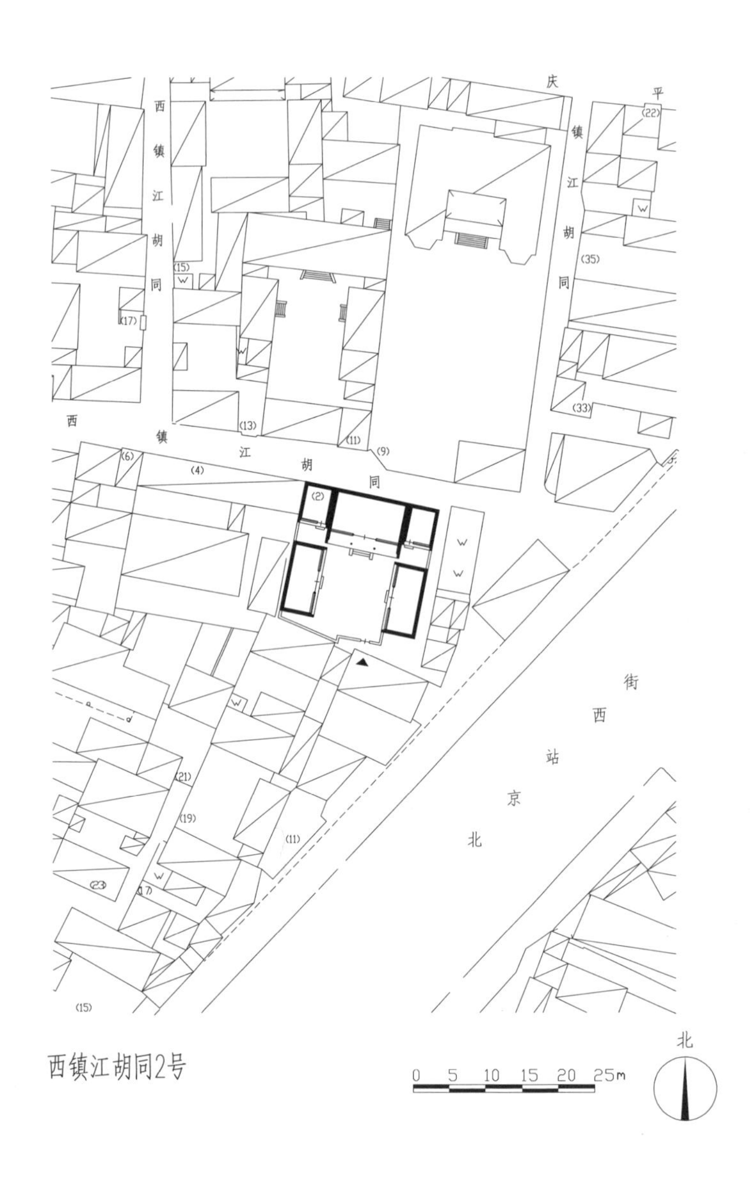

西镇江胡同2号

大门

正房

正房屋面

西厢房

正房与耳房背立面

西总布胡同11号

位于东城区建国门街道，民国时期建筑，现为居民院。

该院坐北朝南，两进院落。院落东南隅开广亮大门一间，硬山顶，清水脊合瓦屋面，脊饰花盘子；前檐柱间饰雕花雀替，梅花形门簪四枚，红漆板门两扇，圆形门墩一对。门内迎门一字影壁一座，过垄脊屋面，冰盘砖檐，硬影壁心，两侧为砖砌撞头。大门东侧门房两间，硬山顶，过垄脊合瓦屋面；西侧倒座房五间，硬山顶，西侧间为过垄脊合瓦屋面，其余为灰梗屋面；前檐均已改为现代装修。一进院正房九间，硬山顶，清水脊合瓦屋面，脊饰花盘子，仅从脊上将建筑划分为三间一栋；中栋建筑明间辟为门道，隔扇风门，棂心已改，次间十字方格棂心

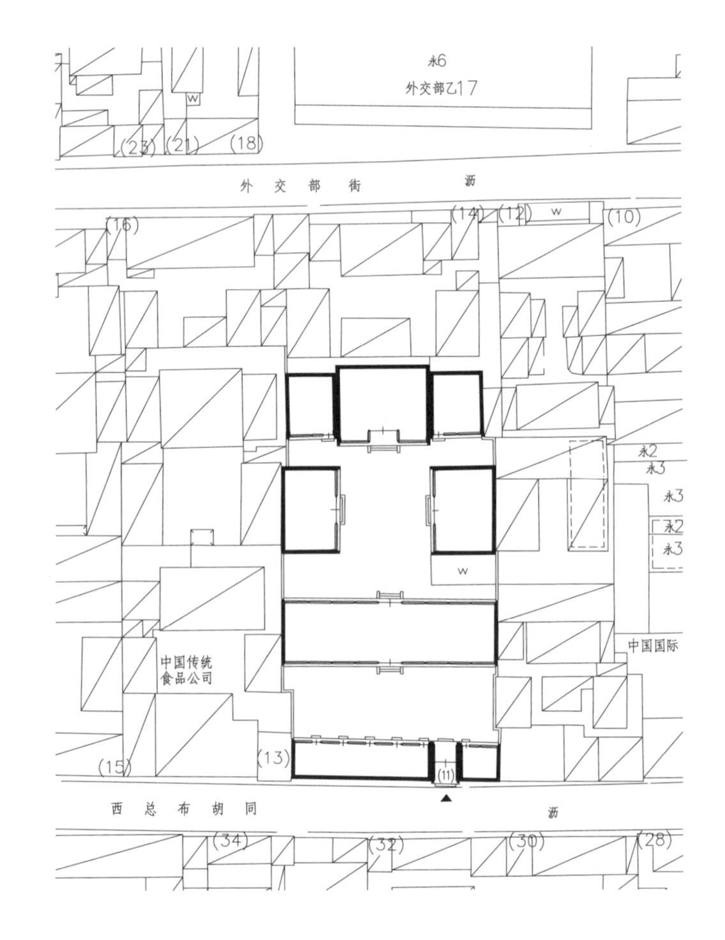

西总布胡同11号

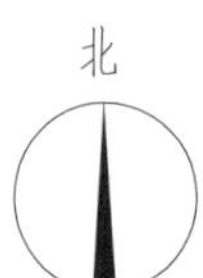

广亮大门

大门圆形门墩

支摘窗；东西两栋均为步步锦棂心支摘窗装修；后檐均为老檐出形式。二进院正房三间，前出廊，明间吞廊，硬山顶，清水脊合瓦屋面，脊已残，戗檐砖雕“鹤鹿同春”图案；前檐明间已改为现代装修；次间下为槛墙，上为支摘窗，棂心后改。正房东西两侧耳房各两间，硬山顶，清水脊合瓦屋面，脊已残。东西厢房各三间，硬山顶，清水脊合瓦屋面，脊已残，戗檐装饰精美砖雕，前檐已改为现代装修。

二进院正房

一进院过厅

东厢房

一字影壁侧立面

正房西耳房

正房戗檐砖雕

西总布胡同21号

位于东城区建国门街道，民国时期建筑，现为居民院。

该院坐北朝南，三进院落。院落东南隅开如意大门一间，硬山顶，过垄脊合瓦屋面，海棠池素面栏板装饰，门楣雕刻连珠纹，红漆板门两扇，门内后檐柱间饰卧蚕步步锦棂心倒挂楣子。大门西侧倒座房五间，硬山顶，鞍子脊合瓦屋面，前檐已改为现代装修。一进院北侧原有垂花门一座，现已改建。二进院正房三间，硬山顶，鞍子脊合瓦屋面，前接平顶廊，饰素面木挂檐板，前檐已改为现代装修。正房东侧耳房一间，西侧耳房两间，均为硬山顶，前檐已改为现代装修。东西厢房各三间，硬山顶，已改为机瓦屋面，前檐已改为现代装修。院内西侧有夹道可通三进院。三进院后罩房五间，为原址翻建。

大门及倒座房

东厢房

正房

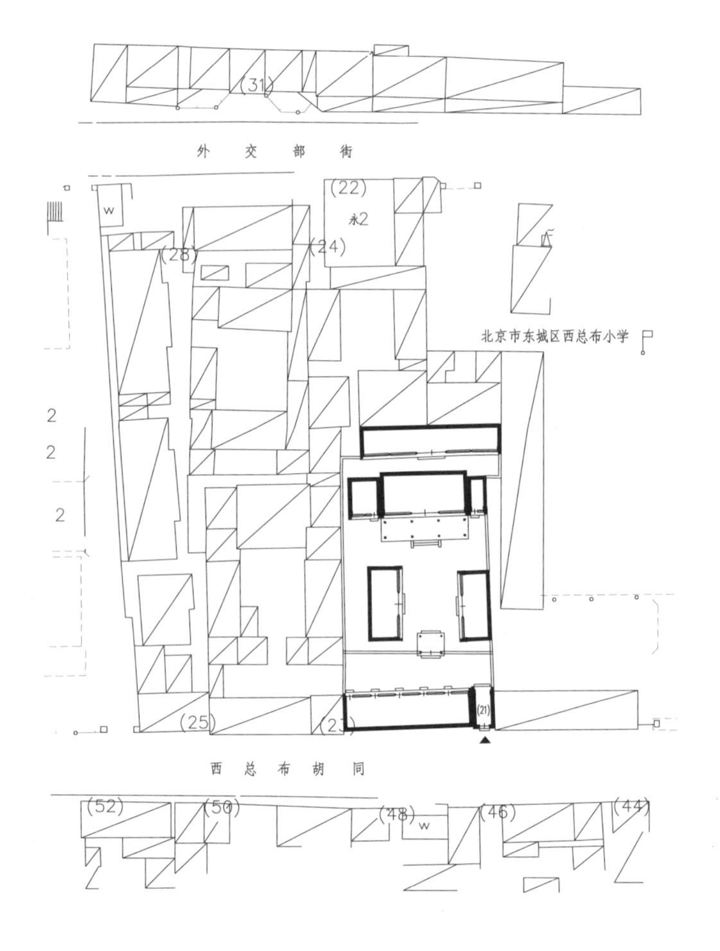

西总布胡同21号

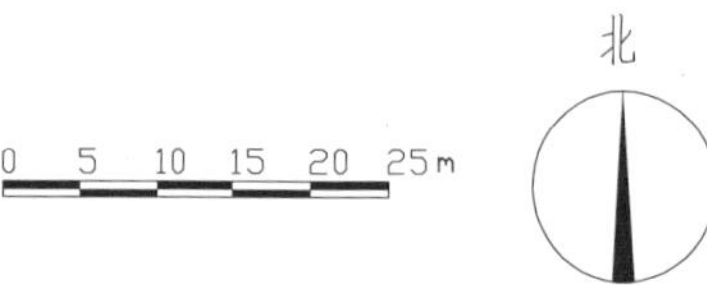

西总布胡同23号

位于东城区建国门街道，清代晚期建筑，现为居民院。

该院坐北朝南，两进院落。院落东南隅开蛮子大门一间，硬山顶，过垄脊合瓦屋面，披水排山；梅花形门簪两枚，红漆板门两扇，门钹一对，两侧带余塞板；门内后檐柱间饰步步锦棂心倒挂楣子。大门西侧倒座房四间，硬山顶，过垄脊合瓦屋面，前檐已改为现代装修。一进院北侧原有垂花门一座，现已无存，仅见地基。二进院正房三间，前出廊，硬山顶，过垄脊合瓦屋面，披水排山，前檐已改为现代装修。正房东西两侧耳房各一间，硬山顶，已改为机瓦屋面，前檐已改为现代装修。东西厢房各三间，硬山顶，过垄脊合瓦屋面，前檐已改为现代装修。厢房南侧厢耳房各一间，硬山顶，已改为机瓦屋面，前檐已改为现代装修。

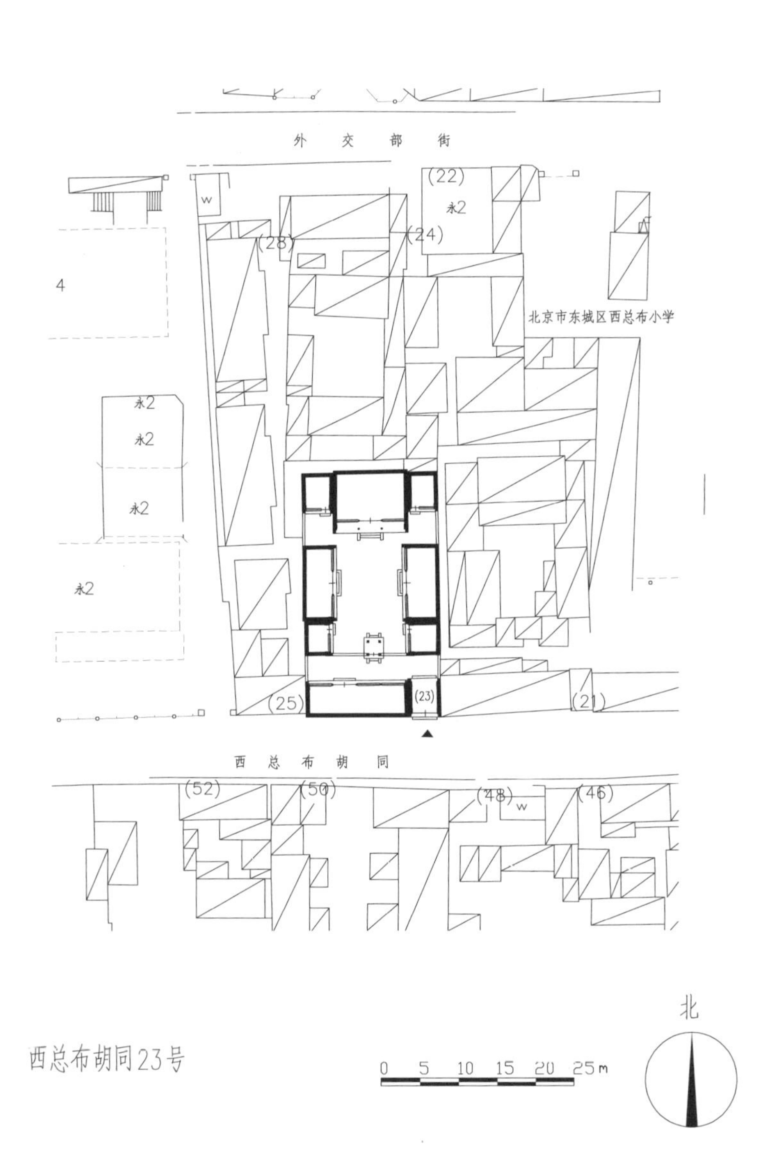

大门及倒座房

东厢房

正房

西总布胡同41号

位于东城区建国门街道，民国时期建筑。据当地居民讲此宅曾为孙殿英的宅邸，现为居民院。

该院坐北朝南，两进院落。院落东南隅开金柱大门一间，硬山顶，清水脊合瓦屋面，脊已残；前檐柱间饰雀替，红漆板门两扇，六角形门簪四枚，圆形门墩一对，雕刻“转心莲”图案。大门西侧倒座房四间，已改为机瓦屋面，前檐已改为现代装修。一进院东厢房两间，西厢房一间，均为硬山顶，已改为机瓦屋面，前檐已改为现代装修。院内原有二门，现已拆除。二进院正房三间，硬山顶，清水脊合瓦屋面，脊饰花盘子，前檐已改为现代装修。正房东耳房两间，硬山顶，合瓦屋面；西耳房一间，硬山

金柱大门

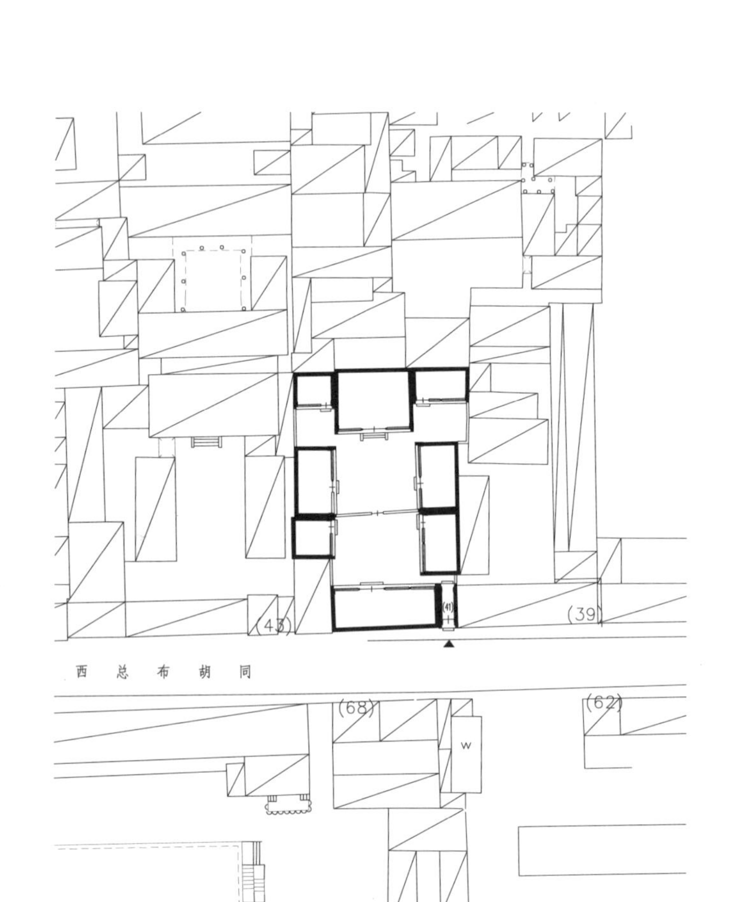

大门圆形门墩

西总布胡同41号

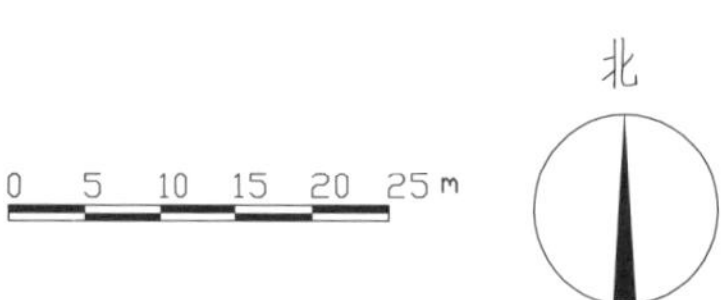

顶，已改为机瓦屋面；前檐均已改为现代装修。东西厢房各两间，硬山顶，清水脊合瓦屋面，脊饰花盘子，前檐已改为现代装修。

正房东耳房

一进院东厢房

二进院西厢房

二进院正房

西总布胡同45号

位于东城区建国门街道，清代晚期建筑，现为居民院。

该院坐北朝南，两进院落。院落东南隅开大门一间，硬山顶，鞍子脊合瓦屋面，红漆板门两扇，门联曰“诸君何以答升平，圣代即今多雨露”，铺首一对，圆形门墩一对，现仅存东侧门墩。大门西侧倒座房四间，与大门连为一体，硬山顶，鞍子脊合瓦屋面，前檐已改为现代装修。一进院东西厢房各两间，硬山顶，鞍子脊合瓦屋面，其中东厢房已改为机瓦屋面；前檐已改为现代装修。一进院北侧原有二门一座，墙与东西厢房的北山墙相接，现已拆除。二进院正房三间，硬山顶，过垄脊合瓦屋面，前檐明间隔扇风门，次间下为槛墙、上为支摘窗。正房东西两侧耳房各一间，均为硬山顶，过垄脊合瓦屋面，前檐已改为现代装修。东西厢房各三间，硬山顶，鞍子脊合瓦屋面，前檐已改为现代装修。

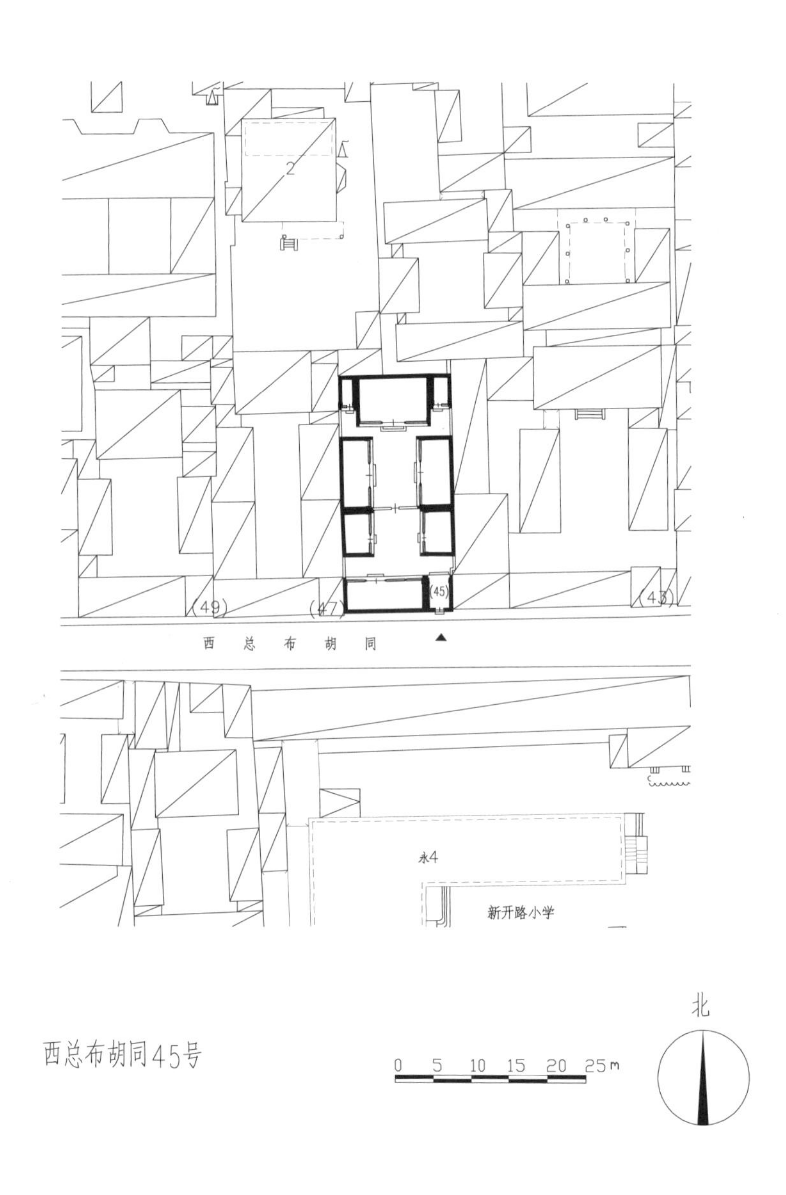

西总布胡同45号

大门圆形门墩

大门及倒座房

二进院正房

一进院西厢房

二进院东厢房

西总布胡同49号

位于东城区建国门街道，民国时期建筑，现为居民院。

该院坐北朝南，一进院落。院落东南隅开如意大门一间，硬山顶，清水脊合瓦屋面，脊已残；海棠池素面栏板装饰，梅花形门簪两枚，现仅存一枚，上刻“意”字样；红漆板门两扇，门联曰“备至嘉祥，总集福荫”，铺首一对，圆形门墩一对；大门后檐施以箍头彩画。大门西侧倒座房四间，硬山顶，鞍子脊合瓦屋面，前檐已改为现代装修，后檐为冰盘檐封后檐形式。正房三间，前出廊，硬山顶，清水脊合瓦屋面，脊饰花盘子，次间为拱券窗，通体淌白砌法。东西厢房各三间，硬山顶，鞍子脊合瓦屋面，为原址翻建。

大门

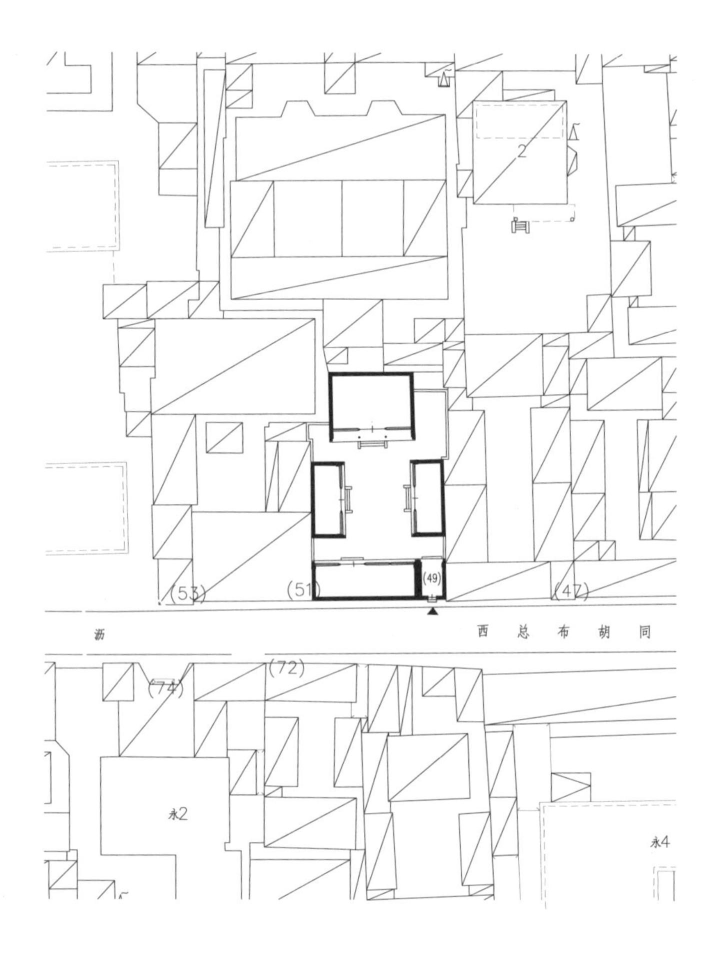

西总布胡同49号

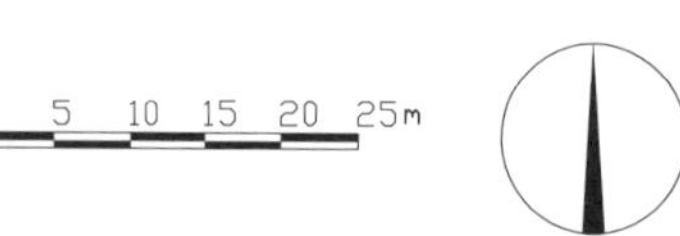

倒座房

大门后檐箍头彩画

东厢房

正房

小报房胡同13号

位于东城区建国门街道，民国时期建筑，现为居民院。

该院坐北朝南，一进院落。院落南侧正中开如意大门一间，硬山顶，清水脊合瓦屋面，脊饰花盘子，门头装饰海棠池素面栏板，门内后檐柱间饰盘长如意棂心倒挂楣子。大门东西两侧倒座房各两间，硬山顶，其中西侧倒座房为过垄脊合瓦屋面，东侧倒座房已改为机瓦屋面；前檐均改为现代装修，后檐均为抽屉檐封后檐形式。正房三间，前出廊，硬山顶，过垄脊合瓦屋面，披水排山，前檐已改为现代装修。正房东西两侧耳房各一间，硬山顶，过垄脊合瓦屋面，前檐已改为现代装修。东厢房两间，已改为机瓦屋面，前檐已改为现代装修。西厢房两间，为原址翻建。

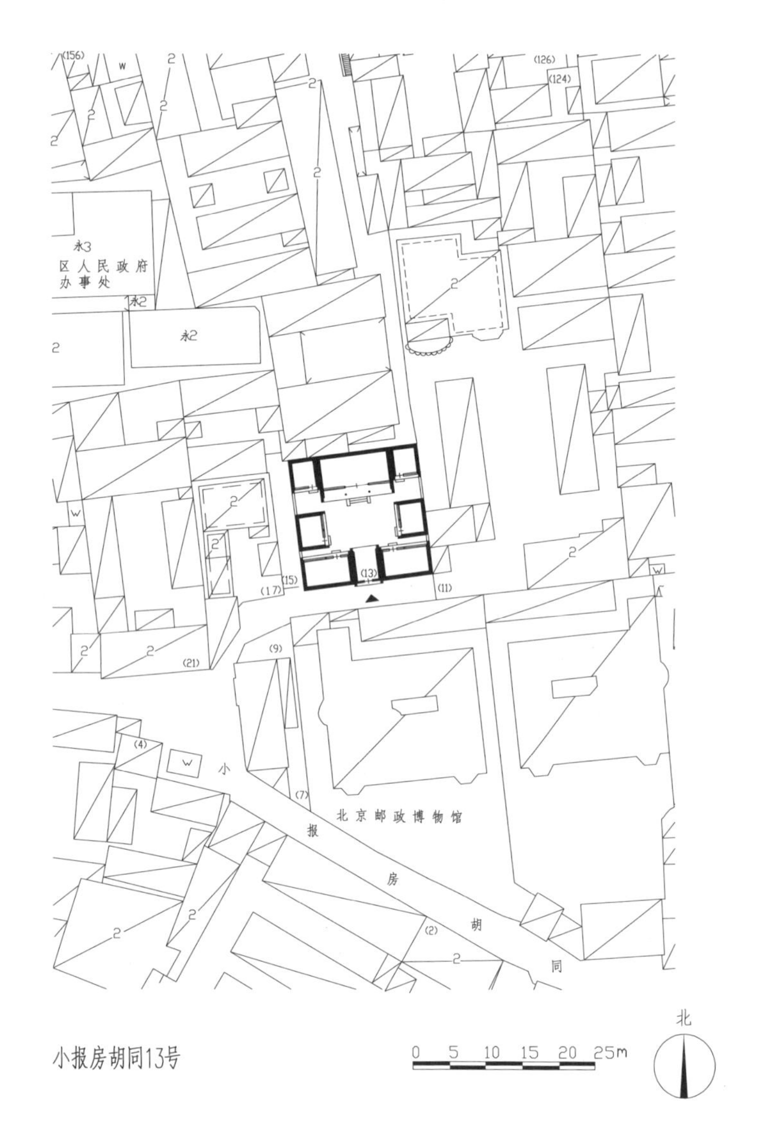

小报房胡同13号

如意大门

门头栏板

大门后檐倒挂楣子

大门东侧倒座房

东厢房

正房

协和胡同1号、甲1号

位于东城区建国门街道，民国时期建筑，现为居民院。

该院坐北朝南，两进院落。院落东南隅开如意大门一间，东向，硬山顶，清水脊合瓦屋面，脊饰花盘子，戗檐及博缝头装饰精美砖雕；雕花栏板装饰，门楣雕刻连珠纹，梅花形门簪两枚，红漆板门两扇，圆形门墩一对；大门内后檐柱间饰卧蚕步步锦棂心倒挂楣子。门内迎门座山影壁一座，清水脊筒瓦顶，脊饰花盘子，方砖硬影壁心。大门北侧门房一间，已翻建。一进院正房三间，硬山顶，清水脊合瓦屋面，脊饰花盘子，前檐已改为现代装修。正房两侧耳房各一间，均已翻建；其东耳房东半间辟为门道。南房三间，硬山顶，已改为机瓦屋面，前檐已改为现

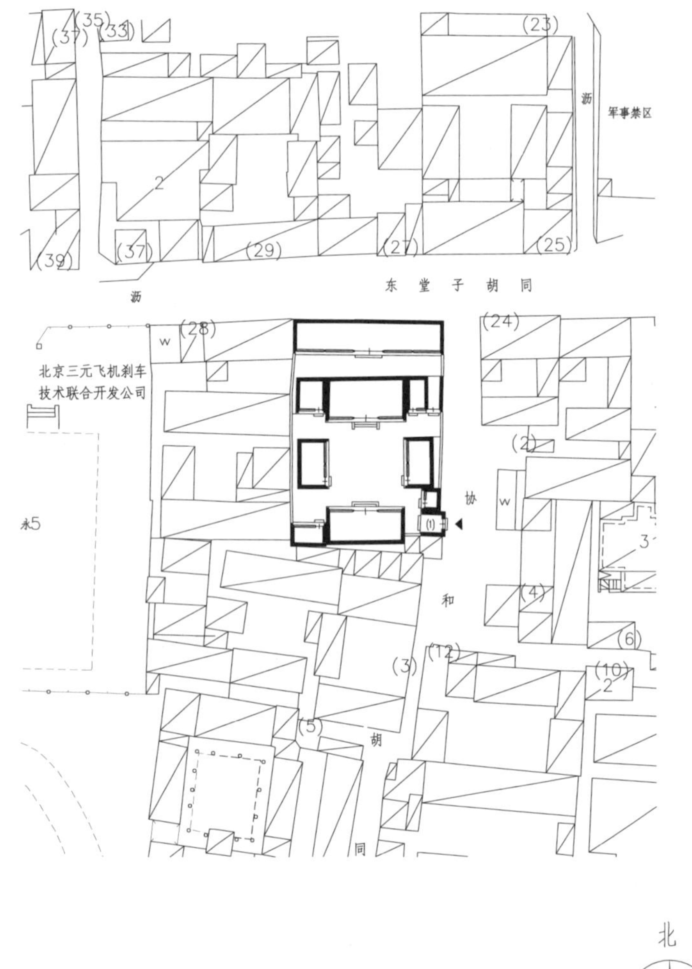

协和胡同1号、甲1号

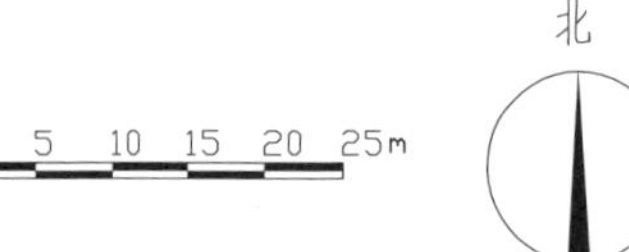

大门

门头栏板砖雕

代装修。南房西侧耳房一间，硬山顶，已改为机瓦屋面，前檐已改为现代装修。东西厢房各两间，为原址翻建。二进院现为协和胡同甲1号，后罩房五间，硬山顶，已改为机瓦屋面，前檐已改为现代装修。

大门戗檐雕花

座山影壁

大门后檐倒挂楣子

东厢房

正房

南房

后罩房

协和胡同24号

位于东城区建国门街道，民国时期建筑，现为居民院。

该院坐北朝南，一进院落。院落西北隅开小门楼一座，西向，硬山顶，清水脊合瓦屋面，红漆板门两扇。正房三间，前后廊，硬山顶，过垄脊合瓦屋面，戗檐及博缝头装饰精美砖雕，前檐明间为夹门窗，次间下为槛墙、上为支摘窗，均为灯笼锦棂心；明间前出垂带踏跺三级。正房东西两侧耳房各一间，硬山顶，过垄脊合瓦屋面，灯笼锦门窗。西耳房西侧平顶房一间。东西厢房各三间，硬山顶，过垄脊筒瓦屋面，拱券门窗装修，灯笼锦与冰裂纹棂心。院落南侧有平顶廊，菱角砖檐，现已改。

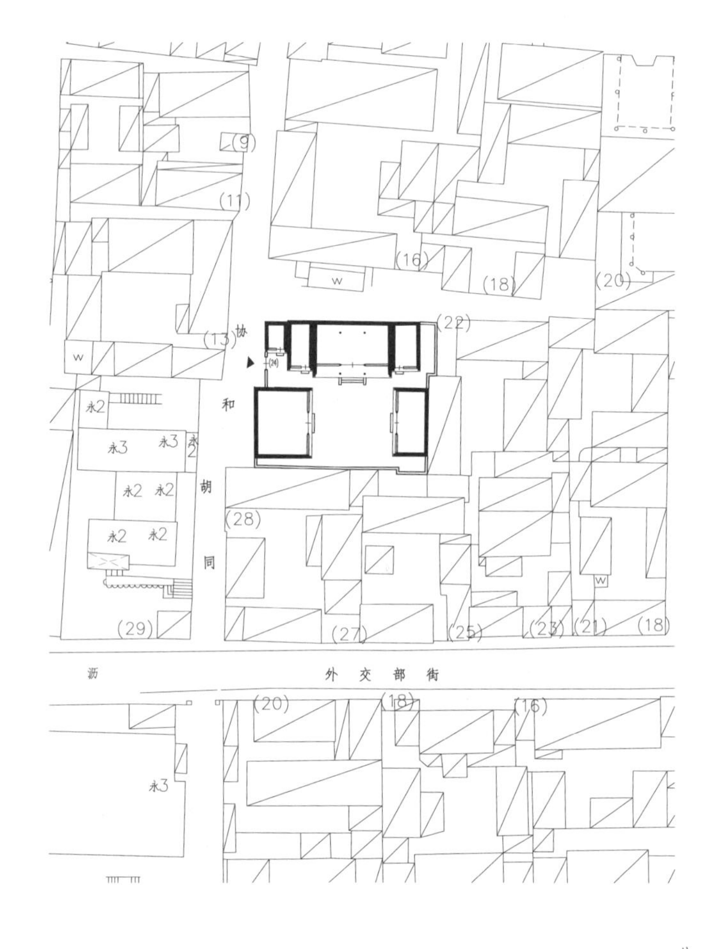

协和胡同24号

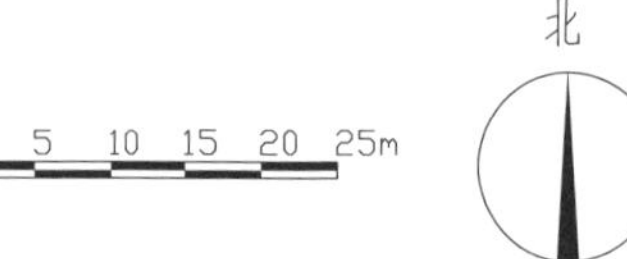

大门

正房戗檐砖雕

正房

东厢房

南侧平顶廊

朱启钤宅（赵堂子胡同3号）

位于东城区建国门街道，民国时期建筑。

此宅原为一座未完成的建筑，20世纪30年代朱启钤将其购置，并由他亲自设计督造，建成一处大型宅院。朱启钤曾为北洋政府政要，对近代北京城的改造建设做出过重要贡献，后来致力于中国建筑的考据学研究，自费成立了专门研究古建筑的机构——中国营造学社。赵堂子胡同3号院建好后，前半部为中国营造学社办公，后半部为朱启钤眷属居住。据朱先生之子朱海北回忆，院内建筑的做法及彩画，完全按照《营造法式》进行，所用木工、彩画工都是为故宫施工的老工匠。故该宅院同时具有纪念与研究双重价值。宅院曾被日本人强行购买，抗战胜利后

大门

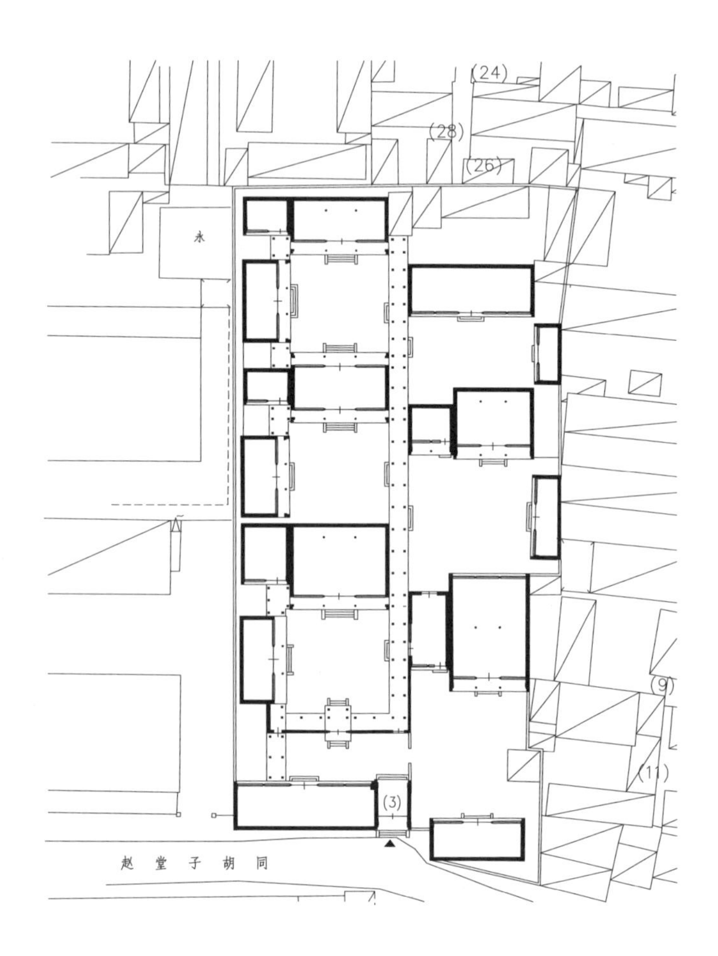

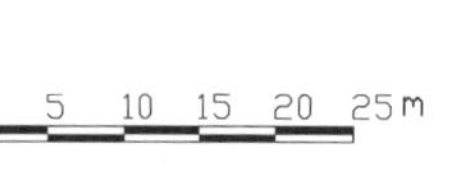

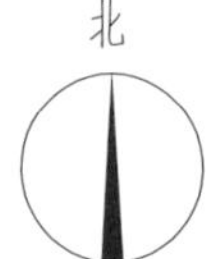

朱启钤宅（赵堂子胡同3号）

大门圆形门墩

政府又发还朱家。新中国成立后，朱启钤将此宅献给国家，全家迁入东四八条111号。现为居民院。1986年，由东城区人民政府公布为东城区文物保护单位。

宅院坐北朝南，分为东西两路。

西路东南隅开金柱大门一间，硬山顶，过垄脊筒瓦屋面，铃铛排山；门外两侧为抹灰软心廊心墙，梅花形门簪四枚，红漆板门两扇，圆形门墩一对，前出垂带踏跺三级；门内有民国灯池，后檐柱间饰卧蚕步步锦棂心倒挂楣子。大门东侧院墙做软心影壁形式。大门西侧倒座房五间，硬山顶，过垄脊筒瓦屋面，前檐已改为现代装修。一进院北侧有一殿一卷式垂花门一座，清水脊筒瓦屋面，现已残破，两侧接看面墙。倒座房西次间与看面墙西端之间有平顶廊相连，可通二进院。二进院正房三间，前出廊，硬山顶，过垄脊筒瓦屋面，披水排山；前檐明间为十字海棠棂心隔扇风门，东次间采用灯笼锦槛窗，开单扇拱券门，十字海棠走马板，其余已改为现代装修；明间前出垂带踏跺四级。正房西侧耳房两间，硬山顶，过垄脊合瓦屋面，前檐已改为现代装修。西厢房三间，前出廊，硬山顶，过垄脊筒瓦屋

大门东侧影壁形式院墙

西路二进院正房

大门西侧倒座房

西路一进院垂花门

游廊什锦窗

面，次间存灯笼锦棂心支摘窗，其余已改为现代装修。三进院正房三间为过厅，前后出廊，硬山顶，过垄脊筒瓦屋面，仅存次间灯笼锦棂心横披窗，其余已改为现代装修；明间前出垂带踏跺四级。过厅西侧耳房两间，硬山顶，过垄脊筒瓦屋面，前檐已改为现代装修。西厢房三间，前出廊，硬山顶，过垄脊筒瓦屋面，存灯笼锦横披窗，其余已改为现代装修。四进院正房三间，前出廊，硬山顶，过垄脊筒瓦屋面，披水排山，前檐已改为现代装修，明间前出垂带踏跺四级。正房西侧耳房两间，硬山顶，过垄脊筒瓦屋面，前檐已改为现代装修。西厢房三间，前出廊，硬山顶，过垄脊筒瓦屋面，披水排山，前檐已改为现代装修，明间前出如意踏跺四级。

东路一进院正房三间，前出廊，一殿一卷式勾连搭建筑，硬山顶，过垄脊筒瓦屋面，铃铛排山，前檐已改为现代装修，明间前出垂带踏跺二级。正房西侧耳房两间，硬山顶，过垄脊筒瓦屋面，西山墙于游廊内开门，灯笼锦棂心隔扇风门，上饰灯笼锦横披窗，其余已改为现代装修。南房三间，硬山顶，过垄脊灰梗屋面，前檐已改为现代装修。二进院正房三间，前出廊，硬山顶，过

西路二进院正房东立面窗装修

西路二进院正房东立面门装修

西路三进院正房

游廊坐凳楣子

西路四进院正房

西路四进院西厢房

东路二进院东房

垄脊筒瓦屋面，铃铛排山，前檐已改为现代装修，明间前出垂带踏跺三级。正房西侧耳房两间，前出廊，硬山顶，过垄脊筒瓦屋面，前檐柱间饰灯笼锦棂心倒挂楣子和花牙子。东厢房三间，硬山顶，过垄脊筒瓦屋面，前檐已改为现代装修。三进院北房五间，硬山顶，过垄脊筒瓦屋面，保存有灯笼锦棂心横披窗，前檐已改为现代装修。东厢房三间，硬山顶，过垄脊合瓦屋面，前檐已改为现代装修。

院内东、西两部分之间有四檩卷棚游廊贯穿南北，方形廊柱，柱间饰步步锦棂心倒挂楣子、花牙子与坐凳楣子，南侧墙饰各式什锦窗。

东西路之间游廊

东路一进院正房西耳房西立面装修

东路一进院正房侧立面

东路二进院正房

东路三进院正房

宣武区位于北京城西南部，历史悠久，是一块藏珍蕴秀的风水宝地。这里原是战国燕都蓟城所在地，素有北京城的发祥地之说，是北京历史上真正立为国都的开始之地。汉朝、唐朝相继在此建城。辽金时期著名的辽南京城、金代的鱼藻池则是宣武的重要标识。明代嘉靖时期，统治者出于战略防御的考虑，建立了北京城的外城。宣武与崇文分列外城的东西部分，根据文东武西的建筑格局，宣武成为京城外城西部的重要板块，并将外城西部正式划分为5坊，即西北部宣北坊、东北部正西坊、西南部白纸坊、东南部正南坊和正南部宣南坊。

历经明清两朝数百年，宣武不断地发展，以士人文化为主体，形成了雅俗共赏、丰富多彩的地域文化，孕育出南城特有的故居文化、梨园文化、会馆文化、市井文化等，成为宣南文化的真实写照。在宣武，人文荟萃，历代名人数不胜数，各领域、各阶层的名人汇集于此，这些名人形成了以士人文化为代表的宣南文化内涵。如今，宣

宣武区

Xuanwu District

武名人故居已经成为北京南城的一张名片，宣传名人故居，可以推动众多以著名文人学者为代表的名人故居文化效应，进而丰富宣南文化内涵，使之发挥出巨大的激励作用。

宣武建筑文化是北京建筑文化的重要架构之一。其历史街区格局形成于明代中期，街巷密集，纵横交错，斜街、短巷相连，构成了外城的鲜明特征。而宣武“非标准”四合院建筑群讲究格局灵活，因地制宜，不受格局、规范的限制，不追求豪华、高贵，经济适用，这成为宣武建筑文化的特点。虽然这些建筑群不具备皇城、内城街巷整齐、建筑高大雄伟的特点，但是，却真实地显示出宣武的历史、经济、文化的特点和丰富的历史文化内涵，这种带有浓厚地域特色的建筑群，成为研究北京外城四合院建筑的重要典范。

广安门内街道

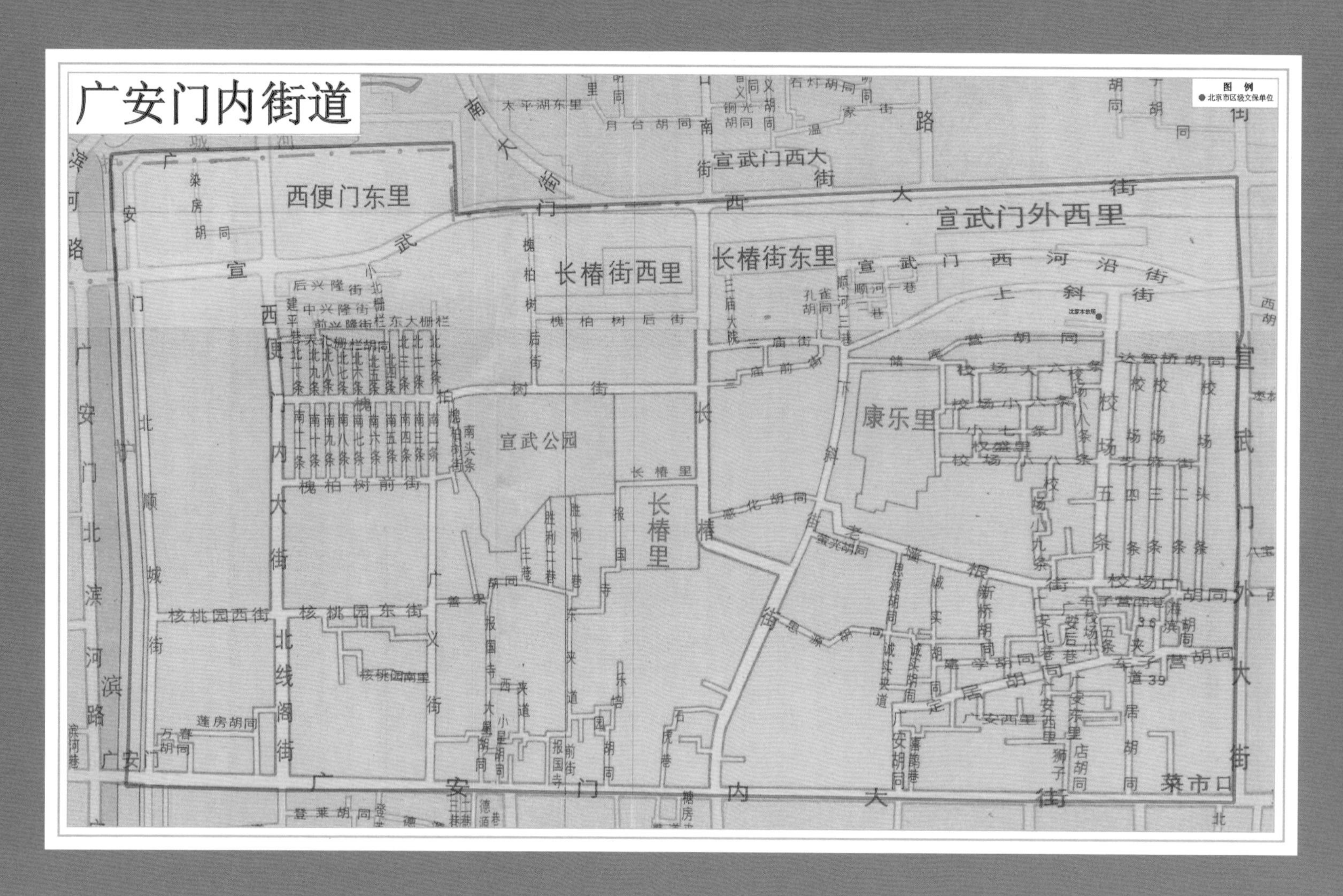

广安门内街道
图例
北京市区级文保单位
西便门东里
长椿街西里
长椿街东里
宣武门外西里
宣武门西大街
宣武门西河沿街
上斜街
槐柏树后街
槐柏树街
槐柏树前街
宣武公园
长椿里
康乐里
核桃园西街
核桃园东街
核桃园南里
莲房胡同
万春胡同
广安西里
菜市口
广安门内大街
广安门北滨河路
北线阁街
广义街
报国寺
校场口

沈家本故居（金井胡同1号）

位于宣武区广安门内街道，清代晚期建筑，现为居民院。1991年，由宣武区人民政府公布为宣武区文物保护单位。

该院坐北朝南，三进院落，院落东南隅开广亮大门一间，硬山顶，清水脊合瓦屋面，前檐有彩画痕迹；板门两扇。大门东侧门房两间，西侧倒座房六间，均为硬山顶，清水脊合瓦屋面，前檐已改为现代装修。一进院正房三间，前出廊，硬山顶，清水脊合瓦屋面，前檐已改为现代装修。正房西侧耳房两间，已改为机瓦屋面，前檐已改为现代装修。正房东侧有一座二层楼，面阔五间，前后出廊，合瓦屋面，一层东侧一间辟为过道，楼北侧有木制楼梯。一进院东西两侧平顶厢房各一间。二进

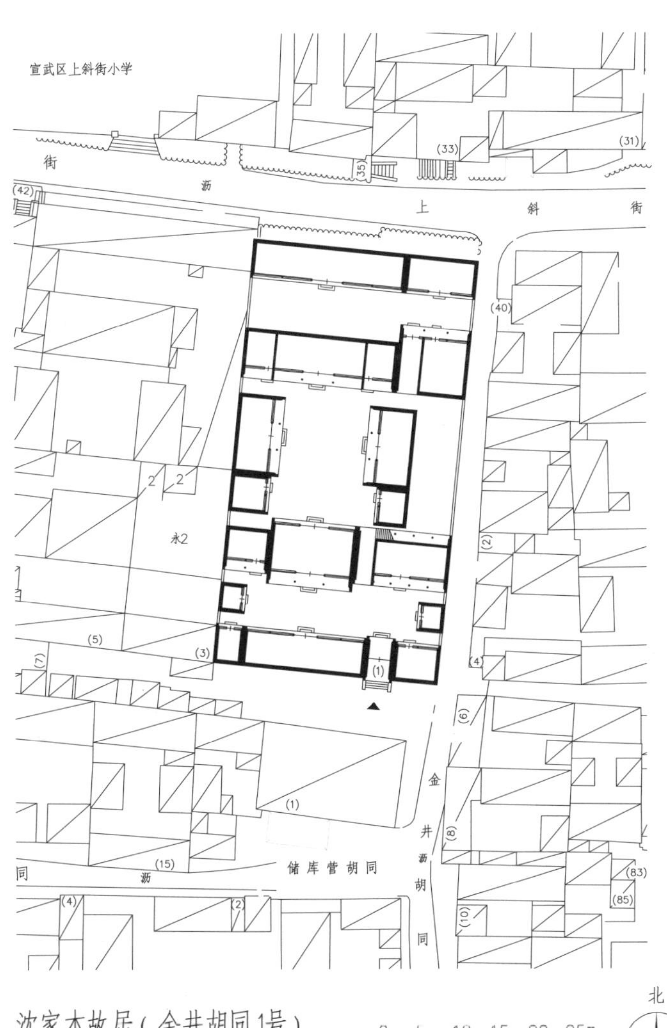

沈家本故居（金井胡同1号）

广亮大门

院正房三间，前出廊，硬山顶，清水脊合瓦屋面，脊饰花盘子，前檐已改为现代装修。正房东西两侧耳房各一间，清水脊合瓦屋面，脊饰花盘子，前檐已改为现代装修。东西厢房各三间，硬山顶，清水脊合瓦屋面，其中西厢房保存有工字卧蚕步步锦棂心支摘窗，其余已改为现代装修。东西厢房南侧厢耳房各两间，硬山顶，合瓦屋面，前檐已改为现代装修。正房东侧南房三间，前出廊，硬山顶，原为合瓦屋面，现部分改为机瓦屋面，西侧一间辟为过道通往三进院，前后檐柱间饰步步锦棂心倒挂楣子。三进院后罩房八间，硬山顶，过垄脊合瓦屋面，前檐已改为现代装修。

一进院正房

枕碧楼

枕碧楼楼梯

一进院正房西耳房

椿树街道

椿树街道
图例
普通院落
北京市区级文保单位
宣武门东大街
宣武门外东里
和平门外西里
宣武门东河沿街
香炉营头条
西茶食胡同
琉璃厂西街
北柳巷
南柳巷
椿树胡同
北椿树胡同
周家大院
前孙公园胡同
后孙公园胡同
魏染胡同
红线胡同
四川营胡同
梁家园胡同
宣武门外大街
骡马市大街
虎坊桥
荀慧生故居

后孙公园胡同8号

位于宣武区椿树街道，民国时期建筑，现为居民院。

该院坐南朝北，一进院落。北房明间辟为大门，采用两侧砖砌方壁柱承托顶部拱券形式；门板分为上下两部分，上部为半圆形，内侧采用多层线脚修饰，中央作雕刻纹样；下部为双扇门板，民国风格样式，并置铜铺首；大门门道石膏吊顶，内侧廊檐下有绿屏门四扇，门板上均雕刻有“延年益寿”纹样。大门两侧北房各两间，硬山顶，鞍子脊合瓦屋面，前出平顶廊，檐下饰木挂檐板，内檐柱间饰斜方格棂心倒挂楣子；前檐为半圆形拱券门窗。南侧有一座砖木结构的二层洋楼，面阔五间半，灰砖清水墙，上下两层均前出廊，檐下均带木挂檐板，前檐为砖砌方柱承托顶部拱券，拱心石砖雕花篮图案；二楼顶部三角山花已残；一层西侧半间原为旁门，现已弃用；二楼西侧半间为过道；东西两侧有木楼梯可通上下。东西厢房各三间，东厢房为平顶，檐下饰木挂檐板，前檐为拱券门窗，拱心石砖雕花篮图案；西厢房已改为机瓦屋面，前檐为拱券门窗，拱心石砖雕花篮图案。东西厢房北侧各带厢耳房三间，均为平顶，檐口置栏杆式女儿墙，前檐为拱券门窗。

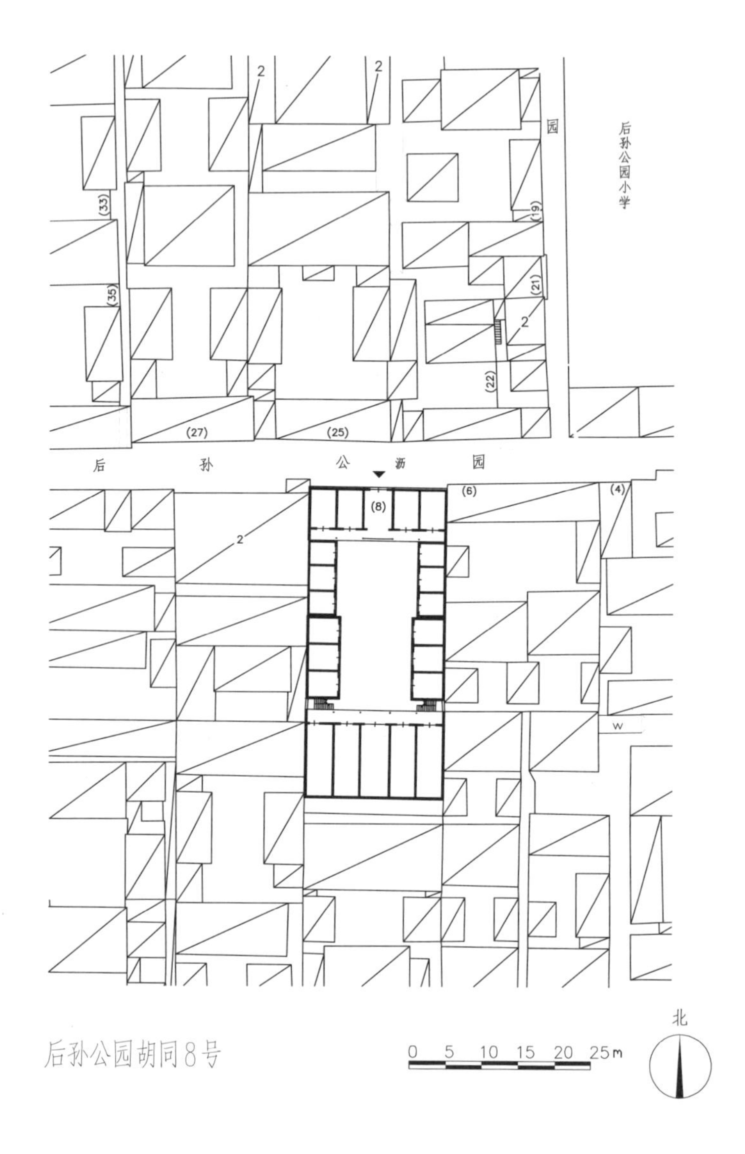

后孙公园胡同8号

大门

大门门道

洋楼拱心石砖雕

洋楼二楼门窗装饰

北侧西房

洋楼二层后窗

二层洋楼

荀慧生故居（山西街甲13号）

位于宣武区椿树街道，民国时期建筑。

该院原为一山西籍萧姓木材商人自建。1957年被荀慧生购入，在此一直居住到去世。

荀慧生（1900—1968年），京剧“四大名旦”之一，创立了荀派艺术，对中国京剧艺术的创新与发展做出了重大贡献。先后担任过中国戏剧家协会艺委会副主任、北京市戏曲研究所所长等职。在此生活期间，他接待过众多文艺界的朋友。现为居民院。1986年，由宣武区人民政府公布为宣武区文物保护单位。

该院坐北朝南，一进院带花园。院落东南隅开如意大门一间，东

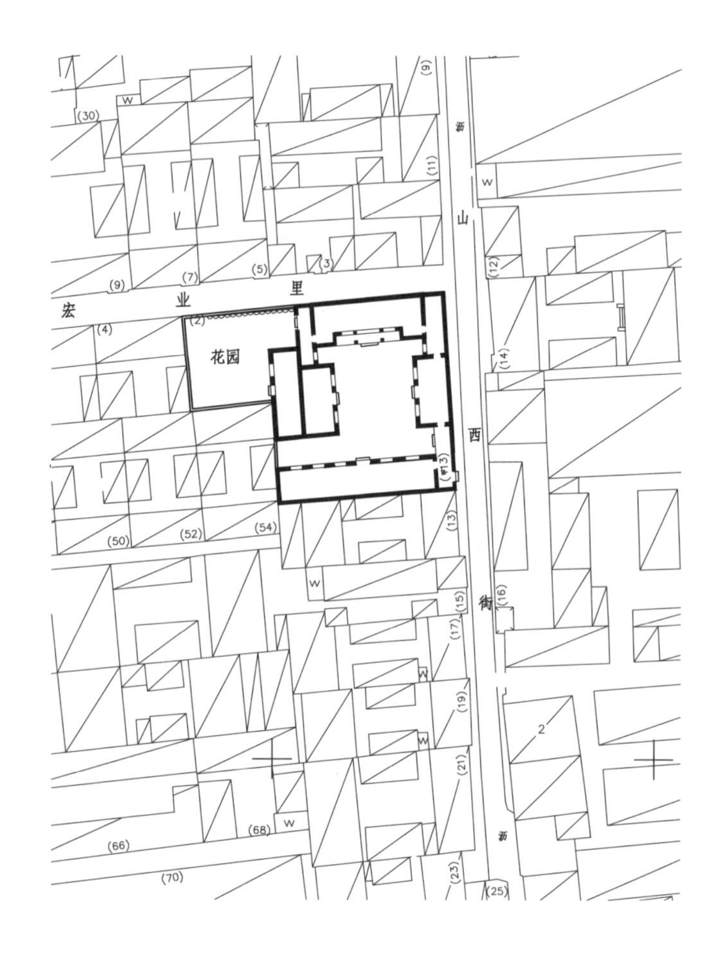

荀慧生故居（山西街甲13号）

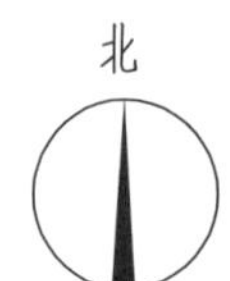

如意大门

大门倒挂楣子

向，硬山顶，鞍子脊合瓦屋面；门头栏板作须弥座装饰，包铁板门两扇，圆形门墩一对；大门后檐柱间饰盘长如意棂心倒挂楣子和嵌十字灯笼锦棂心倒挂楣子。南房原为七间，现已翻建，仅存六间，已改为机瓦屋面。正房五间，明次间前为吞廊，前檐柱间饰嵌菱形棂心倒挂楣子及花牙子，前檐明间为平券门窗，次间、梢间为平券窗；后檐为冰盘檐封后檐形式。正房东西两侧平顶耳房各一间。东厢房三间，硬山顶，已改为机瓦屋面，前檐明间为平券门窗，次间为平券窗，后檐为冰盘檐封后檐形式。东厢房南北两侧各一间平顶耳房。西厢房三间，已改为机瓦屋面，前檐明间为平券门窗，次间、梢间为平券窗。西厢房北侧有一间平顶耳房。院西侧原为花园，花园现已拆除，花园内东房四间已严重损坏。

西厢房

正房明间倒挂楣子

正房屋门

兴胜胡同12号

位于宣武区椿树街道，民国时期建筑，现为居民院。

该院坐东朝西，原为一进院落。院落西南隅开窄大门半间，硬山顶，清水脊合瓦屋面，檐下施以苏式彩画；走马板上绘“万事如意”图案，六角形门簪两枚，红漆板门两扇，门联曰“瑞霭笼仁里，祥云护德门”；铺首一对，门包叶一副，方形门墩一对，前出如意踏跺三级；大门后檐柱间饰龟背锦棂心倒挂楣子。门内迎门有座山影壁一座，清水脊筒瓦屋面。大门北侧西房三间，前出廊，硬山顶，鞍子脊合瓦屋面；前檐已改为新做仿古装修，明间前出如意踏跺二级；后檐为封后檐形式。院内新做月亮门一座。正房三间，前出廊，硬山顶，清水脊合瓦屋面，前檐已改为新做仿古装修。南北厢房各三间，硬山顶，过垄脊合瓦屋面，前檐已改为新做仿古装修。

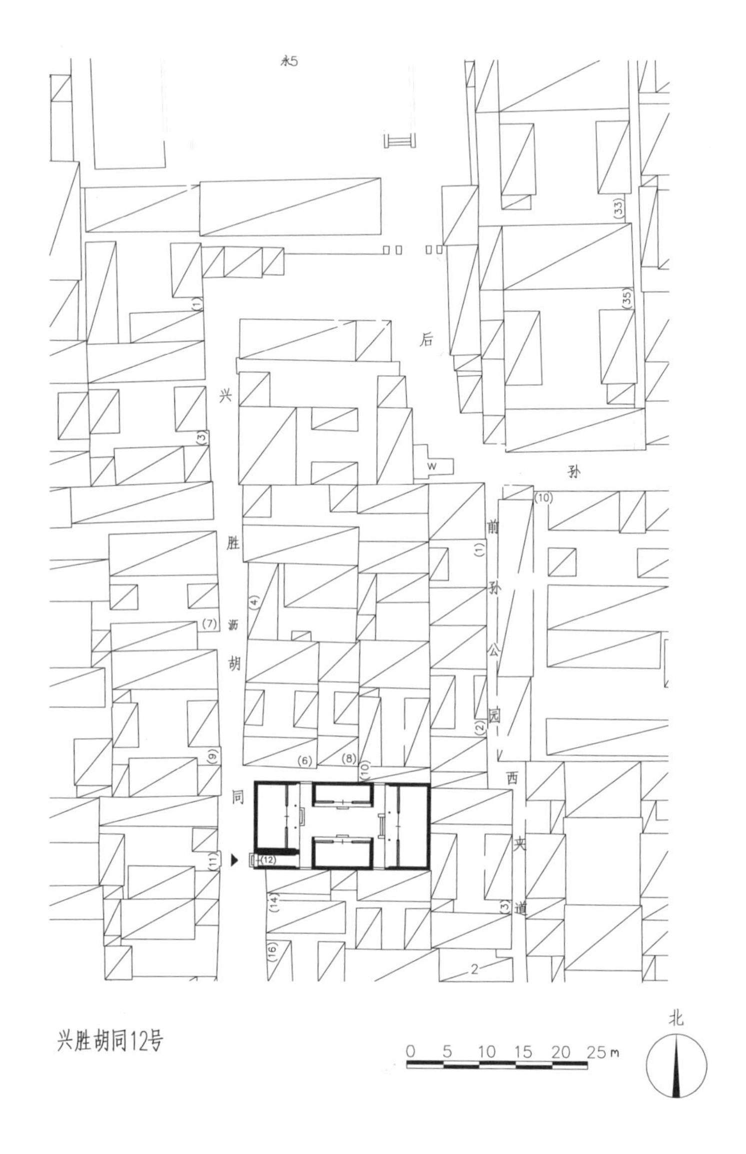

兴胜胡同12号

大门

大门门道天花

大门外景

座山影壁

座山影壁局部砖雕

大门后檐倒挂楣子

一进院西房

大栅栏街道

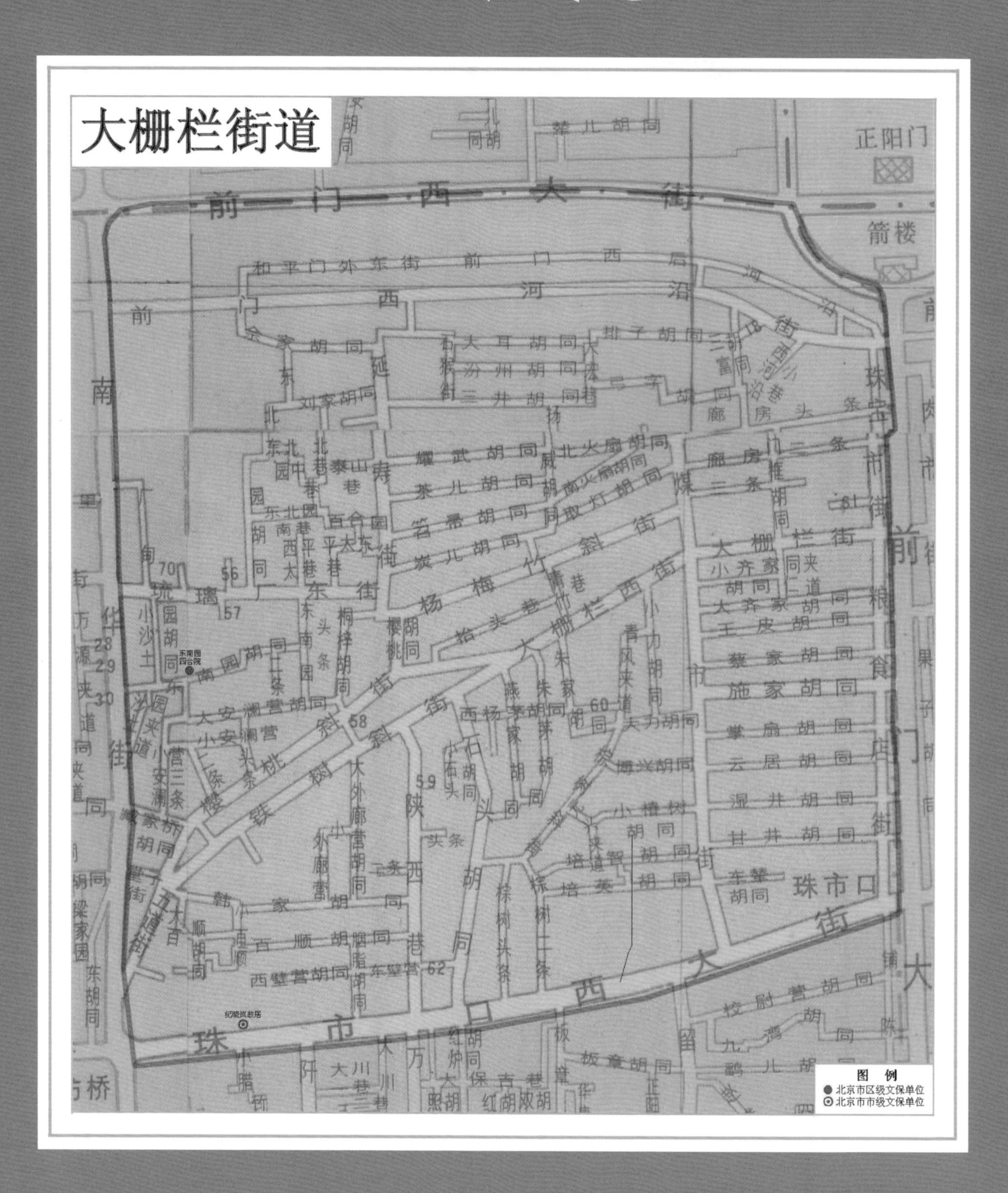
大栅栏街道
正阳门
箭楼
前门西大街
和平门外东街
前门西后河沿
西河沿街
余家胡同
大耳胡同
汾州胡同
三井胡同
排子胡同
刘家胡同
耀武胡同
北火扇胡同
茶儿胡同
南火扇胡同
笤帚胡同
取灯胡同
炭儿胡同
杨梅竹斜街
廊房头条
廊房二条
廊房三条
大栅栏街
小齐家胡同
大齐家胡同
王皮胡同
蔡家胡同
施家胡同
掌扇胡同
云居胡同
湿井胡同
甘井胡同
车辇胡同
珠市口
大栅栏西街
樱桃斜街
铁树斜街
琉璃厂东街
南新华街
东南园胡同
东南园四合院
大安澜营胡同
小安澜营
小椿树胡同
培智胡同
培英胡同
韩家胡同
百顺胡同
西壁营胡同
东壁营
珠市口西大街
校尉营胡同
板章胡同
保吉巷
纪晓岚故居
70
56
57
58
59
60
62
28
29
30
图例
北京市区级文保单位
北京市市级文保单位

东南园胡同49号

位于北京市宣武区大栅栏街道，清代建筑，现为单位用房。1990年，由宣武区人民政府公布为宣武区文物保护单位。

该院坐北朝南，两进四合院，东侧带一跨院，原来的花园已经拆改。

院落东南隅开如意大门一间，硬山顶，清水脊合瓦屋面，门头装饰素面栏板，门楣、戗檐及博缝头均饰精美雕花；梅花形门簪两枚，红漆板门两扇，圆形门墩一对，前出如意踏跺二级。门内迎门硬心一字影壁一座，过垄脊筒瓦屋面，下饰须弥座，装饰连珠混纹。大门东侧门房一间，硬山顶，清水脊合瓦屋面；西侧倒座房五间，前出廊，硬山顶，清水脊合瓦屋面；前檐明间为隔扇风门，套方棂心，次间为十字方格棂心

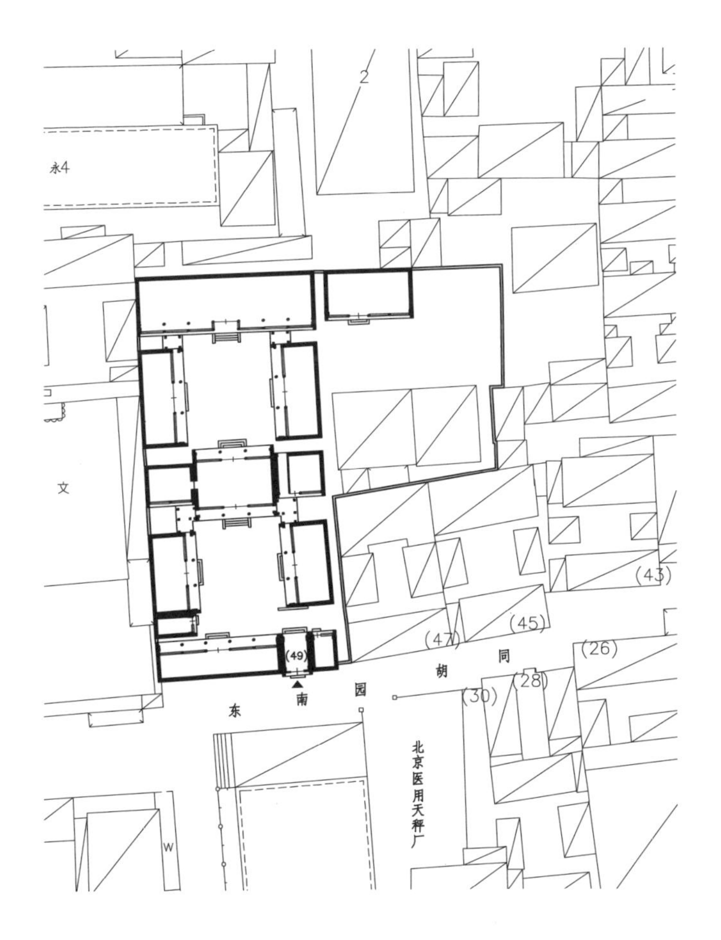

东南园胡同49号

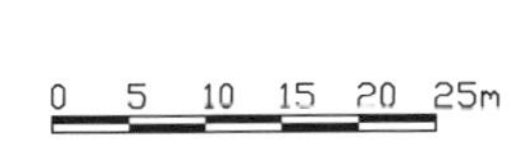

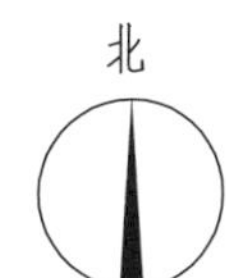

如意大门

支摘窗。一进院正房三间为过厅，前后出廊，硬山顶，清水脊合瓦屋面，为明间灯笼锦棂心隔扇风门，次间为十字方格棂心支摘窗，鼓镜式柱础，明间前出垂带踏跺四级，后出如意踏跺四级。正房东西两侧耳房各两间，硬山顶，鞍子脊合瓦屋面，东耳房东间为灯笼锦棂心支摘窗，西侧东半间为工字卧蚕步步锦棂心隔扇门一扇，西半间辟为过道，后檐柱间饰卧蚕步步锦棂心倒挂楣子；西耳房为十字方格棂心支摘窗。东西厢房各三间，硬山顶，前出廊，鞍子脊合瓦屋面，前檐明间为套方棂心隔扇风门，次间采用工字卧蚕步步锦支摘窗装修，明间前出如意踏跺三级。院内正房与东西厢房之间有窝角廊相连，过垄脊筒瓦屋面，柱间饰卧蚕步步锦棂心倒挂楣子和坐凳楣子。二进院后罩房七间，前出廊，硬山顶，鞍子脊合瓦屋面，明间吞廊，为隔扇风门装修，棂心已改。次间、梢间、尽间为工字灯笼锦棂心支摘窗；明间前出垂带踏跺四级。东西厢房各三间，前出廊，硬山顶，鞍子脊合瓦屋面，明间为隔扇风门，棂心已改，次间饰工字灯笼锦棂心支摘窗；明间前出如意踏跺二级。后罩房与东西厢房各接游廊两间，过垄脊筒瓦屋面，柱间饰步步锦棂心倒挂楣子和坐凳楣子，其中东侧廊可通花园。东跨院原为花园，现已拆改。北房四间，硬山顶，过垄脊筒瓦屋面，西侧第二间为隔扇风门，井字嵌菱棂心，其余各间饰工字灯笼锦棂心支摘窗；明间前出如意踏跺三级。

一进院正房西耳房

一字影壁

一进院东厢房

倒座房正面

一进院正房背立面

东跨院西侧北房

二进院东侧游廊

二进院东厢房

二进院后罩房

纪晓岚故居（珠市口西大街241号）

位于宣武区大栅栏街道，清代建筑。原为大将军岳钟琪府邸，后为纪晓岚居所，其中著名的阅微草堂是纪晓岚的书房。1930年，爱国民主人士刘少白租下此宅，是为“刘公馆”。1931年，梅兰芳等在此处成立北京国剧学会。1936年，京剧科班富连成购得此宅，作为学员宿舍和练功的场地。1958年后，改为晋阳饭庄。2002年，政府投资对故居进行修缮。同年，将此处辟为纪晓岚故居展览馆。2003年，由北京市人民政府公布为北京市文物保护单位。

该院坐北朝南，二进四合院。原第一进院有广亮大门一间，倒座房三间，现已拆除。正房三间，为十檩勾连搭过厅，硬山顶，过垄脊合瓦

大门

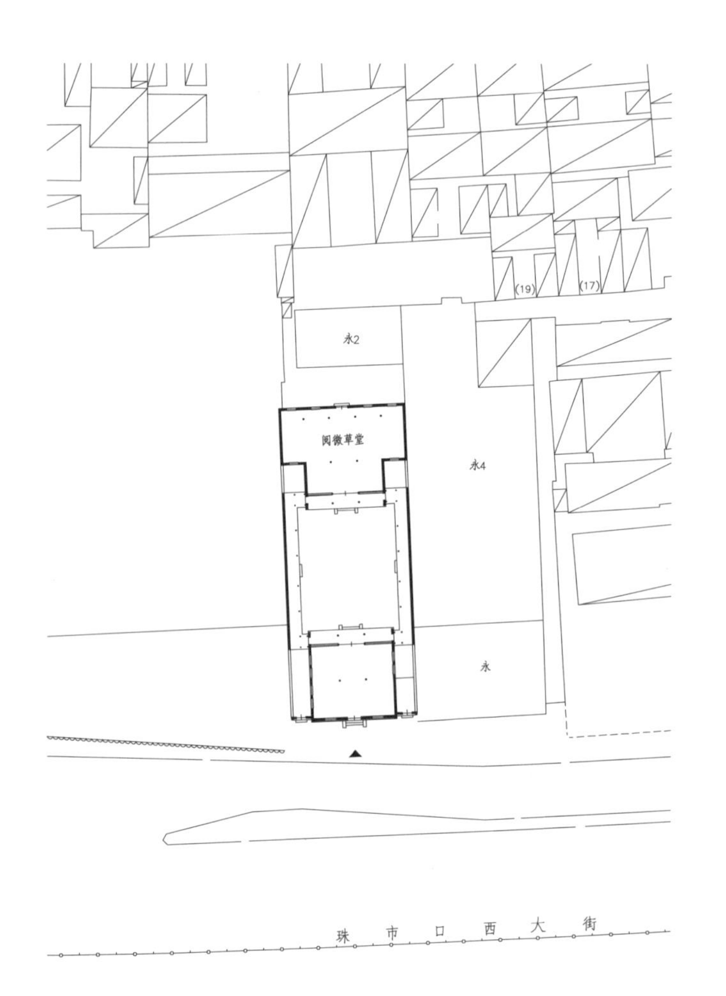

纪晓岚故居（珠市口西大街241号）

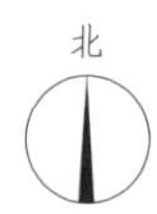

保护标志

紫藤碑记

屋面，戗檐、墀头及博缝头均雕刻精美砖雕；过厅背立面前出廊，廊柱间饰雀替，檐下施以苏式彩画；明间有楹联一副“虚竹幽兰生静契，和风朗日□天□”；明间为四抹隔扇门四扇，次间为支摘窗装修，各间上饰横披窗，均为灯笼锦棂心，明间前出踏跺二级。过厅两侧山面均装饰十字海棠棂心拱券窗，小红山饰透风山花。过厅东西两侧过道门各一扇。过厅门前有一株紫藤，已有200年的历史，可谓北京最古老的紫藤。

二进院正房五间，为阅微草堂，前出抱厦三间，硬山顶，过垄脊合瓦屋面，戗檐、博缝头及墀头雕刻精美砖雕，檐下施以苏式彩画；抱厦明间为五抹套方灯笼锦隔扇门四扇，云头锦裙板，中槛上承托匾额“阅微草堂”，前廊柱有楹联一副“岁月舒长景，光华浩荡春”。次间采用套方灯笼锦支摘窗装修，明间前出垂带踏跺二级。正房梢间及侧立面均装饰拱券窗，十字海棠棂心，北立面明间开十字海棠棂心拱券门一扇；两侧各饰十字海棠棂心拱券窗两扇，后檐墙顶部还装饰精美砖雕图案。院内原有东西厢房各三间，现已拆除并改建为四檩卷棚游廊，过垄脊筒瓦屋面，廊柱间饰步步锦棂心倒挂楣子、花牙子与坐凳楣子，墙面装饰冰裂纹什锦窗，游廊构架均饰彩画图案。

门前紫藤

过厅正面拱券门

过厅背立面

过厅戗檐砖雕

过厅正面

正房前抱厦

正房背立面

正房背面檐部砖雕

东侧游廊

正房后西侧平台

坐凳楣子

正房背立面拱券门

正房前抱厦戗檐及墀头砖雕

崇文区历史悠久，是雄踞北京旧城的四大核心区之一，更是古都外城的“东半边天”。其辖区，在明嘉靖年间北京外城营建竣工前，被规划为城外南郊；待加筑外城定型后，即升格为城内重要组成部分，并经过重新划坊分巷，形成外城8坊中的正东坊、崇北坊和崇南坊。

外城街区的重要特点，即因历史上曾地处郊野，发展漕运、修壕作坝、蓄水开渠的情势较为普遍——典型如正阳桥东南低洼处，借水利工程形成古三里河，由西北至东南，融汇流泻；平民百姓多依水而生，顺随地势，建屋造房，久置成态，自然地形成了巷道弯曲迂斜，胡同延缠交错的格局，又在整体的不甚规则中，因地制宜、灵巧变通，架构着传统院落的四方围合，更是在居内造苑藏景，使林园堂墅异彩纷呈。或许不见内城那般“布局方正、轴线对称、高宏巍峨”，而一如《天咫偶闻》所述，更安于“式近南方、庭宇湫隘、屋堂错落”。崇文确有诸如天坛等举世闻名的文物胜迹，但衬托珍贵历史遗存的整体风貌，则仍旧是这些基本单元——游刃于“循规蹈矩”、亦不惧“特立独行”的四合院，所编织熟成的街巷肌理。

而最具上述代表性、迄今保存又相对完整的老街区，无疑是前门大街左翼，以鲜

崇文区

Chongwen District

鱼口地段为核心，北起西打磨厂街，南至珠市口东街，东抵祈年大街的广大地区。自明代永乐皇帝朱棣定都北京，前门大街作为一条南北通衢莅现帝京版图，这段明清两朝历代皇帝祭天、演耕、南巡所必经的壮丽御路，始终不绝地牵动着其东部600年浮世繁华的盛典。由市井繁华所孕育的建筑文化、商贾文化、梨园文化、会馆文化、市井民俗……博大而深邃。这片土地上，曾有过星罗棋布的商铺字号、乡行会馆、寺观祠庙、茶楼戏院……更有数百座鳞次栉比、大大小小的传统院落，承载着商业的萌动、国粹的诞生、大江南北的乡音与工艺，乃至祖祖辈辈安居乐业的黎民的淳朴风尚、勤劳智慧、民俗文脉……这里的一砖一瓦、一草一木，都蕴含着丰厚的历史与人文信息，更见证了数百年的王朝更迭、市政迁变、风土人情。

时代的沿革，经历无数风雨，沉淀下来的岁月精华，升华为一枚文化符号。崇文，在这枚符号中，掩饰不住梳理往昔旧日的情结，按捺不住抒写城市记忆的悸动。崇文区的传统四合院建筑，不仅是历史漫步的足迹，更是时代华章的聆听和见证者。她们不仅传承着老北京的原生态，凝结的更是对古都亘古神韵与内在神髓的追思与向往。

前门街道

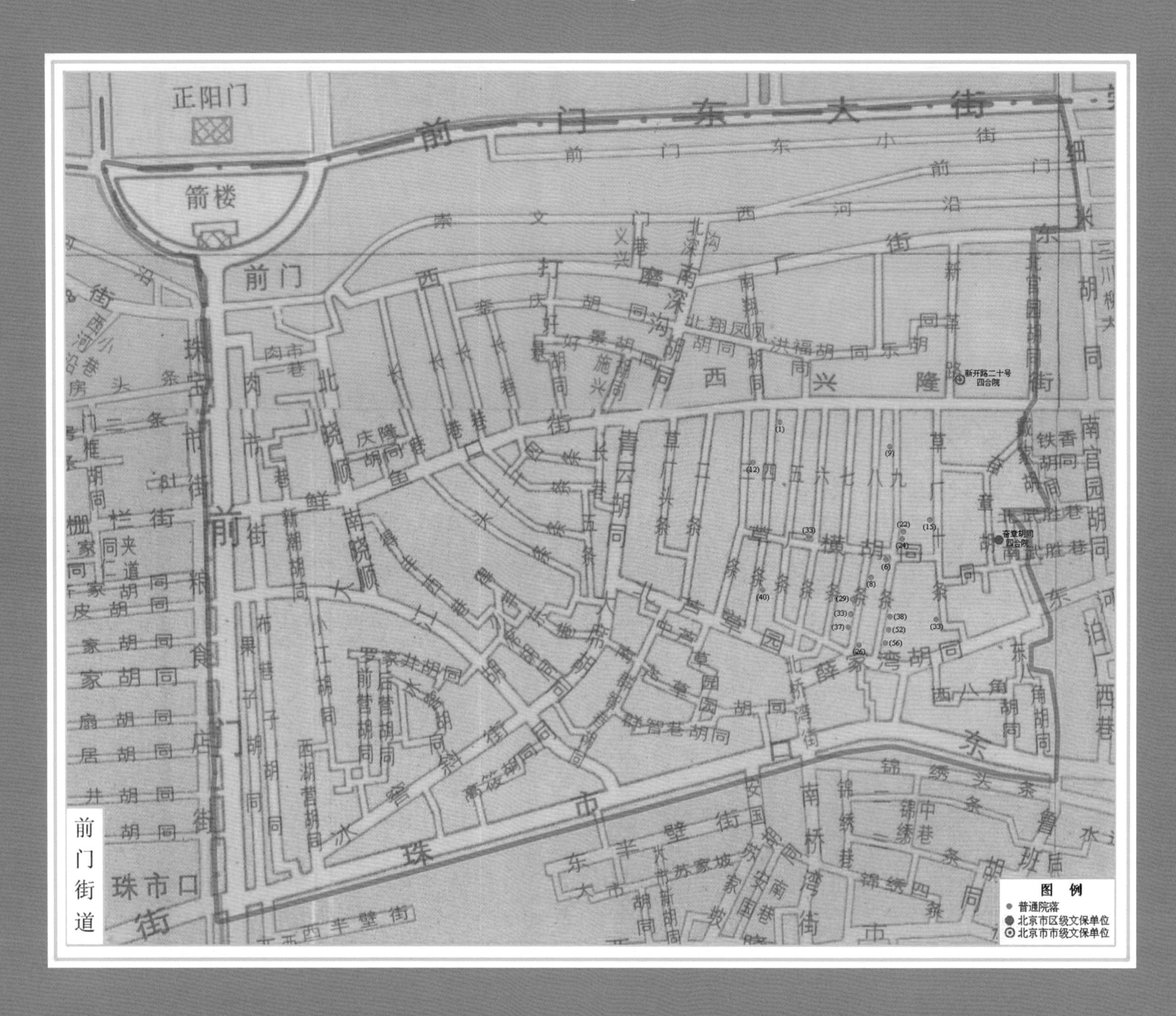

正阳门
箭楼
前门
前门东大街
前门东小街
西兴隆街
草厂横胡同
北薛家湾胡同
西八角胡同
东大市
西羊壁街
新开路二十号四合院
草厂胡同四合院
前门街道
珠市口街
图例
普通院落
北京市区级文保单位
北京市市级文保单位

草厂三条12号

位于崇文区前门街道，民国时期建筑，现为居民院。

该院坐东朝西，一进院落。院落西南隅开小蛮子门一间，硬山顶，鞍子脊合瓦屋面；红漆板门两扇，门钹一对，两侧带余塞板；大门后檐柱间饰步步锦棂心倒挂楣子、透雕花牙子。大门北侧西房三间，硬山顶，鞍子脊合瓦屋面，前檐保存有步步锦棂心支摘窗，其余已改为现代装修。东房四间，硬山顶，鞍子脊合瓦屋面，前檐保存有步步锦棂心支摘窗，其余已改为现代装修。南北厢房各一间，均为平顶，檐下带木挂檐板，前檐已改为现代装修。

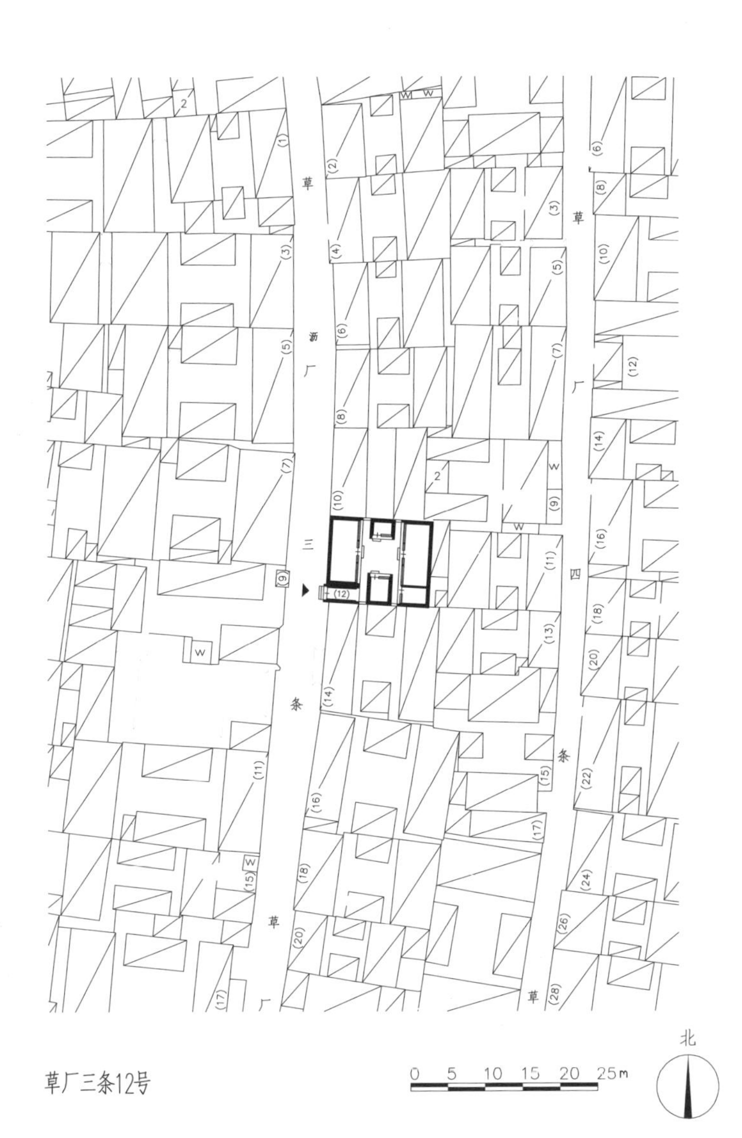

草厂三条12号

大门

大门内倒挂楣子下花牙子

大门与厢房间院墙

大门与厢房间院墙上排水

正房

西房

北厢房

草厂四条1号

位于崇文区前门街道，清代晚期建筑，现为居民院。

该院坐北朝南，一进院落。院落东南部开平顶小门楼一座，东向，六角形门簪两枚，红漆板门两扇，门钹一对，方形门墩一对，雕刻素面海棠池图案。北房三间，前出廊，硬山顶，清水脊合瓦屋面，戗檐砖雕“喜上眉梢”图案，前檐保留有部分工字卧蚕步步锦棂心横披窗和步步锦棂心支摘窗，其余已改为现代装修；明间前出如意踏跺三级。北房东西两侧耳房各一间，现已被临建遮挡，装修不详。东西厢房各三间，均为硬山顶，鞍子脊合瓦屋面；东厢房前檐保留有部分灯笼框棂心横披窗和步步锦棂心支摘窗，其余已改为现代装修；西厢房前檐明间为隔扇及

大门

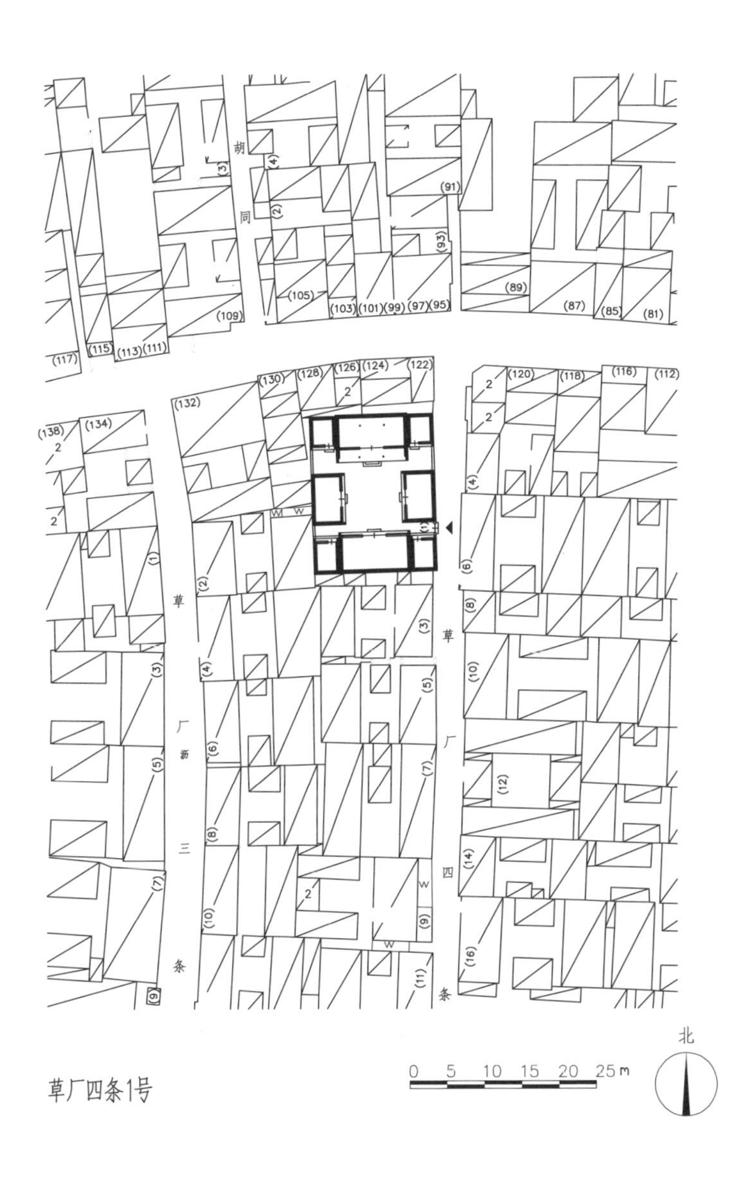

草厂四条1号

大门方形门墩

风门，次间下为槛墙、上为支摘窗，现仅保留门、窗外框，棂心无存。南房三间，硬山顶，鞍子脊合瓦屋面，前檐明间为隔扇及风门，次间下为槛墙、上为支摘窗，现仅保留门、窗外框，棂心无存；明间前出如意踏跺二级；屋内石膏吊顶，碧纱橱保存较好；原为方砖铺地，后改为现代地板砖铺装；南房东西两侧耳房各一间，硬山顶，前檐均为夹门窗，仅保留门窗外框，棂心无存。

东厢房

南房内石膏板吊顶

正房

南房内碧纱橱

草厂四条40号

位于崇文区前门街道，民国时期建筑，现为居民院。

该院坐东朝西，一进院落。院落西南隅开窄大门半间，硬山顶，鞍子脊合瓦屋面；素面走马板，红漆板门两扇，门钹一对，圆形门墩一对。大门为海棠池做法，大门后檐柱间带灯笼框棂心倒挂楣子。大门北侧西房四间，硬山顶，鞍子脊合瓦屋面，南侧第二间开门，前檐为隔扇风门带帘架，隔扇及帘架横陂均为步步锦棂心，风门亮子及余塞均为灯笼框棂心，帘架上部荷叶栓斗及下部荷叶墩保存较好；其余各间下为槛墙、上为支摘窗，上部支窗分内外两层，外层十字方格棂心纱屉，内层为步步锦棂心；门前出如意踏跺二级。东房三间，前后廊，硬

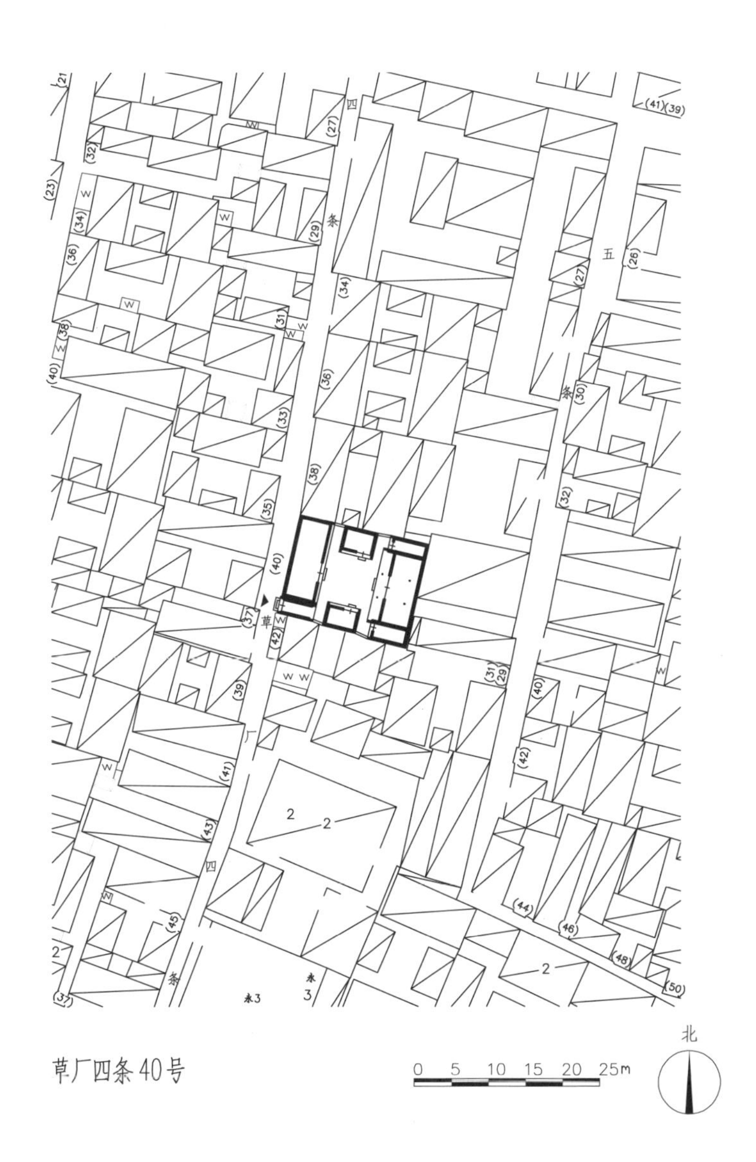

大门

大门后檐倒挂楣子

山顶，清水脊合瓦屋面；廊心墙象眼线刻几何纹图案，穿插当雕刻花卉图案；前檐明间及北次间已改为现代装修，仅保留部分盘长纹棂心横披窗；南次间下为槛墙，海棠池做法，上为支摘窗，仅外层纱屉保留十字棂心，其余棂心无存；上饰盘长纹棂心横披窗；明间前出如意踏跺二级。东房南北两侧耳房各半间。南北厢房各两间，均为平顶，檐下饰木挂檐板。南厢房前檐已改为现代装修；北厢房前檐夹门窗及支摘窗基本保留，均为步步锦棂心。

正房

南厢房

西房

正房廊心墙上部象眼及穿插当雕刻

草厂八条29号

位于崇文区前门街道，民国时期建筑，现为居民院。

该院坐西朝东，一进院落。院落东房北部开窄大门一间，东向，红漆板门两扇，方形门墩一对。西房三间，已改为机瓦屋面，前檐明间为隔扇风门，次间为支摘窗，均为步步锦棂心。东房三间，硬山顶，鞍子脊合瓦屋面，步步锦棂心门窗装修。南北厢房各一间，硬山顶，鞍子脊合瓦屋面，保存有步步锦棂心支摘窗，其余已改为现代装修。

大门

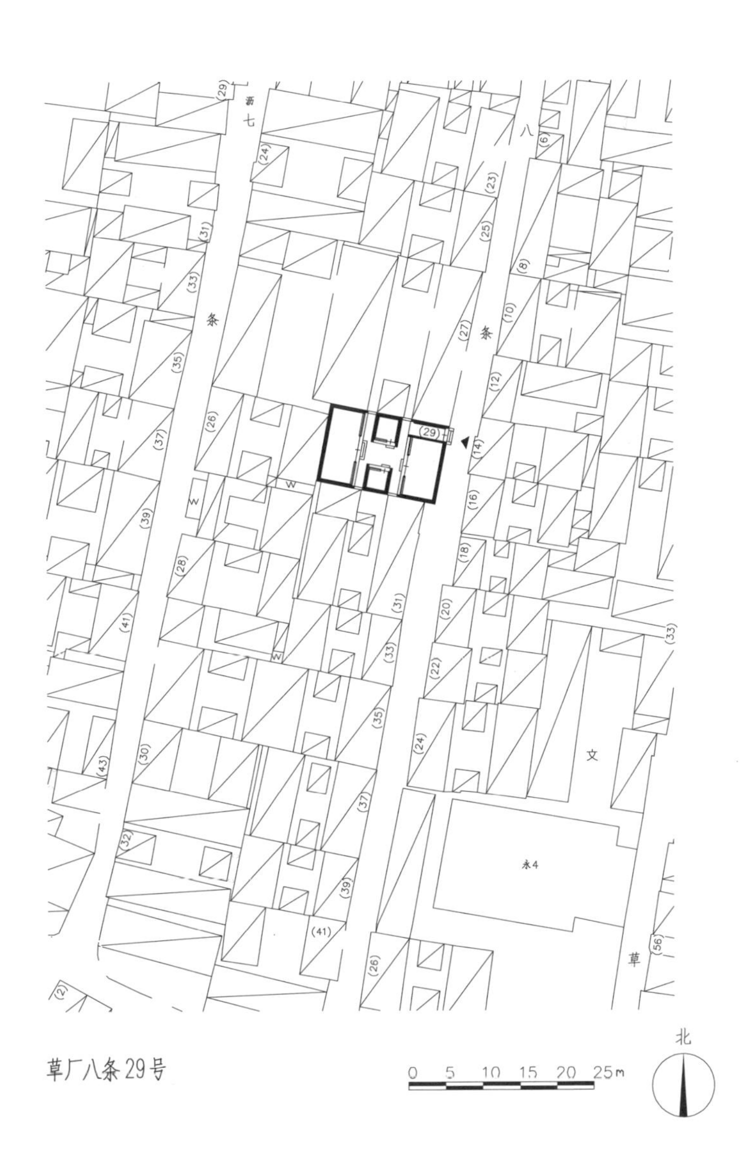

草厂八条29号

大门方形门墩

北房

西房明间装修

西房次间装修

西房

南房

草厂八条33号

位于崇文区前门街道，民国时期建筑，现为居民院。

该院坐西朝东，一进院落。院落东房北部开窄大门一间，东向，红漆板门两扇，门钹一对，方形门墩一对，后檐柱间饰步步锦棂心倒挂楣子。西房三间，硬山顶，过垄脊合瓦屋面，前檐已改为现代装修。东房三间，已改为机瓦屋面，前檐已改为现代装修，后檐为老檐出形式。南北厢房各一间，硬山顶，过垄脊合瓦屋面，前檐已改为现代装修。

窄大门

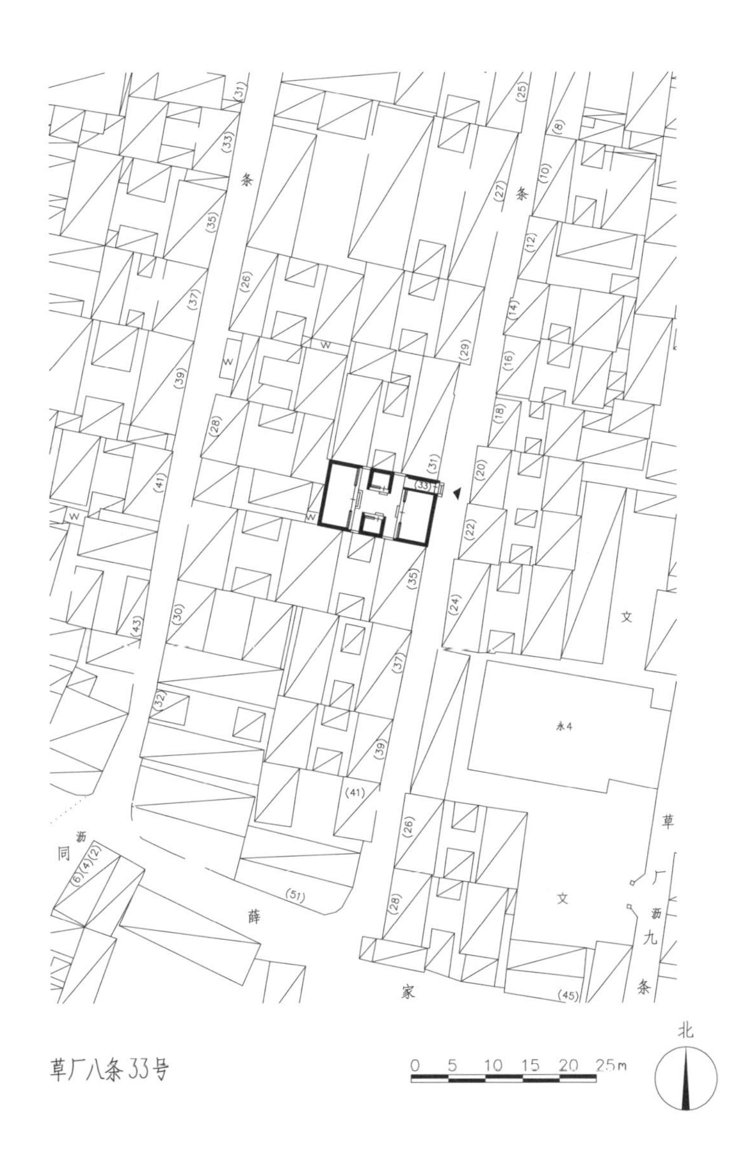

草厂八条33号

大门方形门墩

东房背立面

北房

南房

草厂八条37号

位于崇文区前门街道，民国时期建筑，现为居民院。

该院坐西朝东，一进院落。院落东房北部开窄大门半间，东向，红漆板门两扇。门内迎门有座山影壁一座，现已损毁。西房三间，硬山顶，清水脊合瓦屋面，脊饰花盘子，前檐已改为现代装修。东房三间，硬山顶，清水脊合瓦屋面，脊饰花盘子，后檐为老檐出形式，前檐已改为现代装修。南北厢房各一间，硬山顶，过垄脊合瓦屋面，博缝头处有砖雕，前檐已改为现代装修。

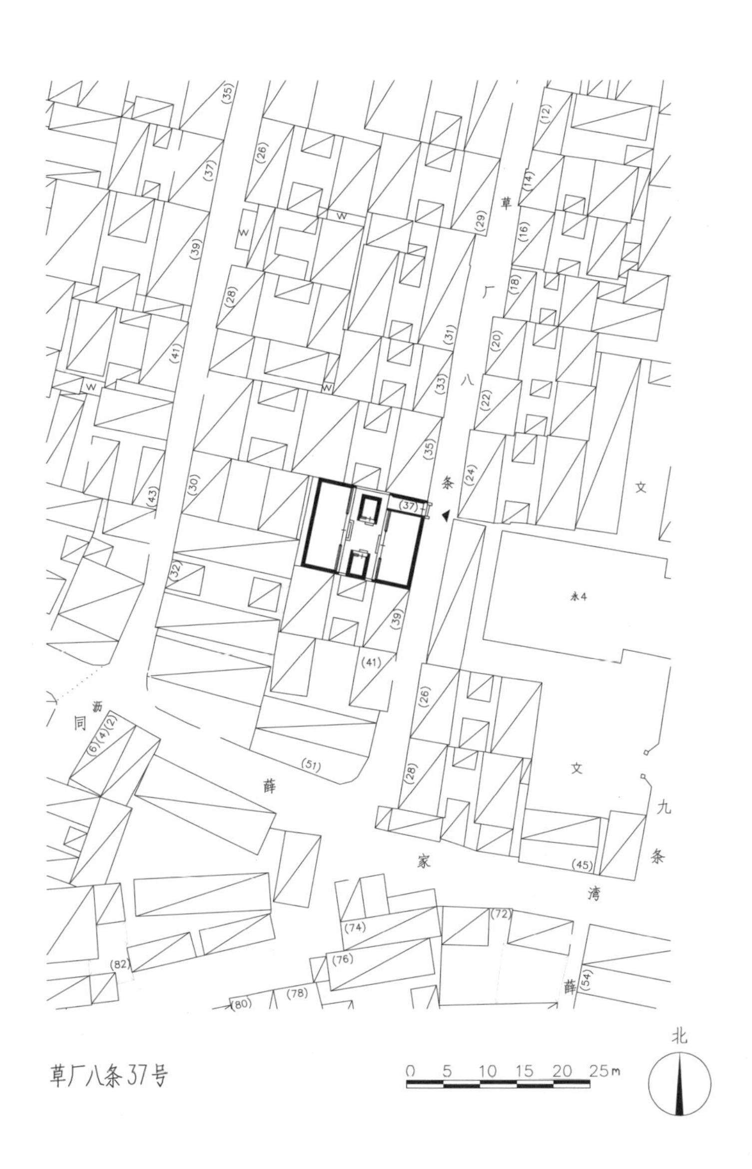

草厂八条37号

窄大门

座山影壁

西房

东房正立面

北房

草厂八条8号

位于崇文区前门街道，民国时期建筑，现为居民院。

该院坐东朝西，一进院落。院落西房南部开窄大门半间，西向，梅花形门簪两枚，红漆板门两扇，前出如意踏跺四级；大门后檐柱间饰步步锦棂心倒挂楣子。门内迎门有一字影壁一座，硬影壁心。西房与南房间有平顶廊相连，廊柱间饰步步锦棂心倒挂楣子。东房三间，前出廊，硬山顶，鞍子脊合瓦屋面，前檐已改为现代装修。东房南北两侧耳房各一间。西房五间，硬山顶，鞍子脊合瓦屋面，前檐已改为现代装修，后檐为老檐出形式。北厢房三间，南厢房两间，均为平顶，檐下饰素面木挂檐板，前檐已改为现代装修。

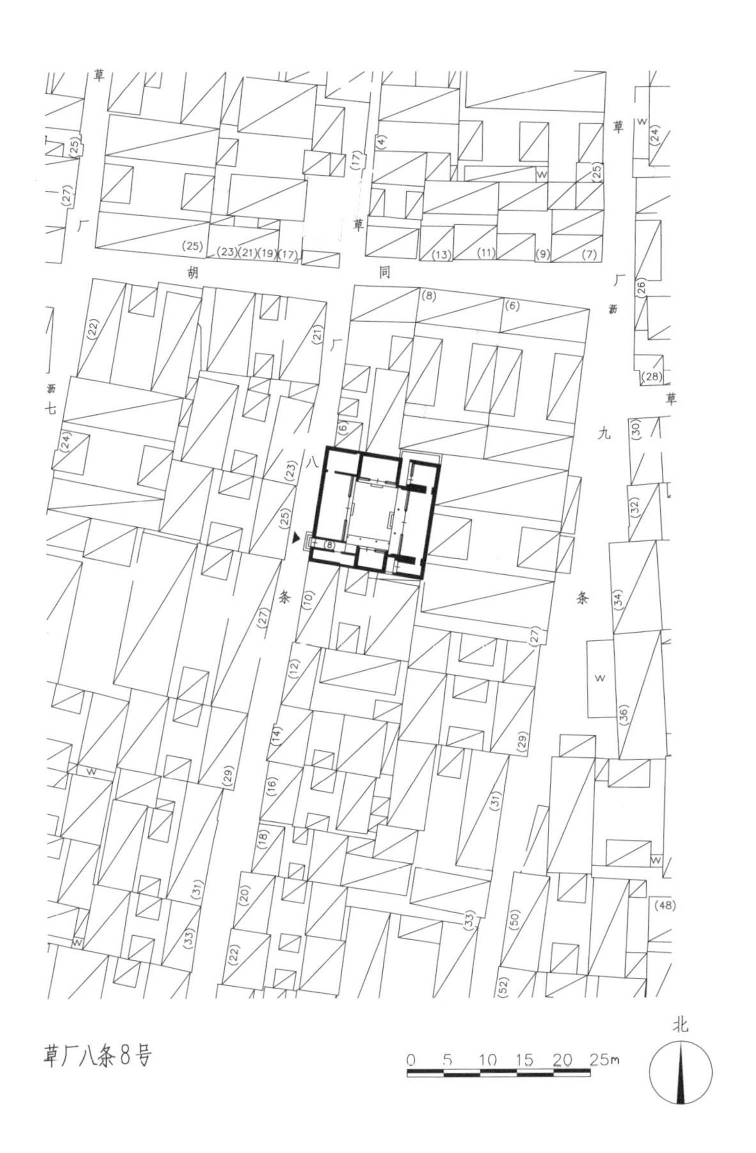

草厂八条8号

大门

一字影壁

北侧平顶厢房

东房

平顶廊

西房

草厂八条26号

位于崇文区前门街道，民国时期建筑，现为居民院。

该院坐东朝西，一进院落。院落西房南部开窄大门半间，西向，红漆板门两扇，方形门墩一对，后檐柱间饰步步锦棂心倒挂楣子。东房三间，硬山顶，鞍子脊合瓦屋面，保存了部分步步锦棂心支摘窗。西房三间，硬山顶，已改为机瓦屋面，前檐已改为现代装修，后檐为老檐出形式。南北厢房各一间，硬山顶，鞍子脊合瓦屋面，前檐已改为现代装修。

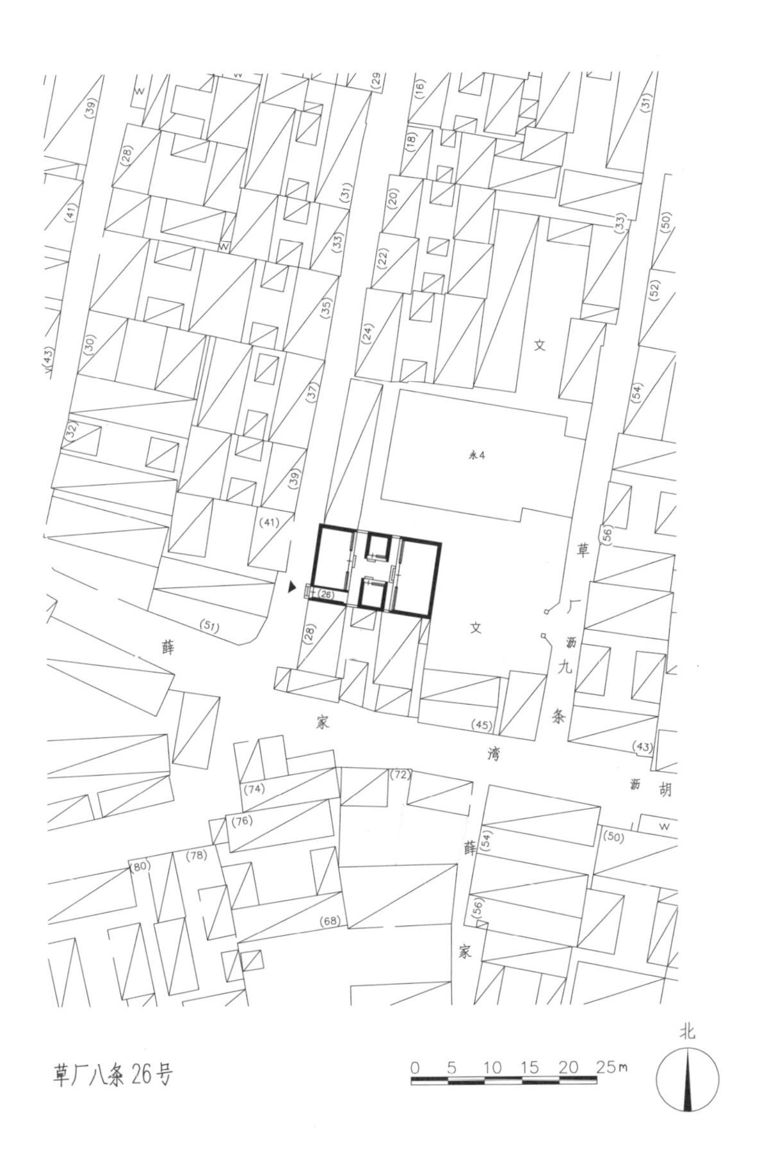

草厂八条26号

大门

大门方形门墩

大门北侧西房背立面

大门后檐倒挂楣子

东房

东房装修

北房

草厂九条9号

位于崇文区前门街道，民国时期建筑，现为居民院。

该院坐西朝东，一进院落。院落东房北部开窄大门半间，走马板写有“福”字，黑漆板门两扇，门钹一对。西房三间，硬山顶，鞍子脊合瓦屋面，前檐已改为现代装修。东房三间，前出廊，硬山顶，过垄脊合瓦屋面，前檐已改为现代装修。南北厢房各两间，均为硬山顶，北房为过垄脊合瓦屋面，前檐已改为现代装修。南房现已翻建。

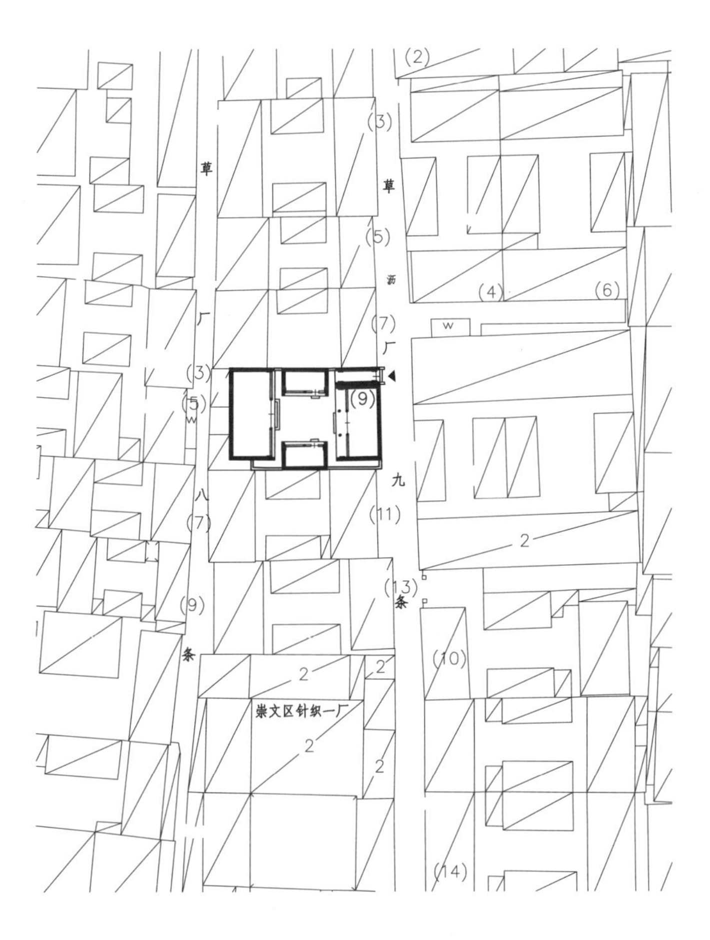

草厂九条 9号

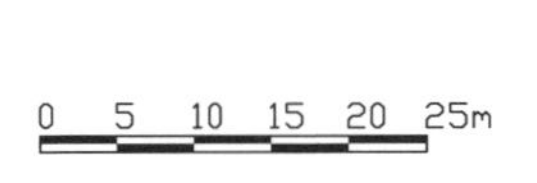

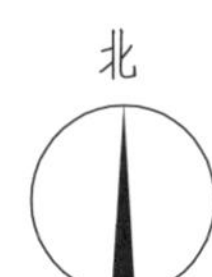

大门

东房正立面

北房

东房背立面

西房

南房

草厂九条22号、24号

位于崇文区前门街道，民国时期建筑，现为居民院。

该院坐东朝西，两路一进院落。草厂九条24号，院落西南隅开随墙便门一座，方形门墩一对。东房三间，前出廊，硬山顶，过垄脊合瓦屋面，前檐明间为四抹隔扇门，灯笼锦棂心。西房三间，前出廊，硬山顶，过垄脊合瓦屋面，保存有部分卧蚕步步锦支摘窗及横披窗。北厢房三间，两卷勾连搭形式与22号南厢房相连，过垄脊合瓦屋面，前檐已改为现代装修。南厢房三间，硬山顶，过垄脊合瓦屋面，前檐已改为现代装修。

22号暂未进入，情况不详。

大门

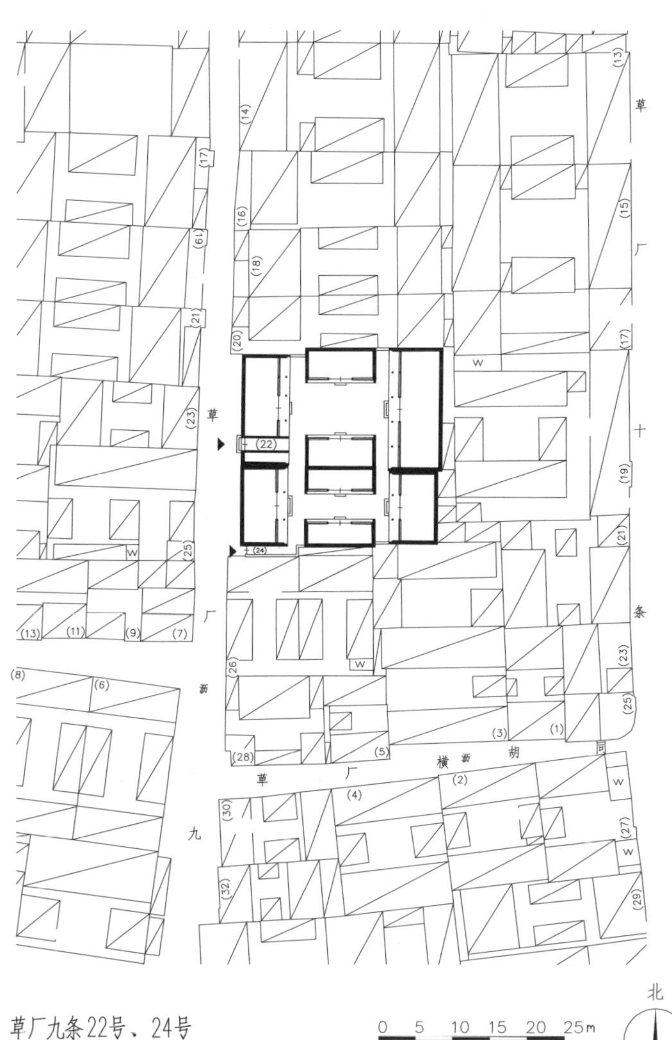

草厂九条22号、24号

大门方形门墩

北房

22号院大门

东房

西房

南房

西房横披窗装修

草厂九条38号

位于崇文区前门街道，民国时期建筑，现为居民院。

该院坐东朝西，一进院落，大门开于院落南侧院墙西部，包铁板门两扇，门钹一对。东房五间，前出廊，硬山顶，鞍子脊合瓦屋面，前檐已改为现代装修。西房五间，前出廊，硬山顶，鞍子脊合瓦屋面，次间保存有卧蚕步步锦棂心支摘窗，其余已改为现代装修。南北厢房各两间，硬山顶，鞍子脊合瓦屋面，前檐已改为现代装修。

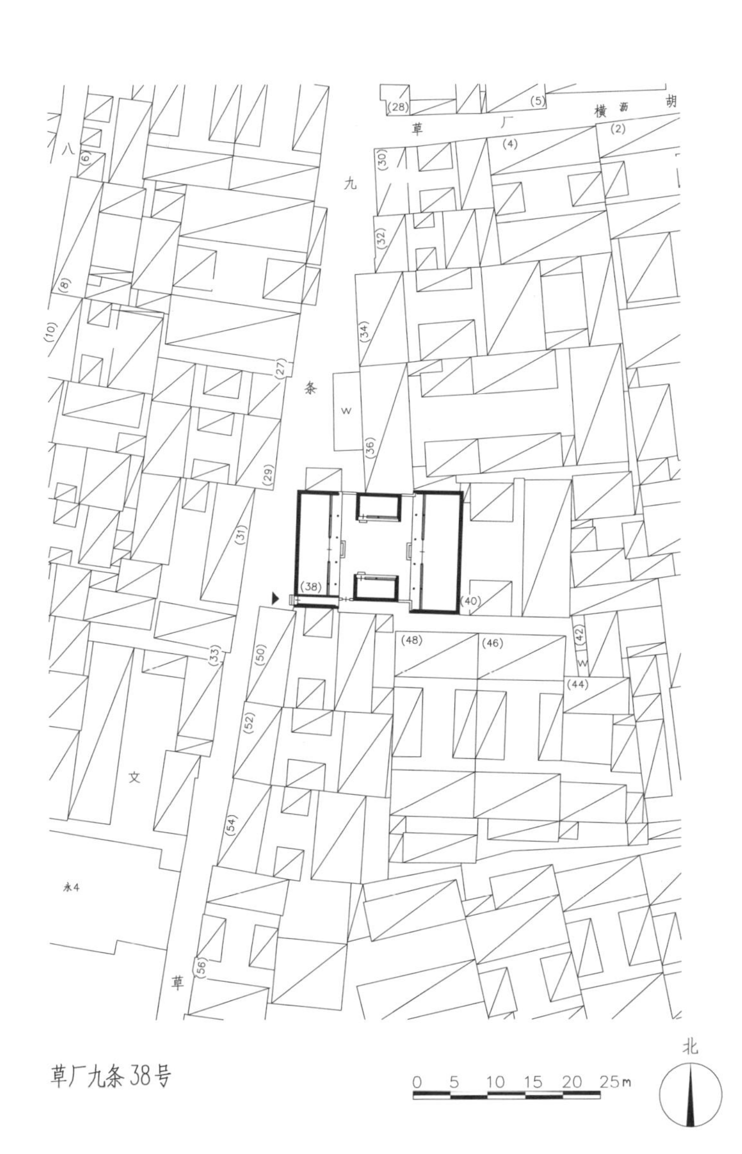

草厂九条38号

大门

北房

东房

西房

西房次间装修

南房

草厂九条52号

位于崇文区前门街道，民国时期建筑，现为居民院。

该院坐东朝西，一进院落。院落西房南部开窄大门半间，红漆板门两扇。东房三间，前出廊，硬山顶，鞍子脊合瓦屋面。西房三间，硬山顶，鞍子脊合瓦屋面，戗檐雕刻花卉图案，后檐为老檐出形式。南北厢房各两间，硬山顶，鞍子脊合瓦屋面。院内装修均为新做工字步步锦棂心。

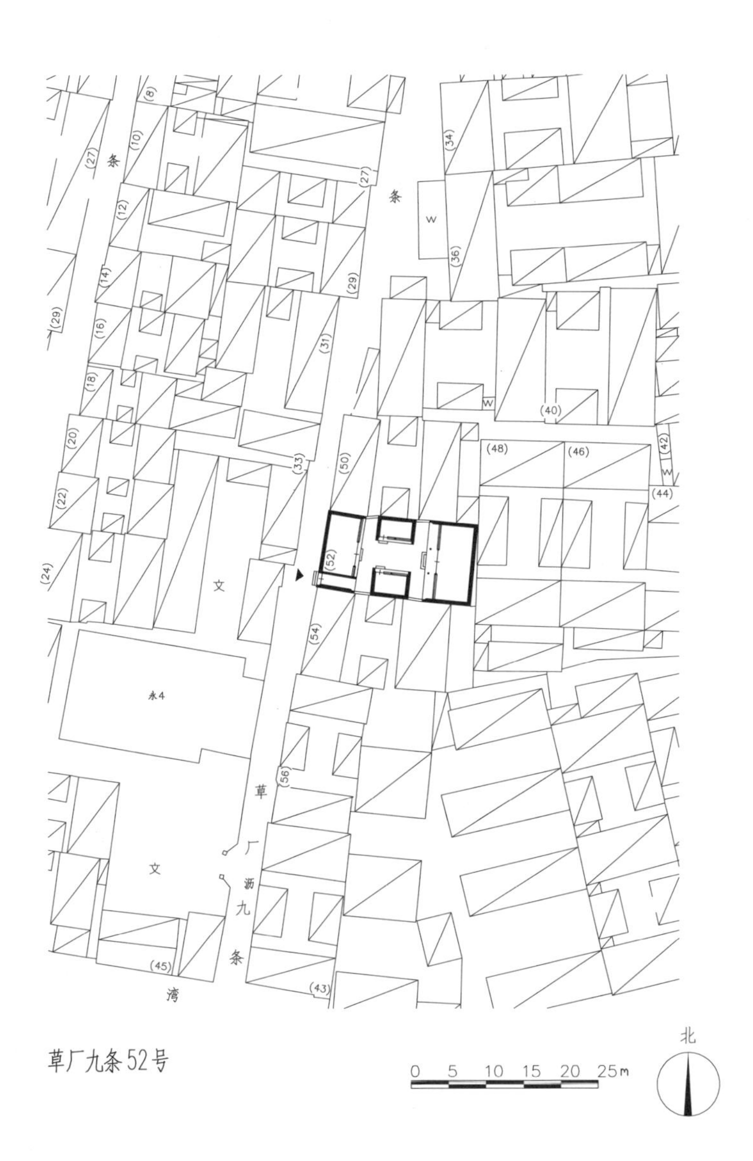

草厂九条52号

大门

西房背立面

北房

南房

东房

草厂九条56号

位于崇文区前门街道，民国时期建筑，现为居民院。

该院坐北朝南，一进院落。于院落西墙南侧开随墙门一座。正房三间，硬山顶，鞍子脊合瓦屋面，前檐明间为夹门窗，其余已改为现代装修。南房三间，硬山顶，鞍子脊合瓦屋面，前檐已改为现代装修。东、西厢房各三间，硬山顶，鞍子脊合瓦屋面，后檐为抽屉檐封后檐形式，前檐已改为现代装修。

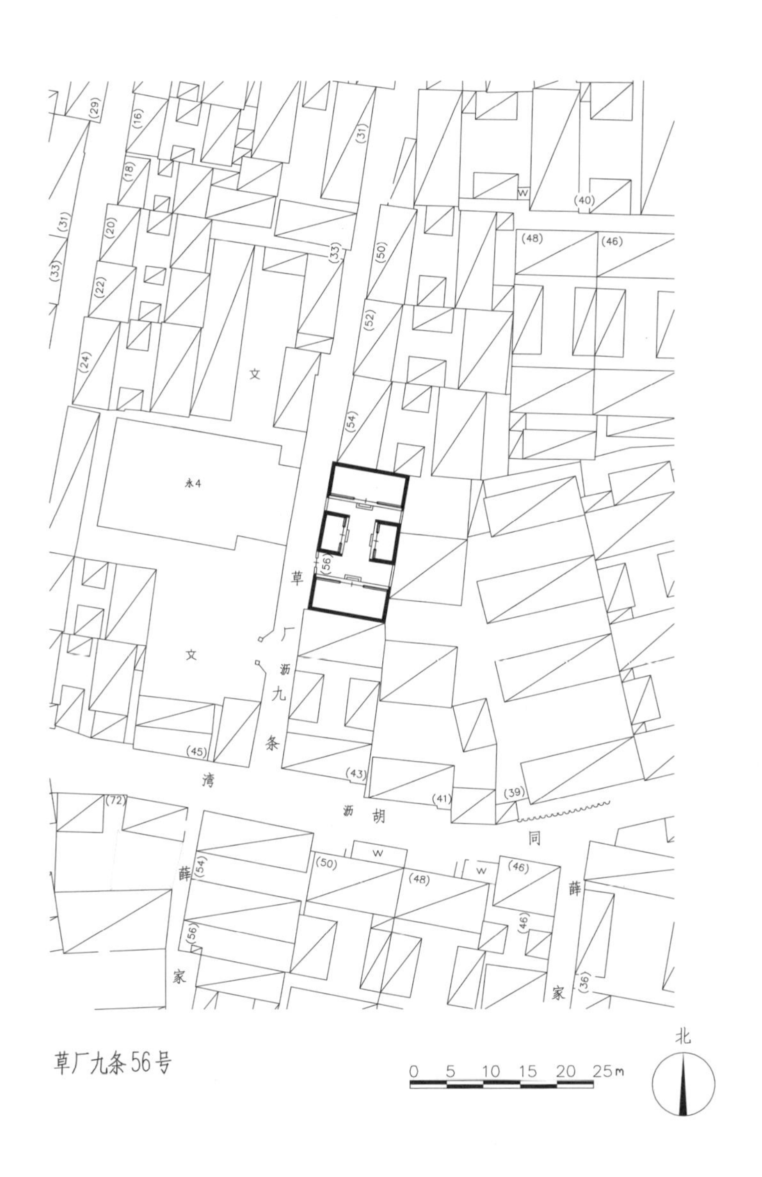

草厂九条56号

大门

北房

南房

东房

西房

草厂横胡同33号

位于崇文区前门街道，清代晚期建筑，现为居民院。

该院坐北朝南，一进院落。院落东南隅开如意大门一间，硬山顶，清水脊合瓦屋面，博缝头砖雕“万事如意”图案；门头栏板砖雕图案共三幅，自东向西分别为“凤穿牡丹”“喜上眉梢”“居家欢乐”，冰盘檐上雕刻菊花锦图案，门楣雕刻万字锦图案；梅花形门簪两枚，黑漆板门两扇，门联曰“忠厚留有余地步，和平养无限天机”；门包叶一副，圆形门墩一对。门内迎门有座山影壁一座，清水脊筒瓦顶，博缝头雕刻“万事如意”图案，方砖硬影壁心。大门东侧门房一间，硬山顶，过垄脊合瓦屋面，前檐已改为现代装修，后檐为封后檐形式；西侧倒座房四

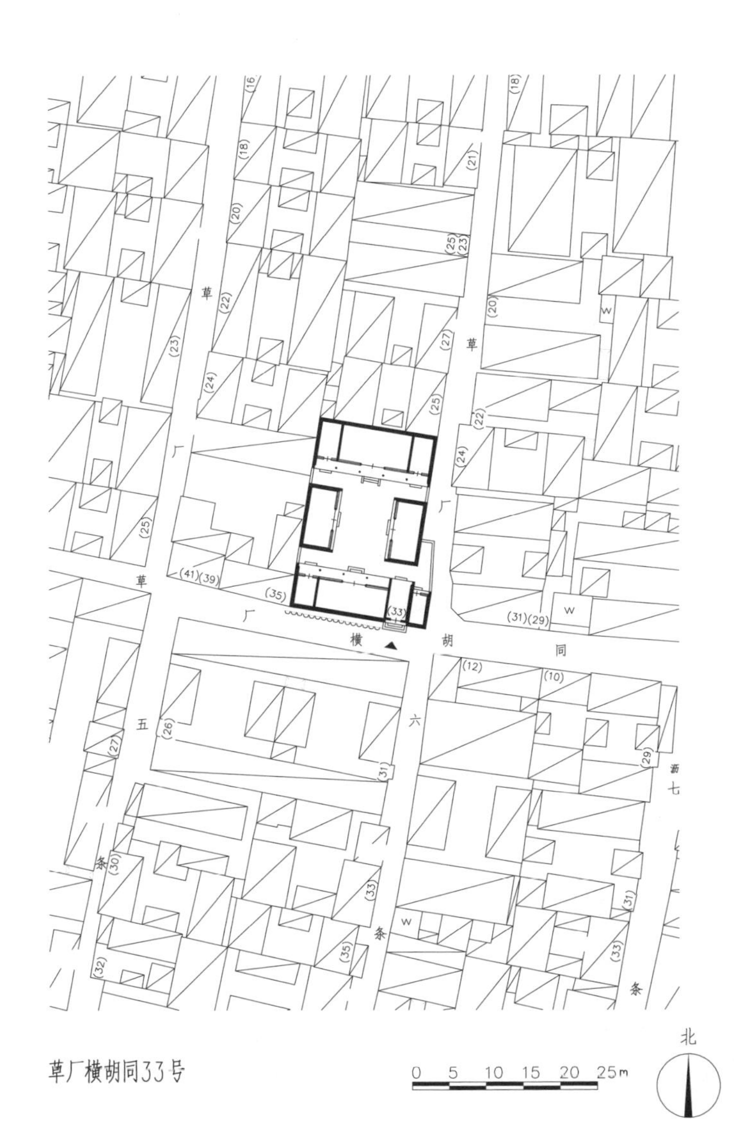

草厂横胡同33号

如意大门

间，前出廊，硬山顶，清水脊合瓦屋面，前檐已改为现代装修，前出如意踏跺二级；后檐为老檐出形式。北房五间，前出廊，硬山顶，清水脊合瓦屋面，前檐已改为现代装修，明间前出垂带踏跺三级。东西厢房各三间，硬山顶，鞍子脊合瓦屋面，前檐已改为现代装修。

正房

影壁细部砖雕

倒座房

西厢房

草厂横胡同6号

位于崇文区前门街道，民国时期建筑，现为居民院。

该院坐南朝北，一进院落，院落西北角开窄大门半间，硬山顶，已改为机瓦屋面；素面走马板，红漆板门两扇，门钹一对，前出如意踏跺三级；大门后檐柱间饰步步锦棂心倒挂楣子。大门东侧北房三间半，原为合瓦屋面，现西侧大部分已改为机瓦屋面，前檐已改为现代装修，后檐为老檐出形式。正房三间，硬山顶，已改为机瓦屋面，前檐已改为现代装修。东西厢房各三间，硬山顶，已改为机瓦屋面，前檐已改为现代装修。

窄大门

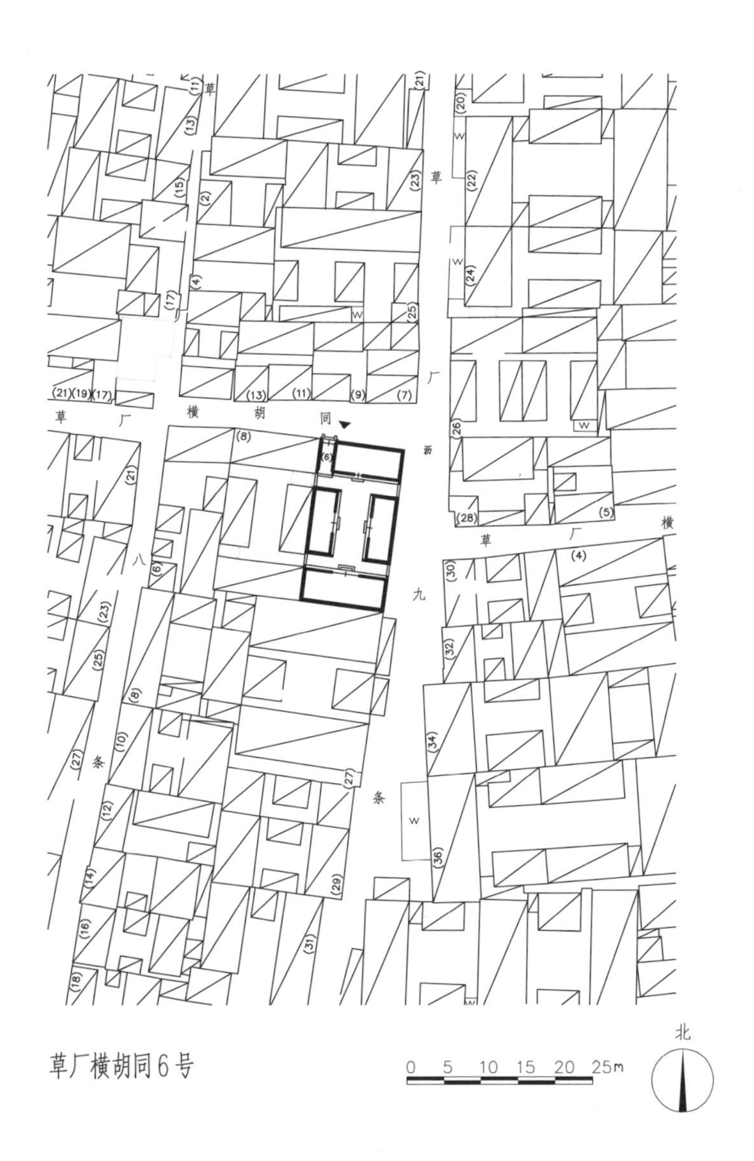

草厂横胡同6号

西厢房

正房

奋章胡同53号

位于崇文区前门街道，民国时期建筑。该院落始建于1928年，最早为著名的京剧表演艺术家郝寿臣的宅邸。

郝寿臣（1886—1961年），原名万通，艺名小奎禄，河北省香河县人，他自幼拜吕福善习艺，最初演铜锤花脸，后改架子花脸。郝寿臣融合各家之长，并加以自己的创造，表演自成一格，世称“郝派”。他善于通过表演刻画人物，尤其以扮演曹操最著名，有“活孟德”之称。新中国成立后郝寿臣为北京市戏曲学校第一任校长。1986年，郝寿臣后人遵照其遗嘱，将故居捐献给北京市政府，办幼儿福利事业。现为居民院。1989年，由崇文区人民政府公布为崇文区文物保护单位。

戗檐砖雕

博缝头砖雕

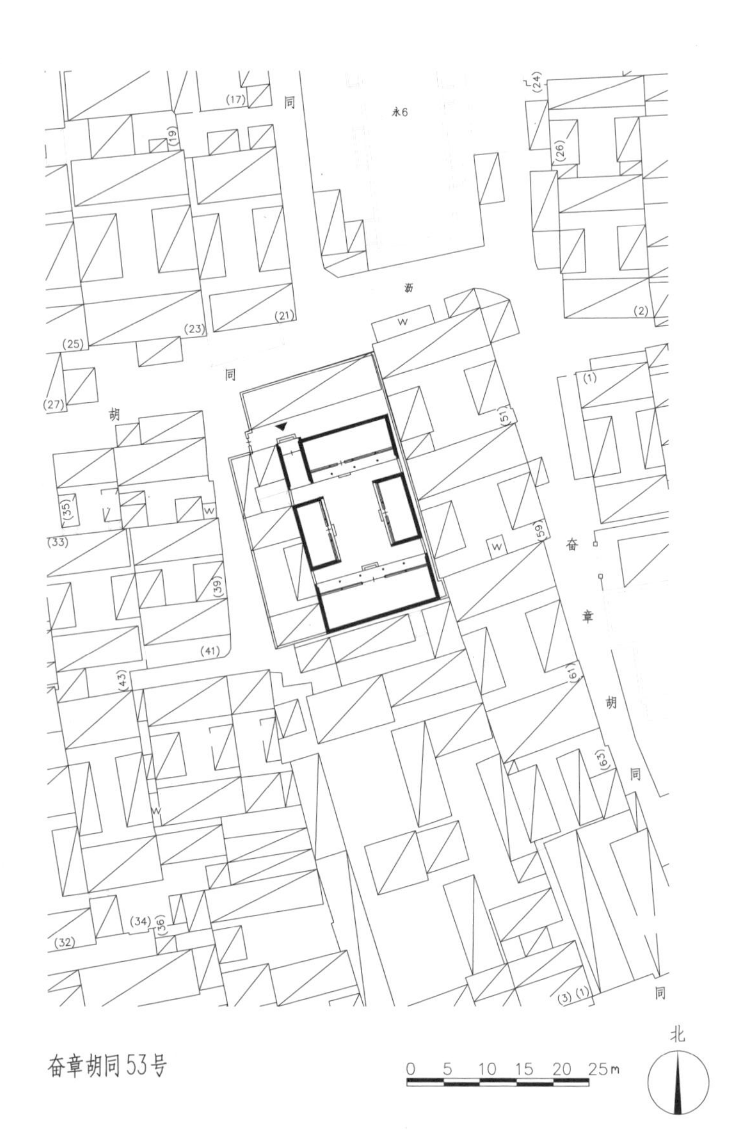

东厢房

西厢房

该院坐南朝北，一进院落，院落西北隅开大门一间，硬山顶，清水脊合瓦屋面，脊饰花盘子，现已封堵；另于西侧辟一随墙门。南房五间，硬山顶，鞍子脊合瓦屋面，前出廊，前檐为十字方格棂心门窗。东西厢房各三间，硬山顶，鞍子脊合瓦屋面，前檐为十字方格棂心门窗。北房四间，前出廊，硬山顶，鞍子脊合瓦屋面，前檐为十字方格棂心门窗。

南房

北房

新革路20号

位于崇文区前门街道，民国时期建筑。原为同仁堂乐家某支的私人宅院，现为居民院。1984年，由北京市人民政府公布为北京市文物保护单位。

该院坐北朝南，一进院落。院落西侧院墙上开随墙门一座。正房三间，硬山顶，过垄脊合瓦屋面，铃铛排山；前檐明间为隔扇及风门，民国特点棂心，次间被遮挡，装修不详；明间前出垂带踏跺四级。正房东西两侧耳房各一间，硬山顶，过垄脊合瓦屋面。东西厢房各三间，前出廊，硬山顶，过垄脊合瓦屋面，前檐明间为隔扇及风门，民国特点棂心，次间被遮挡，装修不详；明间前出垂带踏跺三级。南房三间，前后廊，硬山顶，过垄脊合瓦屋面，前檐明间为隔扇及风门，民国特点棂心，次间被遮挡，装修不详；明间前出垂带踏跺三级。南房东西两侧耳房各一间，硬山顶，过垄脊合瓦屋面。

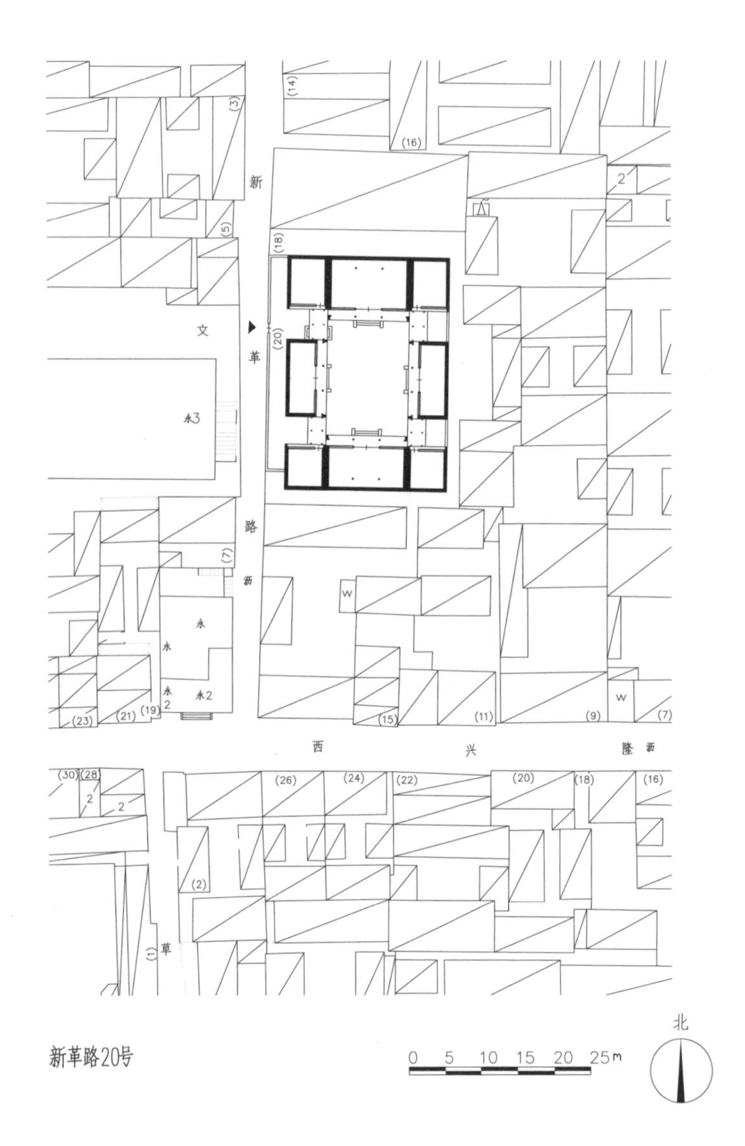

新革路20号

大门

南房明间装修

正房

西厢房

西厢房明间装修

东厢房

南房

薛家湾胡同35号

位于崇文区前门街道，民国时期建筑，现为居民院。

该院坐北朝南，两进院落。院落东南隅开窄大门半间，硬山顶，鞍子脊合瓦屋面，红漆板门两扇，方形门墩一对，前出如意踏跺三级。大门东侧倒座房五间，硬山顶，鞍子脊合瓦屋面，前檐已改为现代装修，后檐为老檐出形式。一进院正房五间，前出廊，硬山顶，清水脊合瓦屋面，脊饰花盘子，前檐保存有部分卧蚕步步锦棂心支摘窗和横披窗，其余已改为现代装修，后檐为老檐出形式。正房东侧半间辟为过道，通往二进院。东西厢房各三间，硬山顶，鞍子脊合瓦屋面，西厢房北侧一间保存有卧蚕步步锦棂心夹门窗，其余均已改为现代装修。二进院正房五

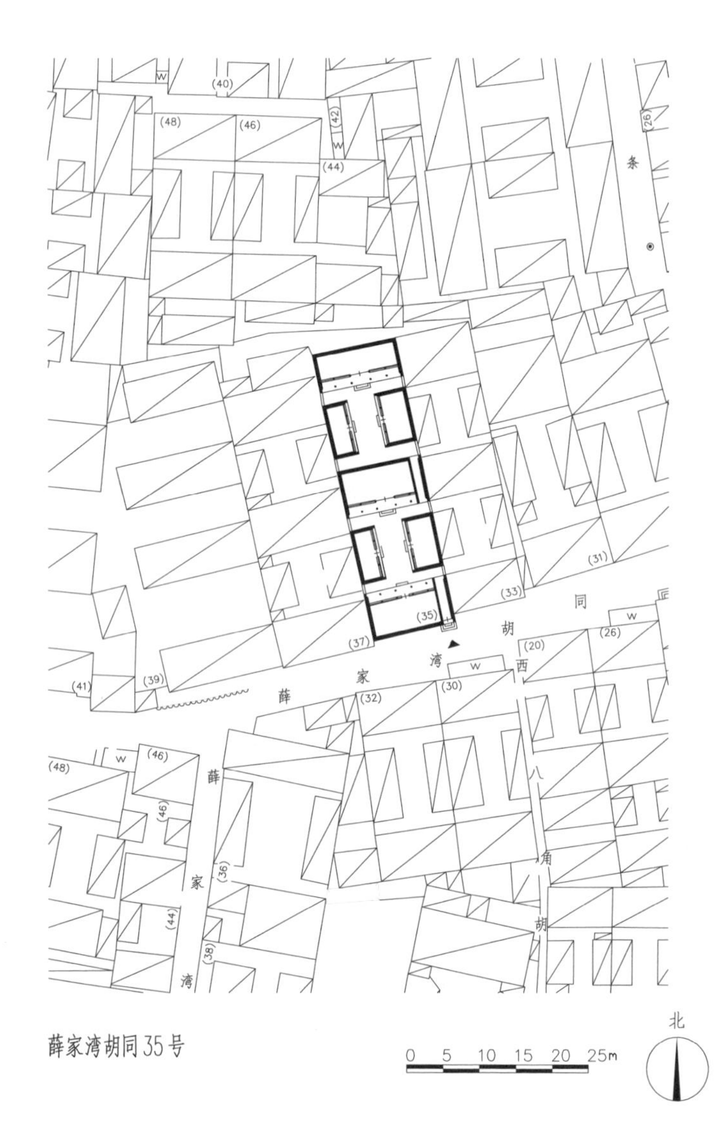

薛家湾胡同35号

大门

大门方形门墩

间，前出廊，硬山顶，鞍子脊合瓦屋面，前檐已改为现代装修。东西厢房各三间，硬山顶，鞍子脊合瓦屋面，前檐已改为现代装修。

一进院东厢房

一进院正房

一进院正房次间装修

二进院正房

二进院东厢房

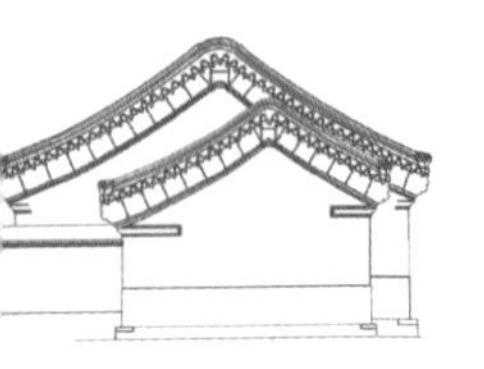

后记

《城市记忆——北京四合院普查成果与保护》是北京市古代建筑研究所鉴于城市改造过程中大量四合院建筑逐渐消失或被做了与传统四合院不匹配的改造的情况而进行的一项调查工作的成果。

2002年至2005年，我单位曾对当时旧城危改区内的旧宅院进行了全面调查。但是，非危改区内的四合院状况却一直没有进行全面的调查工作。为弥补这一空白，自2007年开始至2013年，我们对北京城区非危改区内的旧宅院进行了全面调查，并整理成本书。

调查过程中，同人们或步行或骑着自行车仔细认真地记录建筑现状，核对图纸和院落原始范围，拍摄照片。冬季时由于戴上手套不方便勾画图纸和拍照，调查人员便不戴手套工作，结果手都被冻伤，而酷暑时流下的汗水更不必说。更让调查人员尴尬的是，一些宅院的使用者或居住者由于不理解或出于其他原因，经常将我们拒之门外，因此调查人员还要一遍一遍地讲调查的意义和重要性。个中心酸，不再赘述。然而多数居民和单位还是非常热情地接待和支持我们的工作，有的老人还会端出一杯热水，让我们由衷感到了温暖，我们在此对那些支持我们工作的广大居民和单位表示深深的谢意！

此次调查周期较长，参与调查人员众多，有梁玉贵、李卫伟、刘文丰、董良、沈雨辰、王夏、高梅、姜玲、张隽、王丽霞、王佳音等。调查过程中我们得到了东城区文化委员会、西城区文化委员会、崇文区文化委员会、宣武区文化委员会等单位的热情帮助，在此一并表示感谢！

由于四合院经过多年的变迁，多数已经成为大杂院，有的甚至好似“迷宫”，因此调查过程中区分新建筑和老建筑、辨别原始格局和范围成为难题，加之我们水平有限，错误之处在所难免，恳请专家和广大读者给予批评指正。

李卫伟